大学化学实验

DAXUE HUAXUE SHIYAN

主　编　范　晖　李　静
副主编　许传秀　彭国丽

南京大学出版社

内容简介

本实验教材是为了适应课程建设及实验教学改革而编写。全书共分七部分，内容包括化学实验基础知识、基本操作技术、基本仪器的使用、29个化学基础实验、23个英文化学基础实验、16个趣味实验和附录。本书力求基础性与实际应用性相结合，体现大学化学实验在各相关专业中的重要作用。

本书从编排上包含了无机化学实验、分析化学实验、有机化学实验的内容，满足各科单独开设实验的要求。可供材料类、生物类、农学类、环境类、医学类、制药类等非化学化工类专业学生和双语教学使用。

图书在版编目(CIP)数据

大学化学实验 / 范晖，李静主编. —南京 ：南京大学出版社，2022.8

ISBN 978-7-305-25985-2

Ⅰ. ①大… Ⅱ. ①范… ②李… Ⅲ. ①化学实验—高等学校—教材 Ⅳ. ①O6—3

中国版本图书馆CIP数据核字(2022)第135632号

出版发行 南京大学出版社
社　　址 南京市汉口路22号　　邮　编 210093
出 版 人 金鑫荣

书　　名 大学化学实验
主　　编 范　晖　李　静
责任编辑 甄海龙　　编辑热线 025-83595840

照　　排 南京开卷文化传媒有限公司
印　　刷 江苏苏中印刷有限公司
开　　本 787×1092 1/16 印张 19.75 字数 520千
版　　次 2022年8月第1版 2022年8月第1次印刷
ISBN 978-7-305-25985-2
定　　价 50.00元

网　　址：http://www.njupco.com
官方微博：http://weibo.com/njupco
微信服务号：njuyuexue
销售咨询热线：(025)83594756

前 言

本书是根据教育部“高等教育面向21世纪教学内容和课程体系改革计划”的精神，针对非化学化工类学科学生素质教育和专业培养的需要，结合各学科发展和多年实验教学经验编写的一本实验教材。

本书在系统性、应用性、实践性、灵活性、新颖性等方面符合非化学化工类专业学生和双语教学教育的特点，突出能力和素质的培养，是培养学生独立解决问题和增强素质培训的教材。

教材从编排上各章包含了无机化学实验、分析化学实验、有机化学实验的内容，满足各科单独开设实验的要求。全书共分七部分。第一章为化学实验基础知识，介绍了化学实验基本要求、安全守则、事故处理、实验室用水、实验数据处理等知识。第二章为化学实验基本操作技术，对常用的干燥、升华、蒸馏、萃取等操作技术予以介绍。第三章为化学实验基本仪器的使用，涉及到常用的玻璃仪器、称量仪器、加热仪器、抽滤装置等。第四章为化学基础实验(中文)，选编了29个实验项目，对每一个实验的操作要点和成功关键进行详细的介绍，并附有针对性的思考题。实验项目包含无机、分析、有机实验，内容上既有操作验证性实验，又有综合设计性实验。第五章为化学基础实验(英文)，选编了23个实验项目，该部分内容可使学生了解一定的英语方面的化学知识。第六章是化学趣味实验，选编了16个实验项目，不仅反映一定的化学学科知识，又和日常生活相关，既有趣味性又有操作性，能增强人文类和社科类等专业学生对化学知识的了解。

最后，书末的附录介绍了常用元素相对原子量表、溶液的配制、指示剂、各类常数、常用的英文缩写等相关的内容，利于学生查阅，既方便学生实验，也方便实验老师的准备工作。

本书由范晖、许传秀、李静、彭国丽编写，朱庆莉、魏超提出宝贵建议。第一章、第四章实验项目1～10、13～27和附录由范晖编写；第四章实验项目11～12、第五章实验项目1～14、第六章实验项目1～11由李静编写，并参编第一章和第二章；第二章、第三章项目7、第四章实验项目28～29、第五章实验项目15～23、第六章实验项目12～16由许传秀编写；第三章项目1～6由彭国丽编写。

在编写过程中，参考了已出版的相关教材和论文，并引用了一些数据和图表，主要参考文献列于书后，非常感谢为本书的出版付出艰辛劳动的出版社编辑同志、书中所列参考文献的作者，以及由于疏漏等未列出的文献作者，在此一并表示感谢！

由于时间仓促和编者水平有限，难免有不妥、疏漏和错误之处，恳请同行专家和使用该书的师生批评指正。

目　录

第一章　化学实验基础知识

§ 1.1　大学化学实验的目的

化学是一门以实验为基础的科学,化学实验是化学理论的源泉。大学化学实验以介绍无机化学实验、分析化学实验、有机化学实验的基本实验原理、基本实验方法、基本实验手段以及基本实验操作技能作为主要教学内容,是材料类、生物类、农学类、环境类、医学类、制药类等非化学化工类专业学生必修的一门重要基础课,它也是后续专业实验课的基础。

学习大学化学实验的主要目的是:

(1) 通过实验,可以使学生直接获得大量的化学事实,巩固和加深理解理论课上学习的基本理论和基础知识,使基本理论得到验证。

(2) 在实验过程中,学生通过亲自动手、实际操作,可以正确掌握化学实验的基本操作方法、操作技能和操作技巧,熟悉常用仪器的使用方法。

(3) 通过实验,培养学生科学、严谨的实验态度,良好的实验素养,认真严肃的工作作风,提高学生以实验为手段获得新知识的思维习惯。

(4) 通过严格的实验训练,开拓学生智能,使学生具有一定的分析和解决复杂问题的能力、独立思考问题的能力。能够仔细观察实验现象,正确记录实验现象和实验数据;获得分析、归纳、综合、处理化学实验信息的能力;学会用文字表达实验结果和用所学理论知识解释实验现象的能力等。

(5) 通过化学实验培养学生求实、求真、存疑、谦虚好学的科学品德、勤奋不懈的科学精神、勇于创新的能力和良好的团队协作精神。

化学实验教学既要传授化学知识和技能,更要训练科学方法和思维能力,培养勇于献身科学事业的精神和品德。因此,教师和学生都要给予化学实验课充分的重视。

§ 1.2　大学化学实验的学习方法和实验成绩评定

1.2.1　化学实验的学习方法

独立完成实验,其效果同实验人员的学习态度和实验方法密切相关。因此,要达到大学化学实验的目的，既要有正确的学习态度，又要有正确的学习方法。

1. 实验前做好预习

做好实验的前提和保障是充分的预习。通过预习，可使学生了解实验内容，做好实验准备工作，对实验的各个过程做到心中有数，使实验顺利进行，提高实验效果。预习工作可以归纳为"读、查、写"。

(1) "读"是指认真阅读实验教材，复习相应的理论教学的有关内容，明确实验目的，理解实验原理，了解实验所需的仪器、设备和药品，回忆基本仪器的使用方法，熟悉实验的操作步骤和实验数据的处理方法，根据实验步骤设计出记录数据的表格，提出实验的注意事项和对教材中的思考题进行分析，并根据实验的特点对实验操作过程进行合理安排，确定操作顺序和交叉实验内容。

(2) "查"是指根据本次实验的原理、要求和实验步骤，从手册、参考书等资料中查出实验所需的数据和参数，并可查找自己感兴趣的与本次实验有关的发散性知识，扩大该实验项目的应用范围。

(3) "写"是指用自己的语言或示意图简明扼要、清晰地书写预习报告，切忌照书抄写。预习报告一般包括课程名称、预习日期、实验项目名称、实验目的、实验原理、实验仪器和药品、实验步骤、查找的实验相关参数和数据、注意事项、预答的思考题、预先设计的实验记录表(包括实验的现象、数据的记录)等。达到预习要求的学生方可进行实验。

2. 认真做好实验

在教师的指导下，学生按照实验教材中的实验步骤独立操作，培养科学严谨的实验态度，逐渐获得化学实验操作技能。实验时应做到以下几点：

(1) 在实验过程中保持肃静，严格遵守化学实验室守则，按照实验步骤认真操作，细心观察实验现象，认真测定数据。

(2) 及时记录实验现象和实验数据。该数据为原始数据，不得涂改，如有记错或重做，可在原始数据上划一道杠，再在旁边写上正确数据。

(3) 勤于思考，认真分析，尽量独立解决实验中出现的问题，对于无法解决的问题，积极与同学探讨，并请教师指点，获得最佳解决方法。

(4) 实验过程中若发现实验现象与理论不符，首先要尊重事实，认真分析和探寻原因，并通过重复实验、空白实验或对照实验进行验证，从中得到有益的结论。

(5) 获得的实验现象和数据经教师签字确认，不符合的可通过重做获得正确结果。

(6) 实验结束后洗净仪器，整理实验药品，进行实验台的清洁工作。

3. 独立书写实验报告

书写实验报告是把直接和感性的实验现象和数据通过归纳总结上升到理性思维的重要环节。实验报告是学生实验技能和化学理论知识水平的体现，是获得实验评价的重要依据。学生必须如实、认真、独立、及时完成实验报告。

要正确、全面解释实验现象，实验数据的记录和处理要全面、完整、准确，实验结论要

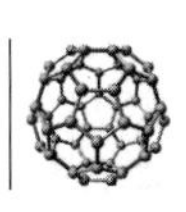

明确，要实事求是，决不允许编造数据，弄虚作假。实验报告要条理清晰、字迹工整、绘图标准、内容简明扼要、分析深入、清洁整齐。实验报告一般包括以下内容：

实验项目名称、实验日期、实验地点、实验目的、实验原理、实验仪器和药品、实验步骤、实验结果及分析、实验问题与思考。

1.2.2　实验成绩评定方法

实验成绩是对学生实验技能的全面评价，采取平时单个实验项目成绩累计积分和期末考试成绩相结合的方法。平时单个实验项目成绩累计积分主要包括预习报告、实验态度、实验操作、实验理论、实验报告等方面；期末考查成绩包括笔试（基本操作知识）和操作（基本技能操作）。

1. 平时单个实验项目成绩累计积分

平时单个实验考核要求对每个开出的实验制定出具体的评分标准，最后将每个实验的得分加起来取平均值作为平时考核的成绩。单个实验考核内容如下：

(1) 实验预习报告　按预习要求，有完整的预习报告，有查阅资料、手册、工具书和其他信息源的能力。

(2) 实验理论　对实验基础知识、基本理论的理解和掌握程度。

(3) 实验操作　实验前玻璃仪器的洗涤和设备的预处理，实验过程中操作的规范程度，如仪器使用的正确程度、实验步骤顺序的正确程度；原始数据记录的完整性；解决实际问题的能力，玻璃仪器、实验装置的损坏情况等；实验结束后，实验仪器和实验用品的清理或废液、关闭水电燃气的处理等。

(4) 实验报告　按指导教师的要求认真、完整书写实验报告，字迹清晰，书写工整。实验数据的处理要有设计合理的表格、准确的数据计算、正确表达的物理量和实验结果、有效数字的合理取舍、准确全面的实验结果分析、实验思考题的解答等。

(5) 实验态度　从遵守实验室规则、实验出勤率、实验过程的积极主动性、实验台面和地面的清洁和值日生工作、实验过程中的相互协作方面进行评定。无故未做实验者该次实验计为零分，实验报告完全抄袭者该次实验报告计为零分。篡改原始数据记录、数据处理与预习报告中的原始数据不符、实验结果完全错误等情况酌情给予重写报告、重做实验、取消实验成绩等处理。

学生平时单个实验项目成绩按以上五部分综合给分。

2. 期末考查成绩

期末考查是对实验教学过程的全面考核，采取笔试和操作方式。笔试测试的内容为基本操作知识、基本原理、实验操作过程中出现的问题和安全规则等。操作技能测试是对本学期学习的基本实验方法、实验数据的记录、实验结果的处理、分析问题和解决问题的能力等的评定。

学生实验成绩按平时成绩和实验考查综合给分，总成绩以平时成绩为主，具体参照下表：

表 1-1　实验成绩评分标准

<table>
<tr><th rowspan="2">总成绩%</th><th colspan="5">平时成绩%</th><th colspan="2">期末成绩%</th></tr>
<tr><th>预习报告%</th><th>实验理论%</th><th>实验态度%</th><th>实验操作%</th><th>实验报告%</th><th>笔试%</th><th>操作%</th></tr>
<tr><td rowspan="2">100</td><td>10</td><td>5</td><td>5</td><td>30</td><td>50</td><td>50</td><td>50</td></tr>
<tr><td colspan="5">60</td><td colspan="2">40</td></tr>
</table>

§1.3　学生实验守则

化学实验室是开展实验教学的主要场所。实验室涉及许多仪器、仪表、化学试剂甚至有毒、有害化学药品，为保证实验人员的安全、实验室设备的完好和环境保护，使实验教学正常有序地进行，应遵守下列实验守则：

(1) 凡进入化学实验室的学生，必须严格遵守化学实验室的各项规章制度，服从指导教师和实验室管理人员的安排。

(2) 学生必须按照教学计划规定的时间到指定的实验室参加实验，进入实验室要衣着整洁，实验中必须保持肃静，不得大声喧哗，不得到处乱走，不得打闹、吸烟和饮食，不得无故缺席、迟到、早退，因故缺席未做的实验应该补做。

(3) 实验前做好充分的预习和实验准备工作，检查实验所需的仪器、药品是否齐全，经指导教师同意后动用仪器和药品进行实验，做规定以外的实验，应先经教师允许方可进行。

(4) 实验过程中，要集中精神，认真操作，仔细观察，积极思考，如实详细地做好实验现象和数据的记录。

(5) 爱护国家财物，按要求小心使用仪器和实验室设备，精密仪器必须严格按照实验仪器设备的操作规程进行操作，并听从指导教师的指导，细心谨慎，避免因粗心大意而损坏仪器。如发现故障，应立即停止实验，及时报告指导教师处理。

(6) 注意节约水、电和煤气，按规定的量取用药品。取用药品后，及时盖好原瓶盖。放在指定位置的药品不得擅自拿走，杜绝将实验仪器和药品带出实验室。

(7) 应取用自己的仪器，不得动用他人的仪器；公用仪器和临时的仪器用后应洗净，并立即送回原处。实验仪器如有损坏，应及时登记补领，因不遵守实验室规章制度，造成仪器设备损坏或导致事故，按规定赔偿。

(8) 剧毒有害药品的使用必须有严格的管理、使用制度，领用时要登记，用完后要回收或销毁，并把撒落过药品的实验台面和地面擦净，洗净双手。

(9) 在使用煤气、天然气等明火时要严防泄漏，火源要与其他物品保持一定的距离，用后要关闭阀门。

(10) 加强环境保护意识，实验台上的仪器、药品应整齐地放在指定位置，并保持台面的清洁。实验中的废纸、碎玻璃等应随时放入盛装废品的器皿中，严禁丢入水槽，实验结束后集中倒入垃圾箱。酸性和碱性等废液倒入废液缸，切勿直接倒入水槽，经处理后，倒

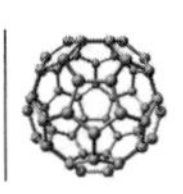

入水槽并用大量水冲洗，以防腐蚀下水管道。

(11) 注意安全，防止烧伤、烫伤、割伤、中毒、触电、爆炸等意外事故发生。如果发生意外事故，应保持镇静，不要惊慌失措，并迅速采取措施，防止事故扩大。发生事故，要立即报告教师，及时救治。

(12) 实验结束后，实验者先将获得的实验现象和数据经教师签字确认，再将所用仪器洗净并整齐地放回原处、擦净所用实验台和试剂架，经指导教师验收合格后，方可离开实验室。

(13) 每次实验后由学生轮流值日，负责打扫和整理实验室，整理仪器和药品，并检查水、电、煤气开关，门、窗、灯是否关好，以保持实验室的整洁和安全。经实验室管理人员检查合格后，值日生方可离去实验室。

§1.4　化学实验室安全守则

化学实验使用的许多药品是易燃、易爆、有腐蚀性和有毒的，实验过程又存在烫伤、割伤、着火、爆炸、中毒等危险，因此，实验者要严格遵守化学实验室水、电、煤气和各种仪器、药品的使用规定，重视实验安全，以免发生意外事故。

(1) 湿的手、物不能直接接触电源。水、电、煤气使用完毕，立即关闭水龙头、煤气开关，拉掉电闸。

(2) 禁止随意混合各种化学药品，以免发生意外事故。

(3) 酒精灯要用火柴点燃，点燃的火柴用后立即熄灭，放入废物桶中，不得乱扔。添加酒精时要先用灯帽罩熄火焰，稍冷却后再添加。加入试管时，管口朝向无人处并防止液体冲出。

(4) 产生有毒或有刺激性气味的气体(如 HF、CO、NO_2、SO_2、Br_2、Cl_2、NH_3 等)，要在通风橱中进行，嗅气体气味时用手在试剂瓶口轻轻煽动空气，使少量气体进入鼻孔。

(5) 金属钾、钠和白磷等物质暴露在空气中易燃烧，所以钾、钠应保存在煤油中，白磷保存在水中，取用时要用镊子。一些易燃的有机溶剂如乙醚、乙醇、丙酮、苯等，使用时要远离明火，取用后立即盖紧瓶塞。

(6) 使用砷化物、氰化物、铬盐、钡盐、汞等有毒试剂，要严格防止进入口内和接触伤口，废液倒入指定废液桶，严禁排入下水道。

(7) 浓酸、浓碱勿溅到皮肤或衣服上，尤其不能溅到眼睛里。稀释浓酸、浓碱时，将之慢慢倒入稀释剂中，并不断搅拌，注意稀释浓硫酸时，绝不可将水倒入浓硫酸中，以避免迸溅。

(8) 金属汞易挥发，会通过呼吸道进入人体，逐渐累积将引起慢性中毒。所以使用金属汞时要特别小心，若不慎把金属汞洒落在实验台或地上，必须尽可能收集起来，并用硫磺粉覆盖在洒落的地方，使金属汞生成不挥发的硫化汞。

(9) 含氧气的易燃气体(如氢气)遇火易爆炸，操作时必须严禁接近明火。在点燃氢气前，必须先检查并确保纯度符合要求。取用乙醚溶剂要先检查是否含过氧化物。银氨溶液不能长期保存,因久置后会生成氮化银,易爆炸。某些强氧化剂(如氯酸钾、硝酸钾、高锰酸钾等)或其混合物不能研磨,否则将引起爆炸。

(10) 实验室所有仪器、药品不得携出室外,用剩的有毒药品应交还给指导教师。

(11) 严禁在实验室内饮食、吸烟或把餐具带入实验室。实验完毕,须洗净双手后离开实验室。

§1.5 化学实验室意外事故的简单处理

化学实验室有易燃易爆的气体和有机试剂、剧毒的化学药品、大量的实验室常用试剂和常用的380 V、220 V交流电仪器设备,潜在的实验事故无法避免,当因某种因素发生事故后,应沉着冷静,立即采取积极有效的措施处理事故。学会一般救护措施,一旦发生意外事故,可进行及时处理。

1. 起火处理

起火后,要立即灭火,防止火势蔓延。灭火的方法要针对起火原因采取适当的方法和灭火设备。小火可用湿布、石棉布或砂子覆盖燃烧物灭火;大火可使用灭火器灭火,且根据起火原因选用不同的灭火器灭火,必要时拨打火警电话119。常用的处理方法如下:

① 活泼金属着火　如金属钾、钠、镁、电石、过氧化钠等,不得用水灭火,可用干燥的细沙覆盖灭火。

② 有机试剂和油类着火　比水轻的有机溶剂如苯、石油烃类、醇、醚、酮、酯等类物质,不可用水灭火,小火用细沙、湿布灭火,大火用干粉灭火器、二氧化碳灭火器或1211灭火器灭火。比水重不溶于水的有机溶剂,如二硫化碳,可用水扑救,也可用泡沫灭火器、二氧化碳灭火器灭火。

③ 电器设备着火　首先切断电源,再灭火,并将人员疏散。小火用石棉布或湿布覆盖灭火,大火用二氧化碳灭火器、四氯化碳灭火器或1211灭火器灭火。注意不能使用泡沫灭火器。

④ 衣服着火　切勿惊慌乱跑,迅速脱下衣服,用水浇灭,或用石棉布覆盖着火处或卧地打滚。

⑤ 纤维材料着火　小火用水灭火,大火用泡沫灭火器灭火。

2. 触电处理

首先切断电源,然后在必要时进行人工呼吸。

3. 烫伤处理

被烧伤或烫伤,不要用冷水冲洗或浸泡伤口。若伤口处皮肤未破时,可涂擦饱和碳酸氢钠溶液或用碳酸氢钠粉调成糊状敷于伤处,也可抹獾油、红花油或烫伤膏;如果伤处皮肤已破,可涂些紫药水、3%~5%高锰酸钾溶液或苦味酸溶液消毒,再涂上烫伤膏。

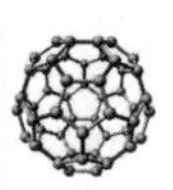

4. 割伤处理

除去伤口的异物，不要用水洗伤口。轻伤可涂上紫药水（或红汞水，碘酒），注意不可将红汞水和碘酒同时使用；重伤先消毒、包扎、止血，立即送医院治疗。

5. 酸腐蚀处理

先用大量水冲洗后，用饱和碳酸氢钠溶液（或稀氨水、肥皂水）冲洗，再用大量水冲洗，涂上凡士林。如果酸溅入眼内，用大量水冲洗，再用稀碳酸氢钠溶液洗后，送医院治疗。

6. 碱腐蚀处理

先用大量水冲洗，再用饱和硼酸溶液（或 2%醋酸溶液、1%柠檬酸溶液）洗，最后再用水冲洗。如果碱液溅入眼中，用硼酸溶液冲洗。

7. 受溴腐蚀处理

用甘油（或苯、2%硫代硫酸钠溶液）洗涤伤口，再用水洗。

8. 受磷灼伤处理

用 1%硝酸银（或 5%硫酸铜、浓高锰酸钾溶液）洗涤伤口，再用水洗，然后包扎。

9. 吸入刺激性或有毒气体处理

吸入氯气、氯化氢气体或溴气体，可吸入少量酒精和乙醚的混合蒸气解毒。吸入硫化氢或一氧化碳气体而感到不适，应立即到室外呼吸新鲜空气。注意氯气、溴中毒不可进行人工呼吸，一氧化碳中毒不可使用兴奋剂。

10. 中毒处理

在含有化学药品（气、液、固体）的场所发生中毒事故，应立即用湿毛巾捂住嘴、鼻，将中毒者从中毒现场转移至通风清洁处，采用催吐、人工呼吸等急救方法清除体内毒物，送医院救治。同时通过排风、用水稀释等手段减轻或消除环境中有毒物质的浓度。

11. 毒物进入口内处理

将 5～10 mL 稀硫酸铜溶液加入一杯温水中，内服后，用手指伸入咽喉部，促使呕吐，吐出毒物，然后立即送医院救治。

§1.6　化学实验室“三废”处理

化学实验室的“三废”常指废气、废液、废渣，其中有些物质有毒，若直接排放到空气中、下水道和随垃圾丢弃，会对环境造成污染，威胁人的健康。为防止实验室污染扩散，一般采取分类收集、存放，分别集中处理的方法。尽可能采用废物回收以及固化、焚烧处理，处理后的“三废”排放应符合国家有关环境排放标准，做到实验“三废”处理无危害化排放。

1. 废气处理方法

(1) 放空排放法

进行一般实验，当产生有害气体量较少时，若毒害性较小，可在敞开式通风橱中进行或打开窗户，使室内空气得到及时更新，若产生强烈刺激性或毒性很大的气体，应在封闭式通风橱中进行，少量有毒气体可通过通风设备排出室外，通风管道要有一定高度，使排出的气体被空气稀释。

(2) 溶液吸收法

产生毒害性较大且气体量也较大的实验，通过吸收瓶吸收转化处理。常用的液体吸收剂有水、酸性溶液、碱性溶液、氧化性溶液、还原性溶液和有机溶液，用于处理与该类溶液性质相逆或相容的废气。如酸性气体 NO_2、SO_2、H_2S、Cl_2、HF、HCl 等，可用导管通入碱液中吸收，有机实验排放的各种组分的有机蒸气，可通入有机溶剂中，使其被吸收之后排出。

(3) 固体吸收法

采用固体吸附剂将废气中低浓度的有害气体吸附在固体表面而分离。常用的固体吸附剂有活性炭、活性氧化铝、硅胶、分子筛等。如活性炭可吸附苯、甲苯、丙酮、乙醛、乙醚、CO、NO_2、SO_2、H_2S、Cl_2、CCl_4、$CHCl_3$ 等。

2. 废液处理方法

根据不同类别，收集实验过程产生的各种废液。废液用密闭容器储存，应避光、远离热源，禁止不同类别混合储存，以免发生剧烈化学反应而造成事故。废液不宜太长时间存放，一般 3～6 天处理一次。废液处理后产生的沉淀，按照废渣的处理方法再处理。实验室废液常采用以下处理方法：

(1) 中和法

废酸、废碱采用中和法处理。无硫废酸慢慢倒入过量的含碳酸根或氢氧根的水溶液中，或用废碱相互中和，废碱（氢氧化钠、氨水）用盐酸溶液或废酸溶液互相中和，再用大量的水冲洗直接排入下水道。含重金属等有害离子的废酸加入碱液生成碳酸盐或氢氧化物沉淀。

(2) 沉淀法

含有汞、镉、铬、铜、铅、锌、镍等重金属离子、碱土金属钙、镁离子和非金属氟、砷等离子，可采用氢氧化物沉淀法、硫化物沉淀法等方法除去。常见废液处理方法如下表：

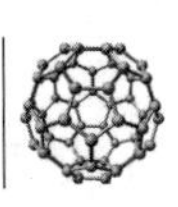

表 1-2　沉淀法处理重金属废液

废液种类	处理方法
汞盐废液	调节 pH=8～10,加入过量硫化钠,使其生成硫化汞沉淀,再加入共沉淀剂硫酸亚铁,静置后过滤,清液中的含汞量降到 0.02 mg·L^{-1}以下,可直接排放
可溶性钡盐废液	加入过量硫酸钠试液,使之生成不溶的 $BaSO_4$,废液排放
镉废液	废液加入废 NaOH 溶液或石灰,使其转化为氢氧化铬沉淀后,过滤。滤液中的镉离子降至 0.1 mmg·L^{-1}以下,将滤液中和至 pH 约为 7,然后排放
铅废液	加入消石灰,调节 pH>11,生成 $Pb(OH)_2$ 沉淀,再加入 $Al_2(SO_4)_3$ 凝聚剂,调节 pH=7～8,则 $Pb(OH)_2$ 与 $Al(OH)_3$ 共沉淀,分离沉淀,达标后,废液排放
氟废液	加入石灰使生成 CaF_2 沉淀
砷废液	调节 pH>10,加入过量硫化钠生成难溶、低毒的硫化物沉淀,放置,分离沉淀,达标后,废液排放

(3) 氧化还原法

氧化还原法是将废液中有害的无机物和有机物,通过发生氧化还原反应,生成无害或易分离物质。如用漂白粉氧化含氮废液、含硫废液和含酚废液,用硫酸亚铁、亚硫酸钠还原 Cr(Ⅵ),用铜屑、铁屑、锌粒等还原 Hg^{2+},直接回收金属汞,用高锰酸钾氧化含氰化物的稀废液和失效的铬酸洗液。含氰化物的稀废液可加入 NaOH 溶液调节 pH>10,再加入 3% $KMnO_4$,使氰离子氧化分解;失效的铬酸洗液,可用高锰酸钾氧化法使其再生,继续使用。

(4) 萃取法

利用废液中有害物质在水和萃取剂中溶解度不同,使其从废液中转移到萃取剂中,达到分离目的。如溴水采用四氯化碳作萃取剂,酚废液用二甲苯、醋酸丁酯作萃取剂。

除此之外,还可用活性炭吸附法,如吸附废液中的色素、汽油等;用离子交换法处理废液中的离子,如用阳离子交换树脂与废液中的 Cd^{2+} 离子进行交换。含有有机溶剂的废液进行蒸馏回收(如乙醚、乙酸乙酯、溴乙烷、氯仿、乙醇、四氯化碳等废溶液)或焚烧处理。毒害性的有机废液,采用深埋处理。

3. 废渣处理方法

实验室产生的固体废渣有回收价值的,应经回收处理,没有再利用价值的废渣应根据废渣性质进行处理。

(1) 对环境无污染、无毒害的固体废弃物按一般垃圾处理。如碎玻璃、废纸等。

(2) 易于燃烧且燃烧后不产生毒害气体的固体有机废物焚烧处理。

(3) 废液处理后形成的沉淀物、实验过程产生的其他废渣经无害化处理以及不能回收的重金属及其难溶盐采用掩埋法。掩埋点应为远离居民区和水源的指定地点,且保证掩埋池不透水。掩埋的废渣要有掩埋记录。

§ 1.7 化学实验室用水规格和制备

化学实验室因实验项目和要求不同，对水纯度要求也不同。分析化学实验室用的纯水一般有蒸馏水、二次蒸馏水、去离子水、无二氧化碳蒸馏水、无氨蒸馏水等。一般的分析实验用蒸馏水或去离子水即可，有些物质测定，要用超纯水。

1. 化学实验室用水的规格

根据中国实验室用水国家标准 GB 6682-2000《分析化学实验室用水的规格及试验方法》的规定，分析化学实验室用水级别分为一级水、二级水和三级水。分析实验室用水级别和主要指标见下表：

表 1－3 分析实验室用水级别和主要指标

名称	一级水	二级水	三级水
pH 值范围(25 ℃)	—	—	5.0～7.5
电导率(25 ℃)，mS/m ≤	0.01	0.01	0.20
比电阻(25 ℃)，10^6 Ω · cm≥	10	1	—
可氧化物质[以(O)计]，mg/L<	—	0.08	0.40
<吸光度(254 nm，1 cm 光程)≤	0.001	0.01	—
蒸发残渣(105±2 ℃)，mg/L≤	—	1.0	2.0
可溶性硅[以(SiO_2)计]，mg/L<	0.01	0.02	—

2. 化学实验室用水的制备

(1) 蒸馏法制纯水

将自来水或天然水在蒸馏装置中加热蒸发，再冷凝得到的水叫蒸馏水。蒸馏水中所含杂质比自来水或天然水少很多，但蒸馏器所用的材料如玻璃、铜、石英等，会使蒸馏水中含有不同的杂质，这主要来自装置的锈蚀、可溶物质的溶解和可溶气体的溶解，如使用铜质材料会含较多的铜离子，使用玻璃材质会含有钠离子和硅酸根离子，同时空气中的二氧化碳溶于水中生成碳酸根。

蒸馏水属于三级水，一般的定量分析使用蒸馏水，仪器分析一般使用二级水。二级水制备是在蒸馏水中加入少量的 $KMnO_4$ 和 $Ba(OH)_2$，在石英蒸馏器中进行二次蒸馏，得到的中段二次蒸馏水保存在塑料容器中。一级水可用二级水经过石英蒸馏器或离子交换混合窗处理后，再经 0.2 纳米微孔滤膜过滤来制取。

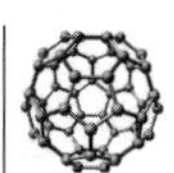

（2）离子交换法制纯水

将自来水或天然水通过离子交换柱得到的水叫去离子水。制备去离子水的离子交换柱常用强酸性阳离子交换树脂和强碱性阴离子交换树脂。该方法制备的水纯度高、成本低、量大、去离子能力强，但不能除去非电性物质、非极性有机物质、胶体、溶解的空气及溶解的极少量树脂，同时该法因消耗酸碱会产生废液。该种方法制得的水通常属于三级水。

（3）电渗析法制纯水

在外加直流电场作用下，将自来水或天然水通过离子交换膜，利用离子交换膜的选择性和透过性，根据渗透原理水分子通过离子交换膜从膜的一侧渗透到另一侧，使膜两侧一侧成淡化水，另一侧成浓缩水，得到的淡化水即为电渗析法制得的纯水。

该方法耗电少，不产生废液，但耗水量大，只能除去电解质，非电解质和非电性物质较难除去，制得的水纯度低。

3. 水主要指标检测

（1）一般检测方法

常检测水样中 Ca^{2+}、Mg^{2+}、Cl^- 及 pH。

① Ca^{2+}、Mg^{2+} 的检测　取 20 mL 水样，加入氨缓冲溶液 2 mL，滴加 1～2 滴铬黑 T 指示剂，若溶液显红色，说明存在钙镁离子，若溶液蓝红色，说明不存在钙镁离子。

② Cl^- 的检测　取 10 mL 水样，滴加 1%硝酸酸化的硝酸银溶液，出现白色浑浊，说明含氯离子。

③ pH 的检测　取 10 mL 水样，滴加 2 滴甲基红 pH 指示剂，不显红色；再取 10 mL 水样，滴加溴麝香草酚蓝 pH 指示剂 5 滴，不显蓝色，说明水样符合三级水 pH＝5.0～7.5 的要求。

（2）标准检测方法

以下是实验室用水 GB 6682-92 检测方法。在测定过程中，使用分析纯试剂和相应级别的水，各项实验必须在洁净环境中进行，以避免污染试样。

① pH 的测定　量取 100 mL 水样，用 pH 计测定 pH。

② 可氧化物质测定 量取 1 000 mL 二级水或三级水于烧杯中，加入 20.00 mL 1 mol·L^{-1} 的 H_2SO_4 和 1.00 mL 0.002 mol·L^{-1} 的 $KMnO_4$ 溶液，盖上表面皿加热至沸并保持 5 min，溶液的粉红色不得完全消失。

③ 吸光度的测定　将水样分别注入 1 cm 和 2 cm 石英吸收池中，在紫外可见分光光度计上，于 254 nm 处，以 1 cm 吸收池中水样为参比，测定 2 cm 吸收池中水样的吸光度。如仪器的灵敏度不够时，可适当增加测量吸收池的厚度。

④ 电导率的测定　用于一、二级水测定的电导仪，应配备电极常数为 0.01～0.1 cm^{-1} 的“在线”电导池，并具有温度自动补偿功能，测量时将电导池装在水处理装置流动出水口

处，调节水流速，赶尽管道及电导池内的气泡，即可进行测量。用于三级水测定的电导仪：配备电极常数为 0.1～1 cm^{-1} 的电导池，测量时取 400 mL 水样于锥形瓶中，插入电导池后即可进行测量。

⑤ 蒸发残渣的测定　量取 1 000 mL 二级水（三级水取 500 mL），将水样分几次加入旋转蒸发器的蒸馏瓶中，于水浴上减压蒸发至水样最后剩余 50 mL 时，停止加热。将浓集的水样，转移至已于 105±2 ℃质量恒重的玻璃蒸发皿中，并用 5～10 mL 水样分 2～3 次冲洗蒸馏瓶，将洗液与浓集水样合并，于水浴上蒸干，并在 105±2 ℃的电烘箱中干燥至恒重。残渣质量不得大于 1.0 mg。

⑥ 可溶性硅的测定　量取 520 mL 一级水（270 mL 二级水），注入铂皿中，在防尘条件下，煮沸蒸发至约 20 mL，停止加热，冷至室温，加 1.0 mL 钼酸铵溶液，摇匀，放置 5 min 后，加入 1.0 mL 草酸溶液再摇匀放置 1 min 后，加 1.0 mL 对甲氨基酚硫酸盐溶液，摇匀，转移至 25 mL 比色管中，定容。于 60 ℃水浴中保温 10 min，目视比色，溶液呈现的蓝色不得深于标准溶液（标准溶液是量取 0.05 mL 0.01 mg・mL^{-1} 二氧化硅标准溶液稀释至 20 mL并经上述同样处理的溶液）。

§1.8　化学实验试剂和试纸

1. 化学实验试剂的规格

化学试剂品种繁多，标准不同分类方法也不同。

(1) 按照某一方面的特殊需要分类

化学试剂分为基准试剂、生化试剂、电子试剂、实验试剂、色谱试剂等。基准试剂是能直接配制标准溶液，或定量分析中用于标定标准溶液的物质，基准物质纯度高、组成恒定、性质稳定，并具有较大的摩尔质量；生化试剂用于生物化学检验和生物化学合成；电子试剂一般指电子资讯产业使用的化学品，主要包括集成电路用化学品、印制电路板配套用化学品、表面组装用化学品和显示器件用化学品等；实验试剂是在化学实验室中用来合成制备、分离纯化，能满足合成工艺要求的普通试剂；色谱试剂用于色谱分析。

(2) 按纯度分类

分为高纯试剂、优级试剂、分析纯试剂的化学纯试剂。

(3) 按储存要求分类

分为容易变质试剂、化学危险性试剂和一般保管试剂。

(4) 按用途和学科分类

分为通用试剂（如一般无机试剂、一般有机试剂、教学用试剂等）、高纯试剂、分析试

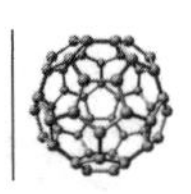

剂、仪器分析专用试剂、临床诊断试剂、新型基础材料和精细化学品等。

(5) 按杂质含量分类

一般分为4个等级：保证试剂(Guaranteed reagent)、分析纯试剂(Analytical reagent)、化学纯试剂(Chemically pure)和实验试剂(Laboratory reagent)。化学试剂级别表示方法如下表：

表1-4 化学试剂级别对照表

级别	一级	二级	三级	四级
中文标识	保证试剂 (优级纯)	分析纯试剂 (分析纯)	化学纯试剂 (化学纯)	实验试剂
英文标识	G.R	A.R	C.P	L.R
标签颜色	绿色	红色	蓝色	棕色、黄色等

一级试剂纯度最高，适用于精密的分析及研究工作。二级试剂和三级试剂为分析实验室广泛应用，适用于一般的分析及研究工作。四级试剂适用于一般化学实验和工业生产。各级别试剂因纯度差异价格相差很大，在满足实验的前提下，选用适当级别的试剂，以免造成浪费。

2. 实验室化学试剂的存放

化学实验室需要用到各种化学试剂，除日常教学使用外，还需要储存一定量的化学试剂。许多化学试剂具有一定的毒性，有的是易燃易爆危险品，有的见光分解，有的易潮解等，因此化学试剂应根据其特性妥善保存。

(1) 固体试剂

一般存放于广口瓶中，液体试剂存放于细口瓶中。试剂瓶的瓶塞通常都是磨口塞，但盛装 NaOH、KOH 等强碱性试剂和 Na_2SiO_3 溶液应使用橡皮塞。一些经常使用的小剂量试剂(如指示剂)可盛装在滴瓶中。

(2) 易燃试剂

易燃试剂要单独存放，要远离氧化剂、可燃物、热源，在阴凉通风处保存。易燃固体试剂，如白磷(又称黄磷)应存放于盛水的棕色广口瓶中，水应保持将白磷全部浸没，再将试剂瓶埋在盛硅石的金属罐或塑料筒里；红磷(又名赤磷)应存放在棕色广口瓶中，必须保持干燥；金属钠、钾应存放于无水煤油、液体石蜡或甲苯的广口瓶中，瓶口用塞子塞紧，若用软木塞，还需涂石蜡密封。易燃液体，如乙醇、乙醚、二硫化碳、苯、丙醇等沸点很低，极易挥发又易着火的试剂，应盛于既有塑料塞又有螺旋盖的棕色细口瓶里，置于阴凉处，其中常在二硫化碳的瓶中注少量水，起“水封”作用。

(3) 易爆试剂

石油醚、苯、丙酮、乙醚等闪点在−4 ℃的液体，理想保存温度为−4～4 ℃，闪点在25 ℃以下的甲苯、乙醇、吡啶等应在30 ℃以下存放。常在乙醚试剂瓶中，加少量铜丝，防止乙醚生成易爆的过氧化物。

(4) 剧毒试剂

常见的有氰化物、砷化物、汞化合物、铅化合物、可溶性钡的化合物以及汞、黄磷等，这类试剂要求与酸类物质隔离，放于干燥、阴凉处。

(5) 挥发出有腐蚀气体的试剂

浓氨水存放于棕色细口瓶，浓盐酸易挥发出氯化氢气体，应盛放于细口瓶中；液溴密度较大，极易挥发，蒸气有毒，对皮肤有灼伤作用，应将液溴贮存在密封的棕色磨口细口瓶中，在溴的液面上加水进行封闭，均置于阴凉处。

(6) 见光易分解试剂

过氧化氢、硝酸银、碘化钾、浓硝酸、氯仿、苯酚、苯胺等试剂见光会变质，有的还会产生有毒物质，故应储存在棕色试剂瓶中，置于阴凉的暗处。但要注意，棕色瓶含有的重金属氧化物会加快过氧化氢分解，因此过氧化氢通常存于塑料瓶中。

(7) 易变质的试剂

氢氧化钠(又称烧碱)、氢氧化钾、碳化钙(电石)、五氧化二磷、过氧化钠极易潮解或与空气中的水、二氧化碳反应，故应保存在带胶塞的广口瓶或塑料瓶中，密封保存。硫酸亚铁、亚硫酸钠、亚硝酸钠等试剂具有还原性，易与空气中的氧气反应，要密封保存，并尽可能减少与空气的接触。

市购的试剂要有完整的标签，若标签脱落应在原处粘贴；若标签不清或自配试剂要标明试剂名称、纯度、浓度和配制日期，并在标签外涂上石蜡或粘上透明胶带。

3. 化学试剂的取用

在实验室中取用任何化学试剂，既要做到不用手拿、不直接闻气味、不品尝味道，又要做到试剂瓶塞或瓶盖打开后要倒置于干净处，取用试剂后立即盖上试剂瓶，防止因盖错瓶盖而污染试剂。取用试剂要看清标签和规格，按实验要求取用适当规格的试剂，不要超规格取用，以免造成浪费。

(1) 固体试剂的取用

粉末状试剂或粒状试剂一般用药勺取用。药匙有牛角勺、塑料药勺、不锈钢药勺。

① 有用量要求的用天平称量，无用量要求的应取最少量，所取试剂量以刚能盖满试管底部为宜。

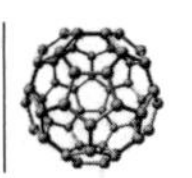

② 取用试剂时应从少量开始,多取出的试剂不得倒回原试剂瓶,应放在指定容器中供他人或下次使用,不能丢弃。

③ 固体颗粒太大,应在洁净的研钵中研碎再取用。

④ 向试管、烧瓶中装粉末试剂时,为了防止试剂散落或沾在仪器口和壁上,可将仪器平置,再将盛有试剂的药勺(或将试剂倒在折好的槽形纸条上)沿器壁伸入仪器底部、竖起仪器并轻抖纸槽,使试剂落入器底。

⑤ 块状固体或金属颗粒用镊子送入仪器(如烧瓶、烧杯和试管等玻璃仪器)中时,一定要先使仪器倾斜,使块状固体沿器壁慢慢滑入器底,切勿向竖直的玻璃仪器中扔固体颗粒,以免击碎玻璃仪器。

⑥ 承接固体试剂要用称量纸或表面皿,不准使用滤纸。有腐蚀性、易吸潮的试剂要放在称量瓶中称量。

⑦ 取用试剂的镊子或药勺要擦拭干净、用后也应擦拭干净,不留残物。

(2) 液体试剂的取用

① 用量筒取用液体试剂时,应选用体积适当的量筒,如取用 5 mL 试剂应选用规格为 10 mL 的量筒,而不能选用规格为 100 mL 的量筒,否则会有±1 mL 误差。

② 取用少量液体试剂时,可用滴瓶专用的胶头滴管吸取。吸取液体时先排除滴管中的空气,然后插入试剂里慢慢松开手指吸取试剂(注意试剂不要吸入胶头中)。向试管、锥形瓶等仪器中滴加试剂时,滴管的尖嘴不得接触仪器内壁,也不能插入仪器中,以免沾污滴管,将污物带入试剂瓶中。滴管用后立即插回到原滴瓶中,不可平放在桌上或倒置。使用自制的滴管,必须干燥洁净。

③ 取用液体试剂量较多时,可采用倾注法从细口瓶直接倒入承接仪器中。一手拿试剂瓶,标签向上对着手心,另一手将承接仪器斜持,使瓶口紧靠承接仪器口(或沿着洁净的玻璃棒将液体试剂引流入承接仪器内)。倒出所需量后,将试剂瓶口在承接仪器口或玻璃棒上靠一下,竖起试剂瓶,以免液滴沿着试剂瓶外壁流下。将试剂瓶放下,盖上瓶盖,放回原处,使瓶上的标签向外。

④ 如果实验中没有规定取用量,一般取用 1～2 mL。取多的试剂不能倒回原试剂瓶,也不能随意废弃,应倒入指定容器中。

要注意:在用药勺、滴管、移液管等同一种仪器取用多种试剂时,取用下一种试剂前一定要清洗仪器,防止污染药品。有毒药品要在教师指导下按规程取用。

4. 常用的化学试纸

试纸是用化学药品浸渍过的、可通过其颜色变化检测液体或气体中某些物质存在的一类纸。

(1) 酸碱试纸

酸碱试纸遇酸性或碱性溶液分别呈现不同的颜色,以此来检测溶液的酸碱性。酸碱试纸可分为两种:

① 单一型酸碱试纸，纸上只有一种指示剂。如石蕊试纸是将纸张浸在含石蕊试剂的溶液中制成（紫色石蕊试纸遇 pH>7 碱性溶液呈蓝色，遇 pH<7 酸性溶液呈红色），刚果红试纸（pH<3 呈蓝紫色，pH>5 呈红色），酚酞试纸（pH<8.2 无色，pH>10 呈红色）。

② pH 试纸是用多种酸碱混合指示剂（如以一定比例配合的甲基黄、甲基红、溴百里酚蓝、百里酚蓝和酚酞混合而成）进行浸渍而成的，用来检验物质的酸性或碱性，或待测溶液的近似 pH，其变色范围由酸至碱，颜色由红橙黄绿蓝各色连续变化而得，比单一型的石蕊试纸更准确地指出溶液酸碱性的强弱程度，在不同 pH 时呈现不同的颜色，所以又称万用试纸。pH 试纸又分为两类：一类是广泛 pH 试纸（pH＝1～14，pH 间隔有 1），用来粗略检测溶液的 pH；另一类是精密 pH 试纸，较精确检测溶液的 pH。精密 pH 试纸种类较多，pH 间隔可为 0.5、0.2～0.3 等 pH 级，根据实验需要取用。

使用试纸时，将小块试纸放在干燥洁净的点滴板或表面皿上，用玻璃棒蘸取待测液，再滴到试纸上，观察颜色变化，然后与标准色阶比对，确定溶液近似 pH。

(2) 半定量试纸

纸上浸渍有灵敏度和选择性都较高的试剂，与被检试剂接触时显示特征颜色，通过颜色深浅与所附标准色阶比较，可作半定量测定。如检出硼酸盐的姜黄试纸等。各种试纸的标准色阶间隔不一，色阶间距较大，分辨力不太高，故只能作半定量分析。

(3) 检验气体的试纸

该类干燥试纸无法检测干燥气体，所以要将检测气体的试纸先润湿，并将试纸粘在干净玻璃棒尖端，然后将试纸放在待检测气体的器皿口上方，观察试纸颜色变化。用醋酸铅试纸检测硫化氢气体时，试纸因生成黑色 PbS 而呈黑褐色；用 KI—淀粉试纸检测 Cl_2、O_3，试纸呈蓝色。

5. 滤纸

滤纸是一种纸质疏松、具有良好过滤性能的纸，对液体有极强的吸收能力。实验室常用的滤纸大部分是由棉质纤维组成，由于材质是纤维制品，它的表面有无数小孔可供液体粒子通过，而体积较大的固体粒子不能通过，从而使溶液与固体分离。实验室用滤纸主要有定量分析滤纸和定性分析滤纸。

(1) 定量分析滤纸

定量分析滤纸在制造过程中，纸浆经过盐酸、氢氟酸、蒸馏水洗涤处理，将纸纤维中大部分杂质除去，所以灼烧后残留灰分很少（如直径 12.5 cm 无灰定量分析滤纸灼烧后灰重低于 0.1 mg），对分析结果几乎不产生影响，适用于定量分析中过滤后需要灰化的重量分析实验和相应的精密定量分析实验。

目前国内生产的定量分析滤纸，分为快速、中速、慢速三类，在滤纸盒上分别用白带（快速）、蓝带（中速）、红带（慢速）为标志分类。滤纸的外形有圆形和方形两种，圆形滤纸

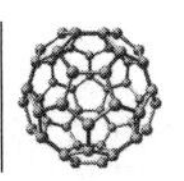

的规格按直径分有Φ7 cm、Φ9 cm、Φ11 cm、Φ12.5 cm、Φ15 cm和Φ18 cm等数种。方形的滤纸有60 cm×60 cm和30 cm×30 cm等规格。

（2）定性分析滤纸

通常定性分析滤纸用于定性分析和用于过滤沉淀或溶液中的悬浮物，不用于质量分析。定性分析滤纸灼烧残留灰分较定量滤纸多，定性滤纸不超过0.13%（定量滤纸不超过0.000 9%）。定性分析滤纸的类型和规格与定量分析滤纸基本相同，表示快速、中速和慢速方法是印上快速、中速、慢速字样。注意滤纸不能过滤氯化锌，否则滤纸将被氯化锌腐蚀破损。

§1.9　化学实验数据处理

1.9.1　误差及其表示方法

化学实验中，由于受到实验方法、实验仪器、实验试剂等实验条件，以及实验操作者的经验、能力等因素的限制，任何测量结果都无法与标准值（或真实值）完全符合，这种测量结果与真实值之间的差异就是误差，说明误差是客观存在的。

1. 误差的分类

根据误差的来源和性质不同，误差分为系统误差和随机误差（又称偶然误差）。

（1）系统误差

系统误差是由某些固定因素引起的。对某一试样进行多次测定时，测定结果或者一直偏高，或者一直偏低，在同一条件下重复测定时重复出现，即得到的系统误差都为正值或都为负值，具有单向性，又称可测误差。系统误差的主要来源有实验方法、仪器的精密度、试剂的纯度、实验者的操作方法和主观因素。

（2）偶然误差

偶然误差是由一些不确定的、难以控制的偶然因素引起的。在同一条件下，对同一试样进行平行测定（即重复测定），由于受到如温度、湿度、大气压等这些时大时小有微小波动的不确定因素的影响，导致测定结果忽高忽低，因此将这种不确定的偶然因素产生的误差称偶然误差，又称随机误差。减小随机误差的方法是增加平行测定次数，取平均值。

另外，在实验操作过程中，操作者因粗心而加错试剂、读错数据、记错数据或计算错误等引起的错误，进行数据处理时应将该数据舍去，无须保留。

2. 误差的表示方法

(1) 准确度与误差

准确度是指测定值(x)与真实值(x_T)之间的符合程度，一般用误差来表示。真实值一般是未知的，通常是指某一物理量所具有的客观存在，常用手册中公认的数据或指定数据作为真实值。误差分为绝对误差(E)和相对误差(Er)。

绝对误差表示为：$E=x-x_T$

$$E=\overline{x}-x_T \text{（}n\text{ 次平行测定，}\overline{x}\text{ 为 }n\text{ 次测定的平均值）}$$

相对误差表示为：$Er=\dfrac{E}{x_T}\times 100\%$

绝对误差表示出误差变化的范围，相对误差表示绝对误差在真实值中的比例，即测定的准确度。

3. 精密度与偏差

精密度是指在相同条件下，对同一试样多次平行测定时测定值之间的符合程度，它以平均值为依据，一般用偏差来表示，分为绝对偏差和相对偏差、平均偏差和相对平均偏差。当只测定两次(x_1，x_2)时，精密度也可用相差和相对相差表示。

① 绝对偏差(di)和相对偏差(dr,i)

绝对偏差表示为：$di=x_i-\overline{x}$（x_i 为某一次的测定值）

相对偏差表示为：$dr,i=\dfrac{di}{\overline{x}}\times 100\%$

② 平均偏差($\overline{d}$)和相对平均偏差($\overline{dr}$)

平均偏差表示为：$\overline{d}=\dfrac{\sum |di|}{n}$

相对平均偏差表示为：$\overline{dr}=\dfrac{\overline{d}}{\overline{x}}\times 100\%$

③ 相差(D)和相对相差(Dr)

相差表示为：$D=|x_1-x_2|$

相对相差表示为：$Dr=\dfrac{|x_1-x_2|}{\overline{x}}$

1.9.2　有效数字及其运算规则

化学实验结果通常是由一系列测定的实验数据经过科学计算后得出的。如何确定记录的数据和运算结果应保留几位有效数字才科学合理，这就要求每一位实验者了解有效数字的概念和运算规则。

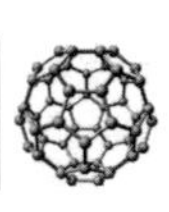

1. 有效数字的确定

有效数字是指在实验中能够实际测量到的数字，它包括所有确定的数字和最后一位可疑数字（即不确定数字）。实验中具有实际意义的有效数字，是由实验测量手段决定的。

如液体体积的读数：

使用精密度±0.01 mL 的滴定管进行滴定分析，终点时读数为 26.04 mL，前三位数字 26.0 是从滴定管上直接读出来的，是真实存在的数字，第四个数字 4 是实验者估读的，这个 4 就是不确定的可疑数字，因此该数据的准确值应为(26.04±0.01) mL，它的有效数字位数是四位；若用精密度±1 mL 的 100 mL 量筒量取 5.6 mL 的液体，5 是真实存在的，6 是估读的可疑数字，它有两位有效数字。

又如称量时质量的读数：

使用精密度±0.000 1 g 的分析天平称得某药品质量 2.706 6 g，它有五位有效数字，最后一位是可疑数字，称量的相对误差为 0.004%；用精密度±0.01 g 的托盘天平，称得质量为 2.76 g，它有三位有效数字，称量的相对误差为 0.4%。

可见，实验数据记录的有效数字位数不仅表示数值的大小，还表示测定结果的准确程度，以及所用仪器的精密度，因此测量和运算的结果不能超越仪器所允许的精度范围。

确定有效数字位数时注意以下事项：

(1) “0”的作用　“0”在数字前起定位作用，本身不算有效数字位数，而在数字中间或数字后是有效数字。如 0.016 2、1.06、0.160、160 均为三位有效数字。

(2) 科学计数法有效数字的确定　如 3.2×10^{5}、1.8×10^{-5}均为两位有效数字。

(3) 百分含量有效数字的确定　如 21.75%、0.1932%均为四位有效数字。

(4) 对数有效数字的确定　由小数点后位数决定，整数部分只起定位作用，如 pH=0.05、pH=2.05、pKa(HAc)=4.75、$\lg K_f(ZnY^{2-})=16.50$ 均为两位有效数字。

(5) 倍数、常数和自然数在计算过程中看作无穷多位有效数字。

2. 有效数字的修约规则

根据计算需要，有效数字在运算前需舍弃多余数字的方法称为“数字修约”。数字修约常采用“四舍六入五留双”的规则，即小于等于 4 的舍去，大于等于 6 的进位，5 后有数进位；5 后没有数字看 5 前面的数字，5 前是偶数(0 看作偶数)5 舍去，5 前是奇数 5 进位。

如：将下列数字保留三位有效数字。

$$3.344 \longrightarrow 3.34 \quad 3.346 \longrightarrow 3.35 \quad 3.3451 \longrightarrow 3.35$$

$$3.345 \longrightarrow 3.34 \quad 3.335 \longrightarrow 3.34 \quad 3.33457 \longrightarrow 3.33$$

注意不得从后向前累积进位，如 3.33457 保留三位有效数字：

$$\text{错误：}3.33457 \longrightarrow 3.3346 \longrightarrow 3.335 \longrightarrow 3.34$$

$$\text{正确：}3.33457 \longrightarrow 3.33$$

3. 有效数字的运算规则

(1) 加减运算

加减运算时，以小数点后位数最少的数据（即绝对误差最大的数据）为基准进行修约，然后进行计算。如：

$$21.56+1.475+0.2948=21.56+1.48+0.29=23.33$$

(2) 乘除运算

乘除运算时，以有效数字位数最少的数据（即相对误差最大的数据）为基准进行修约，然后进行计算。如：

$$0.752\times1.9802\times22.65=0.752\times1.98\times22.6=33.7$$

第二章　化学实验基本操作技术

§2.1　化学试剂的取用和溶液的配制

2.1.1　化学试剂的取用

1. 固体试剂

少量微晶和粉末状固体须用药匙或塑料匙取用，微量药品用角匙尾端小勺取用，大量取用可直接倾倒，块状固体则用镊子夹取。固体药品取用量，有用量要求的应用天平称量，无用量要求的应取最少量，以盖满试管底或者在烧杯中加 1～2 药匙为度。向试管和烧瓶中装粉末和微晶试剂时，为了防止药品沾附在容器口和内壁，应将盛有药品的药匙（或把药品盛在用硬纸条叠成的 V 形槽中），用右手平拿住，小心送入平卧着的试管底部或烧瓶中，再竖起容器即可。

图 2－1　向试管中加入粉末状固体

固体试剂的取用规则：

(1) 要用干净的药勺取用。用过的药勺必须洗净和擦干后才能使用，以免沾污试剂。

(2) 取用试剂后应立即盖紧瓶盖，防止药剂与空气中的氧气等起化学反应。

(3) 称量固体试剂时，必须注意不要取多，取多的药品，不能倒回原瓶。因为取出已经接触空气，有可能已经受到污染，再倒回去容易污染瓶里的其他药剂。

(4) 一般的固体试剂可以放在干净的纸或表面皿上称量。具有腐蚀性、强氧化性或易潮解的固体试剂不能在纸上称量，应放在玻璃容器内称量。如氢氧化钠有腐蚀性，又易潮解，最好放在烧杯中称取，否则容易腐蚀天平。

(5) 有毒的药品称取时要做好防护措施。如戴好口罩、手套等。

2. 液体试剂

取用少量液体试剂可用胶头滴管。方法为:使用时用中指和无名指夹住玻璃管部分,用大拇指和食指挤压胶头。吸取液体时先挤掉空气,然后深入液体试剂里松开手指吸取试剂。取出滴管把它悬空放在容器口上方,向容器中滴加试剂。勿让滴管的尖嘴触及容器内壁,以免沾污滴管,将杂质带回试剂瓶中。用后立即将滴管插回到滴瓶中,不可平放在桌上,以免腐蚀胶头滴管。

较多液体试剂取用用倾倒法。向试管中倾倒液体药品的量以不超过试管总容积的1/3为度。从试剂瓶中倾倒液体试剂时,瓶盖开启后应仰放在桌面上。左手拿住盛液体的容器,右手拿试剂瓶,标签向上对着手心,使瓶口紧靠容器口,缓缓倒入待取试剂。倒毕,稍待片刻,等瓶口液体流完时再离开。将试剂瓶轻放桌上,盖上瓶盖,放回原处,并注意使瓶上的标签向外。往烧杯中倾倒液体试剂应沿玻璃棒倒。玻璃棒下端轻抵烧杯内壁,瓶口紧贴玻璃棒,缓缓倒入。

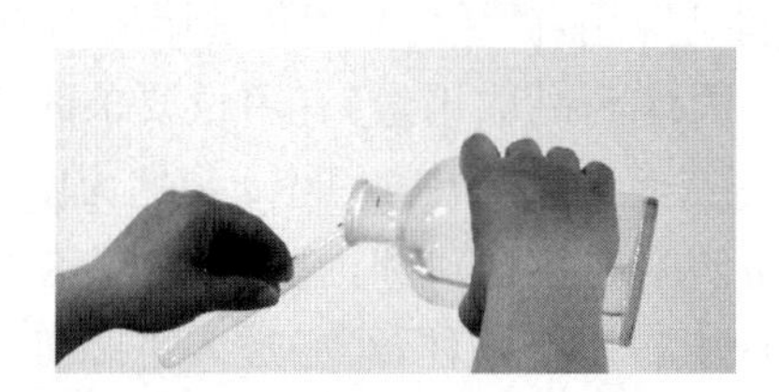

图 2-2　将液体倒入试管

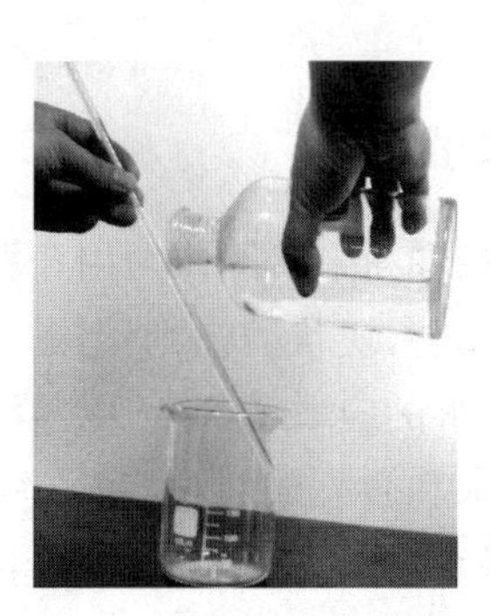

图 2-3　将液体倒入烧杯

液体试剂的取用规则:

(1) 在某些不需要准确体积的实验时,可以估计取出液体的量。例如用滴管取用液体时,1 mL相当于多少滴,5 mL液体占容器的几分之几等。倒入的溶液的量,一般不超过其容积的1/3。

(2) 定量取用液体时,用量筒或移液管取。量筒用于量度一定体积的液体,可根据需要选用不同量度的量筒,而取用准确的量时就必须使用移液管。

(3) 取用挥发性强的试剂时要在通风橱中进行,做好安全防护措施。

2.1.2　化学试剂的配制

1. 溶液的配制步骤

(1) 计算:根据要求计算配制所需固体溶质的质量或液体浓溶液的体积。

(2) 称量:选用适当的仪器进行称量或量取。用托盘天平称量固体质量或用量筒(应用移液管,中学阶段一般用量筒)量取液体体积。

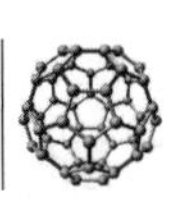

(3) 溶解:在烧杯中溶解或稀释溶质,恢复至室温(如不能完全溶解可适当加热)。检查容量瓶是否漏水。

(4) 转移:将烧杯内冷却后的溶液沿玻璃棒小心转入一定体积的容量瓶中(玻璃棒下端应靠在容量瓶刻度线以下)。

(5) 洗涤:用蒸馏水洗涤烧杯和玻璃棒 2～3 次,并将洗涤液转入容器中,振荡,使溶液混合均匀。

(6) 定容:向容量瓶中加水至刻度线以下 1 cm～2 cm 处时,改用胶头滴管加水,使溶液凹面恰好与刻度线相切。

2. 溶液的配制注意事项

(1) 氢氧化钠为碱性化学物质,浓盐酸、浓硫酸为酸性化学物质,注意不要溅到手上、身上,以免腐蚀!

(2) 计算要准确。

(3) 注意移液管的使用。

(4) 稀释浓硫酸是把酸加入水中,并用玻璃棒搅拌。

(5) 容量瓶在使用前必须检漏。

(6) 在配制由浓液体稀释而来的溶液时,如由浓硫酸配置稀硫酸时,不应该洗涤用来称量浓硫酸的量筒,因为量筒在设计的时候已经考虑到了有剩余液体的现象,以免造成溶液物质的量的大小发生变化!

(7) 移液前应静置至溶液温度恢复到室温(如氢氧化钠固体溶于水放热,浓硫酸稀释放热,硝酸铵固体溶于水吸热),以免造成容量瓶的热胀冷缩!

(8) 易侵蚀或腐蚀玻璃的溶液,不能用玻璃瓶盛放,如氟化物应保存在聚乙烯瓶中,装氢氧化钠的玻璃瓶应换成橡皮塞。

§ 2.2　简单的玻璃加工操作和塞子钻孔

玻璃硬而脆,没有固定的熔点,加热到一定温度开始发红变软。玻璃的导热率小,冷却速度慢,因而便于加工。

在化学实验中经常自制一些滴管、搅拌棒、弯管等,要进行玻璃管的截断、拉细、弯曲和熔光操作。所以,学会玻璃管的简单加工和塞子打孔等基本操作是非常必要的。

2.2.1　玻璃管的简单加工

1. 截断

将玻璃管平放在实验台上,左手按住要截断处的左侧,右手用锉刀的棱在要截断的位置锉出一道凹痕。锉刀应该向一个方向锉,不要来回拉,锉痕应与玻璃管垂直,这样才能保证断后的玻璃管截面是平整的。然后，手持玻璃管凹痕向外用拇指在凹痕后面轻轻加压，同时食指向外拉，使玻璃管断开。见下图。

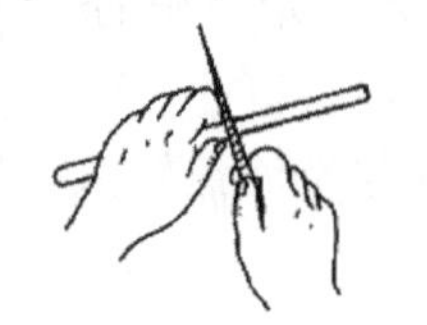

图 2-4 锉出凹痕

图 2-5 折断玻璃管

2. 熔光

玻璃管和玻璃棒的断面很锋利，容易把手划破，而且锋利断面的玻璃管也难于插入塞子的橡皮塞的圆孔内。所以，必须把玻璃管和玻璃棒的断面进行熔光。操作时，把截面斜插入酒精喷灯氧化焰中，缓慢转动玻璃管使熔烧均匀，直到圆滑。

热的玻璃管和玻璃棒应按顺序放在石棉网上冷却，不要用手触摸玻璃管热的部位，避免烫伤。

图 2-6 断面熔光

3. 拉细

双手持玻璃管，把要拉的位置斜放入氧化焰中，尽量增大玻璃管的受热面积，缓慢转动玻璃管。当玻璃管被烧到足够红软时，离开火焰稍停 1～2 秒，沿着水平方向边拉边旋转，拉到所需要的细度时，一手持玻璃管使其竖直下垂冷却，然后按顺序放在石棉网上冷却至室温。

待玻璃管冷却后，在拉细部分截断，即得到带有尖头的玻璃管。熔光时，粗的一端烧熔后立刻垂直在石棉网上轻轻按压出沿状，冷却后安上胶头即成滴管；细的一端要小心加热熔光，避免烧结。

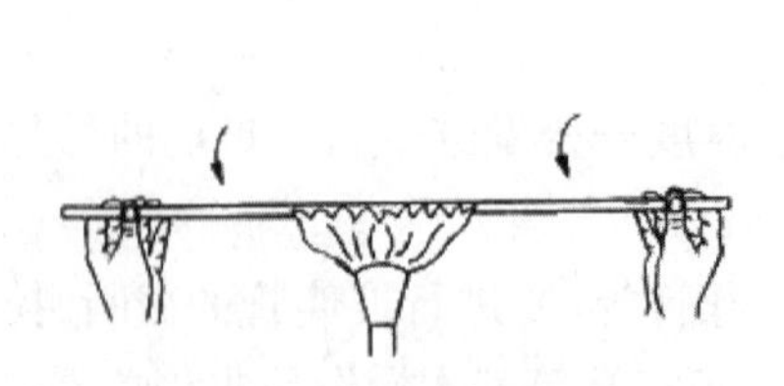

图 2-7 加热玻璃管

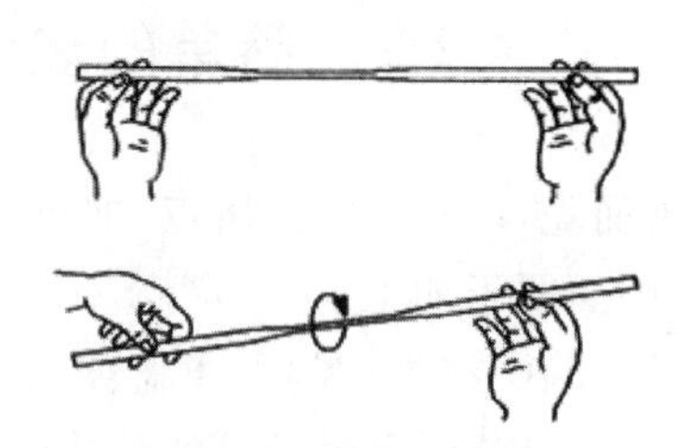

图 2-8 拉伸玻璃管

4. 弯曲

根据需要玻璃可弯成不同的角度，弯管的方法可分为慢弯法和快弯法。

慢弯法：玻璃管在氧化焰上加热（与拉玻璃管加热操作相同），当被烧到刚发黄变软能弯时，离开火焰，弯成一定角度。弯管时两手向上，玻璃管弯成 V 字形。120°以上的角度可一次弯成，较小的角可分几次弯成。先弯成一个较大的角，以后的加热和弯曲都要在前

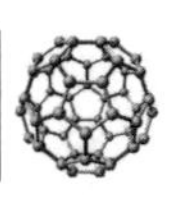

次加热部位稍偏左或偏右处进行，直到弯成所需要的角度，不要把玻璃管烧得太软，一次不要弯得角度太大。

快弯法：先将玻璃管拉成尖头并烧结封死，冷却后，在氧化焰中将玻璃管欲弯曲部位加热到足够红软时，离开火焰。左手拿玻璃管从未封口一端用嘴吹气，右手持尖头的一端向上弯管，一次弯成所需要的角度。这种方法要求火焰宽些，加热温度要高，弯成的角比较圆滑。注意吹的时候用力不要过大，以免将玻璃管吹漏气或变形。

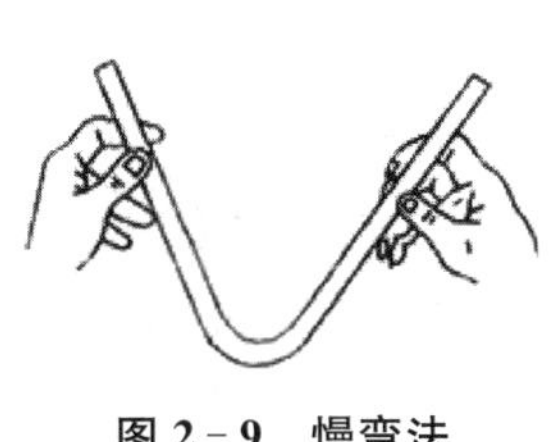

图 2－9 慢弯法

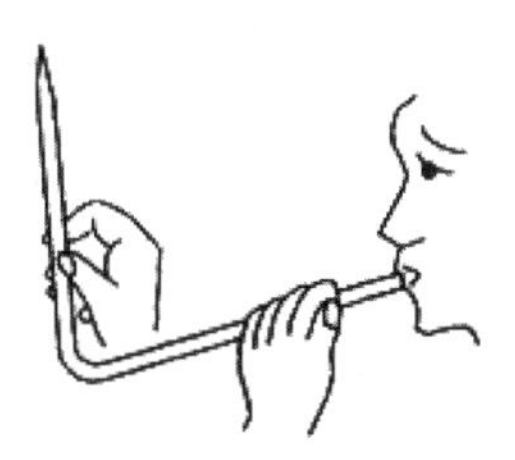

图 2－10 快弯法

2.2.2 塞子钻孔

实验室常用的塞子有玻璃塞、橡皮塞、软木塞、塑料塞。玻璃塞一般是磨口的，与瓶口配合紧密，但带有磨口塞的玻璃瓶不适合于装碱性物质。软木塞不易与有机物质作用，但易被碱腐蚀。橡皮塞可以把瓶塞紧又可以耐碱腐蚀，但易被强酸和某些有机物质侵蚀。

当塞子上需要插入温度计或玻璃管时，就需要钻孔。实验室经常用的钻孔工具是钻孔器，它是一组粗细不同的金属管。钻孔器前端很锋利，后端有柄可用手握，钻后进入管内的橡胶或软木用带柄的铁条捅出。

1. 钻孔

在橡皮塞上钻孔，要选择一个比欲插入的玻璃管稍粗的钻孔器(若是软木塞则要用略细的钻孔器)。先将塞子面积大的一面放在实验台上，用一手按住塞子，另手握钻孔器的柄，在要求钻孔的位置上，用力向下压并向同一方向旋转钻孔器。当钻孔器进入塞子的深度大于塞子厚度一半时，将钻孔器反向旋转拔出，再把塞子翻过来，在大面的同一位置上，用钻孔器钻到两面相通为止。

钻孔时钻孔器必须保持与塞子的底面垂直，以免将孔钻斜，为了减少摩擦力可在钻孔器上涂上甘油。对于软木塞，需先用压塞机压实，或用木板在实验台上压实，其余操作如前所述。

橡胶的摩擦力较大，为胶塞钻孔时一般用力较大，应注意安全，避免受伤。

2. 安装玻璃管

孔钻好后，将玻璃管前端用水润湿，转动下把管插入塞中合适的位置。注意手握管的位置应靠近塞子，不要用力过猛，以免折断玻璃管把手扎伤。可用毛巾等把玻璃管包上，防止扎伤。如果玻璃管很容易插入，说明塞子的孔过松不能用。若塞子的孔过小可先用圆锉将孔锉大，然后再插入玻璃管。

§2.3 化学实验室常用的加热方法

2.3.1 实验室常用加热器

(1) 酒精灯　酒精灯一般是玻璃制的。由灯帽、灯芯、灯壶三部分组成。其灯焰温度通常可达 400～500 ℃，外焰最高，内焰次之，焰心最低。酒精灯用于温度不需太高的实验，点燃时，切勿用点燃的酒精灯直接点火；添加酒精时，必须将火焰熄灭，且加入的量不能超过灯容量的三分之二；熄灭酒精灯时必须用灯罩罩熄，切勿用嘴去吹。

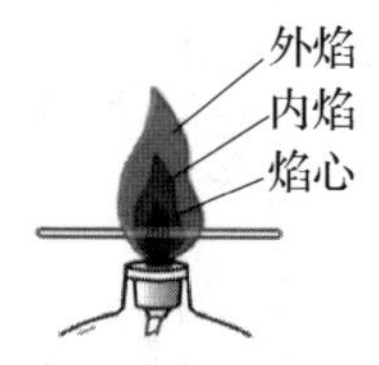

图 2-11　酒精灯火焰示意图

(2) 电炉　电炉是一种用电热丝将电能转化为热能的装置。其温度高低可通过调节电阻来控制。使用时，容器和电炉之间要隔石棉网，以使受热均匀。

(3) 电热恒温水浴锅　电热恒温水浴锅有两孔、四孔、六孔等不同规格。其构造分内外两层。内层用铝板制成，外壳用薄板制成，表面烤漆覆盖；槽底安装铜管，内装电炉丝用瓷接线柱联通双股导线至控制器；控制器表面有电源开关、调温旋钮和指示灯；水浴锅左下侧有放水阀门，后上侧可插温度计。水浴锅恒温范围为 37～100 ℃，电源电压为 220 伏，用作蒸发和恒温加热。使用时，切记水位一定不得低于电热管，否则将立即烧坏电热管。

2.3.2 加热方法

(1) 直接加热　在较高温下不分解的溶液或纯液体可装在烧杯、烧瓶中放在石棉网上直接加热。

(2) 水浴加热　当被加热物要求受热均匀而温度又不能超过 100 ℃时，用水浴加热。加热温度在 90 ℃以下时，可将盛物容器部分放在水浴中。

(3) 油浴、沙浴加热　若需加热在 100 ℃～250 ℃，可用油浴，若需加热到更高温度时可用沙浴。

§2.4 洗涤技术

玻璃仪器的洗涤方法很多，应根据实验的要求、污物的性质和沾污的程度来选择。实验室常采用的洗涤方法如下：

(1) 冲洗法：对于可溶性污物可用水冲洗，这主要是利用水把可溶性污物溶解而除

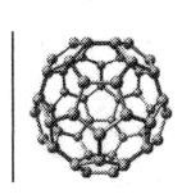

去。为了加速溶解，必须振荡。往仪器中注入少量(不超过容量的 1/3)的水，稍用力振荡(如图所示)后，把水倾出，如此反复冲洗数次。

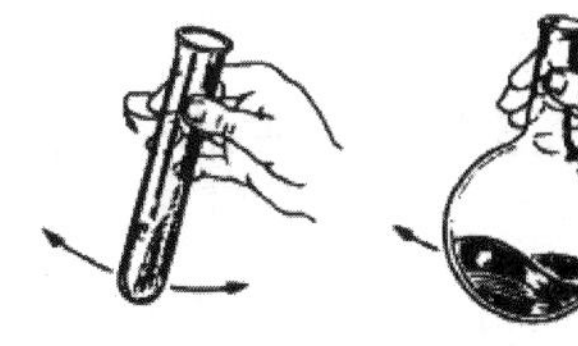

图 2－12　洗涤震荡

(2) 刷洗法：内壁附有不易冲洗掉的物质，可用毛刷刷洗，利用毛刷对器壁的摩擦使污物去掉。

(3) 用洗液洗涤法：最常用的是用毛刷蘸取肥皂液、去污粉或合成洗涤剂来刷洗，这主要是除去油污或一些有机污物。去污粉中除含有碳酸钠，还含有白土和细沙，刷子的摩擦作用可获得较好的洗涤效果，经去污粉或合成洗涤剂刷洗后，再用自来水冲洗，以除去附着在仪器上的白土、细沙或洗涤剂。但注意，定量分析仪器一般不采用这种方法洗涤。

用肥皂液或合成洗涤剂等仍刷洗不掉的污物，或者因仪器口小、管细，不便用毛刷刷洗，就要用少量铬酸洗液或王水洗涤，也可针对具体的污物选用适当的药剂或方法处理。用铬酸洗液或王水洗涤时，可往仪器内注入少量铬酸洗液，使仪器倾斜并慢慢转动，让仪器内壁全部被洗液湿润。再转动仪器，使铬酸洗液在内壁流动。经流动几圈后，把洗液倒回原瓶(所用铬酸洗液变成暗绿色后，需再生才能使用)。对沾污严重的仪器可用洗液浸泡一段时间，用热铬酸洗液进行洗涤，效率更高。倾出洗液后，再加水刷洗或冲洗。决不允许将毛刷放入洗液中！

对特殊情况，应采用不同的洗液洗涤。如酸性(碱性)污物用碱性(酸性)洗液洗涤，氧化性(或还原性)污物采用还原性(或氧化性)洗液洗涤，有机污物可用碱液或有机溶液洗涤。

(4) 去离子水荡洗法：必要时还应用少量蒸馏水洗 2～3 次。凡是已洗净的仪器内壁，决不能再用布(或纸)去擦拭。否则，布(或纸)的纤维将会留在器壁上反而沾污仪器。

(5) 仪器洗净的检查：仪器是否洗净，可加入少量水振荡一下，将水倒出，并将仪器倒置，如果观察仪器透明，器壁不挂水珠，说明已洗净；如果仪器不清晰或器壁挂水珠，则未洗净。未洗净的仪器必须重新洗，洗净的仪器再用少量清水涮洗数次。

§ 2.5　干燥技术

2.5.1　干燥原理

干燥就是使样品中失去水分或者其他溶剂。

干燥方法：

(1) 物理方法：加热、真空干燥、冷冻、分馏、共沸蒸馏及吸附等。

(2) 化学方法：利用干燥剂，第一类：与水可逆生成水合物；第二类：与水反应生成新的化合物。

常用的干燥方法有：加热干燥，常用于无机物的干燥；低温干燥，适用于易燃、易爆或受热变化的物质；化学结合除水干燥，适用于有机物除水；吸附干燥，吸附气体或液体中的游离水。

2.5.2 气体的干燥

应用范围:可用固体、液体的干燥。

常用的仪器:洗气瓶、干燥塔、U 型管、干燥管等。

注意事项:

a. 易溶于水的物质用水吸收。

b. 酸性物质用碱性物质吸收除去。

c. 碱性物质用酸性物质吸收除去。

d. 用可与杂质生成沉淀或可溶物的吸收剂吸收。

e. 不能直接吸收除去的杂质,设法通过一定的变化,转化成可吸收的物质。

f. 不能选用能与被提纯气体作用的吸收剂。

g. 干燥剂只能用于吸收气体中的水分,不能与气体发生化学反应。

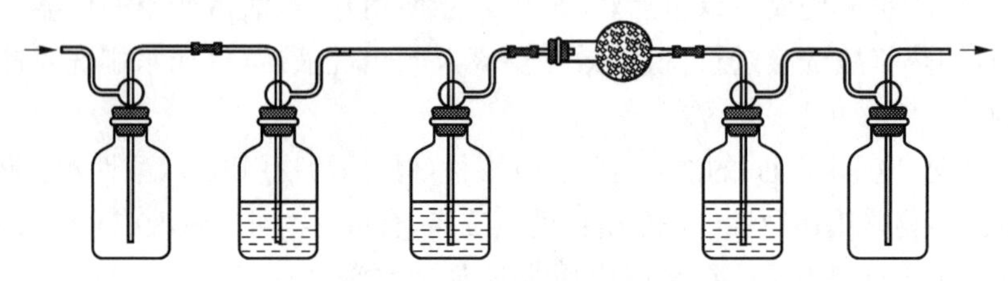

图 2-13　气体干燥装置图

表 2-1　常用气体及干燥剂

气体	干燥剂	气体	干燥剂
H_2、O_2、N_2、CO、CO_2、SO_2	H_2SO_4(浓)、$CaCl_2$(无水)、P_2O_5	HI	CaI_2
Cl_2、HCl、H_2	$CaCl_2$(无水)	NO	$Ca(NO_3)_2$
NH_3	CaO、CaO 与 KOH 混合物	HBr	$CaBr_2$

2.5.3 液体化合物的干燥

1. 液体干燥方法

(1) 形成共沸物除水干燥

原理:共沸物的沸点一般低于待干燥物的沸点。

方法:在待干燥的化合物中,加入能与水形成共沸物的物质,蒸馏时可将水带出。

(2) 使用干燥剂干燥

1) 干燥剂的选择注意事项

A. 干燥剂与被干燥物不能发生化学反应;

B. 干燥剂不能溶于被干燥物中;

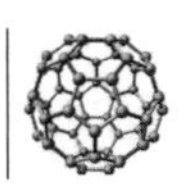

C．干燥剂的吸水量大、干燥迅速、价格低廉。

2）干燥剂的用量：一般用量 10 mL 液体加 0.5～1 g 干燥剂。

2. 干燥操作方法

A．干燥前尽量除去有机物中的水分。

B．加入干燥剂后振荡片刻，静置观察，若干燥剂粘在瓶壁上，应补加干燥剂。

C．有机物除水判断：干燥前混浊，干燥后澄清。

表 2－2　常用物理吸附干燥剂性能及其应用

干燥剂	吸水作用	吸水容量(g/g)	干燥效能	干燥速度	应用范围
$CaCl_2$	$CaCl_2 \cdot nH_2O$ $n=1,2,4,6$	0.97(按 $CaCl_2 \cdot 6H_2O$ 计)	中等	较快，但吸水后表面为薄层液体所盖，故放置时间要长些为宜。	适用于烃、烯烃、丙酮、醚和中性气体的干燥；但能与醇、酚、胺、酰胺及某些醛、酮、形成配合物。它的工业品可能含有碱性物质，故不能用来干燥酸类
$MgSO_4$	$MgSO_4 \cdot nH_2O$ $n=1,2,4,5,6,7$	1.05 (按 $MgSO_4 \cdot 7H_2O$ 计)	较弱	较快	中性，应用范围广，可代替 $CaCl_2$ 并可以干燥酯、醛、酮、腈、酰胺等不能用 $CaCl_2$ 干燥的化合物
Na_2SO_4	$Na_2SO_4 \cdot 10H_2O$	1.25	弱	缓慢	中性，一般用于有机液体的初步干燥
$CaSO_4$	$2CaSO_4 \cdot H_2O$	0.06	强	快	中性，常与 $MgSO_4$ 或 Na_2SO_4 配合，作最后干燥之用
NaOH 或 KOH			中等	快	强碱性，用于干燥胺、杂环等碱性化合物，不能用于干燥醇、酯、醛、酮、酸、酚等
K_2CO_3	$K_2CO_3 \cdot 0.5H_2O$	0.2	较弱	慢	弱碱性，用于干燥醇、酮、胺、酯及杂环等碱性化合物，可替代 KOH 干燥胺类，不适用于酸、酚及其他酸性化合物
Na	$2Na + 2H_2O = 2NaOH + H_2$		强	快	限干燥醚、烃类中痕量水，用时切成小块或压成钠丝

续　表

干燥剂	吸水作用	吸水容量(g/g)	干燥效能	干燥速度	应用范围
CaO	$CaO + H_2O = Ca(OH)_2$		强	较快	适用于干燥低级醇
P_2O_5	$P_2O_5+3H_2O=2H_3PO_4$		强	快,但吸水后表面被粘液覆盖,操作不便	适于干燥醚、烃、腈等中性痕量水。不适于干燥醇、酸、胺、酮、HCl、HF等

2.5.4　固体物质的干燥

(1) 晾干:适用于被干燥的物质在空气中性质稳定、不易分解和不吸潮。

(2) 烘干:适用于熔点高遇热不易分解的固体物质。

方法:将待干燥的固体物质置于表面皿或蒸发皿中,放在水浴上烘干,也可用红外灯或干燥箱烘干。

注意:加热温度要低于固体物质的熔点。

(3) 冷冻干燥

表 2-3　常用有机化合物干燥剂

化合物类型	干燥剂	化合物类型	干燥剂
烃	Na、P_2O_5	酮	K_2CO_3、$CaCl_2$、$MgSO_4$、Na_2SO_4
卤代烃	$CaCl_2$、$MgSO_4$、Na_2SO_4、P_2O_5	酸、酚	$MgSO_4$、Na_2SO_4
醇	K_2CO_3、$MgSO_4$、CaO、Na_2SO_4	酯	$MgSO_4$、Na_2SO_4、K_2CO_3
醚	$CaCl_2$、Na、P_2O_5	胺	NaOH、KOH、CaO、Na_2CO_3
醛	$MgSO_4$、Na_2SO_4	硝基化合物	$MgSO_4$、Na_2SO_4、$CaCl_2$

§2.6　重结晶

重结晶是提纯固体物质的重要方法之一。它适用于产品与杂质性质差别较大,产品杂质含量小于5%的体系。

原理:它主要是利用不同化合物在某溶剂物中溶解度不同,让杂质全部或大部分留在溶液中(或被过滤除去)。固体有机物在溶剂中的溶解度随温度的变化易改变,通常温度升高,溶解度增大;反之,则溶解度降低。热的未饱和溶液,降低温度,溶解度下降,溶液变成过饱和易析出结晶。利用溶剂对被提纯化合物及杂质的溶解度的不同,以达到分离纯化的目的。

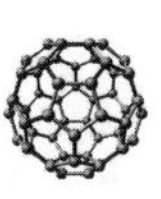

2.6.1　溶剂的选择

溶剂须具备下列条件：① 不与被提纯物质起反应；② 待提纯物质的溶解度随温度的变化有明显的差异；③ 杂质的溶解度很大结晶时留在母液中或很小，趁热过滤即可除去；④ 溶剂沸点较低，易挥发，易与被提纯化合物分离出去；⑤ 价格便宜、毒性小，回收容易，操作安全。

2.6.2　重结晶的操作方法

过程：饱和溶液的制备⟶脱色⟶热过滤⟶冷却结晶⟶干燥

(1) 饱和溶液的制备

目的：用溶剂充分分散产物和杂质，以利于提纯。

过程：溶解样品时，先在容器中加入几粒沸石和已经称量好的样品，再加少量溶剂，然后加热溶液接近沸腾或沸腾，边滴加溶剂边观察固体溶解情况，使样品刚好溶解，然后使溶剂过量20%。

注意：有机溶剂应装有回流冷凝装置。

(2) 脱色

活性炭在水溶液及极性溶液中脱色效果较好，用量一般是固体量的1%～5%。氧化铝适用于非极性溶液。

注意：活性炭切不可趁热加入，否则会引起爆沸。

(3) 热过滤：重结晶溶液是一种热的饱和溶液，需要热过滤

a. 常压热过滤

常压热过滤就是用重力过滤的方法除去不溶性杂质(包括活性炭)。由于溶液为热的饱和溶液，遇冷即会析出结晶，因此需要趁热过滤。热过滤时所用的漏斗和滤纸须事先用热溶剂润湿温热，或者把仪器放入烘箱预热后使用，有时还需要将漏斗放入铜质热保温套中，在保温情况下过滤。

图 2-14　常压热过滤装置图

常用短颈的玻璃漏斗，以免溶液在漏斗下部管颈遇冷而析出结晶，影响过滤。为了加快过滤速度，通常采用扇形折叠滤纸。折叠滤纸的折叠方法如图 2-15。为防止样品遇冷结晶析出，需趁热过滤，所用仪器须事先预热。有时需用保温漏斗。

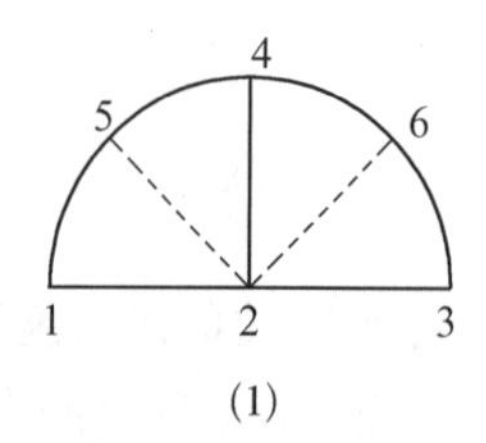

(1)

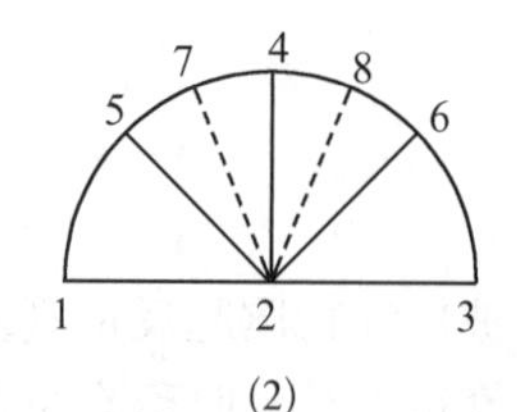

(2)

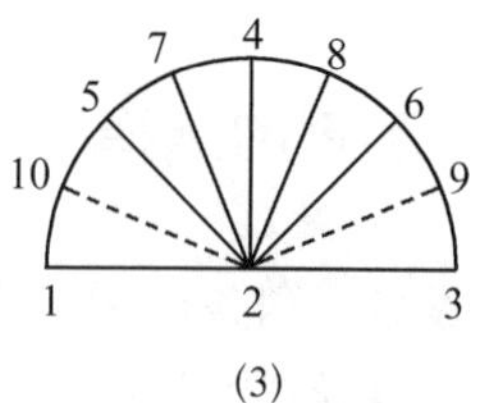

(3)

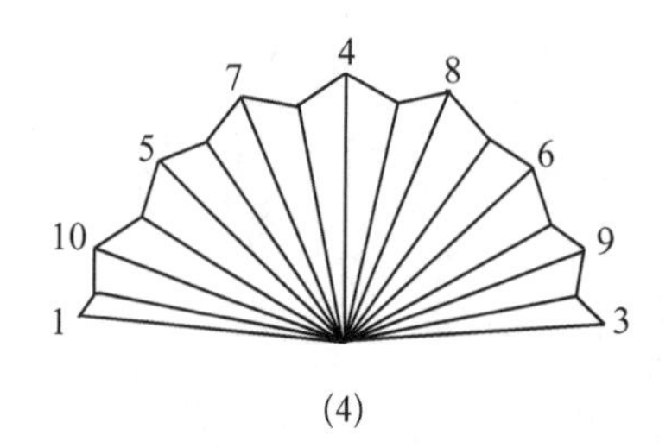

(4)

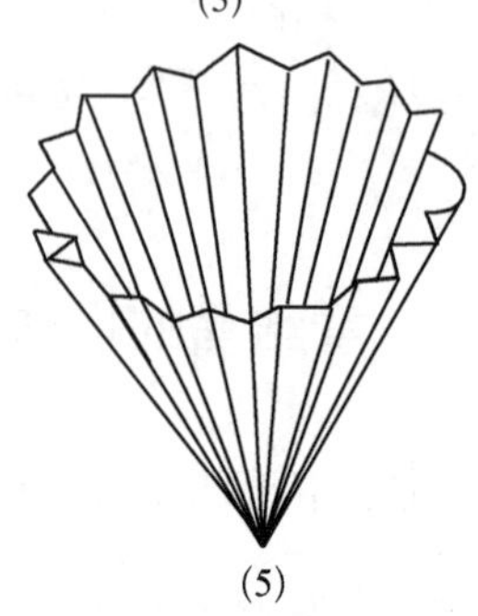
(5)

图 2－15　折叠滤纸的方法

b. 减压热过滤

图 2－16　减压过滤装置

1. 布氏漏斗；2. 过滤瓶；3. 安全瓶

(4) 冷却结晶和晶体的过滤与洗涤

冷却结晶是使产物重新形成晶体的过程。

目的：进一步与溶解在溶剂中的杂质分离。

注意：1) 应在室温下慢慢冷却至固体出现后，再用冷水或冰进行冷却，可保证晶体形状好，颗粒均匀，晶体内不含杂质和溶剂。冷却太快，晶体颗粒太小，洗涤困难；冷却太慢，晶体颗粒太大，会夹带溶液，干燥困难。

2) 冷却结晶过程不宜剧烈摇动或搅拌，否则晶体颗粒会太小；当晶体颗粒超过 2 mm，可稍摇动或搅拌。

3) 冷却无晶体析出，可用玻璃棒摩擦瓶壁促使晶体形成，或用冷凝液制备晶种。

4) 冷却结晶过程有时会析出油状物，需深度冷却，或重新加热溶解冷却，油状物仍不能固化，则应改换溶剂。

(5) 晶体的干燥

目的：彻底除去溶剂。

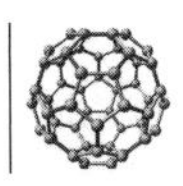

方法：1）低沸点溶剂，可通过自然挥发除去溶剂。
2）高沸点溶剂及不易分解和升华的产品，可烘干。
3）当产品易吸湿或吸水后易发生分解时，应用真空干燥器干燥。

§2.7　蒸馏

蒸馏是分离、提纯液体有机化合物最重要、最常用的方法之一。

2.7.1　基本原理

蒸馏法是利用液体混合物中各组分的沸点不同来分离各组分的。在室温下，具有较高蒸气压的液体沸点比在室温下具有较低蒸气压的液体的沸点低，于是，当一个液体混合物沸腾时，液体上面的蒸气组成与液体混合物的组成不同，蒸气组成富集的是易挥发组分，即低沸点的组分，将蒸气冷却收集得到的液体组成与蒸气组成相同，当溶液温度相对稳定时收集的蒸出液是原来沸点低的一个纯组分，而高沸点组分主要留在溶液中，达到分离目的。

蒸馏分为：常压蒸馏、减压蒸馏、水蒸气蒸馏和分馏。

2.7.2　常压蒸馏

常压蒸馏就是在常压下将液态物质加热到沸腾变为蒸气，又将蒸气冷凝为液体这两个过程的联合操作。如蒸馏沸点差别较大的液体混合物时，沸点较低者首先蒸出，沸点较高者随后蒸出，不挥发的留在蒸馏器中，这样可以达到分离和提纯的目的。常压蒸馏一般适用于液体混合物中各组分的沸点有较大差别时的分离。被分离两组分沸点差至少在 30 ℃以上。组分沸点差异不大，就需要采用分馏操作对液态混合物进行分离和纯化。需要指出的是，具有恒定沸点的液体并非都是纯化合物，如共沸混合物：二元共沸混合物（水 4.5%＋乙醇 95.5%）共沸点 78.1 ℃，纯乙醇沸点 78.4 ℃；三元共沸混合物（水 7.8%＋乙醇 9.0%＋乙酸乙酯 83.2%）共沸点 70.3 ℃，纯乙醇沸点 78.4 ℃；纯乙酸乙酯沸点 77.1 ℃。

图 2－17　常压蒸馏装置图

装配装置时应注意：1）同一水平线；2）冷凝水：下口进水，上口出水；3）装置不能密封；4）安装仪器顺序：自下而上，从左到右，准确、端正、竖直，全套仪器的轴线都在同一平面内。

2.7.3　回流

为使反应速度尽可能快些进行，常常需要使反应物和溶剂长时间加热并保持沸腾。

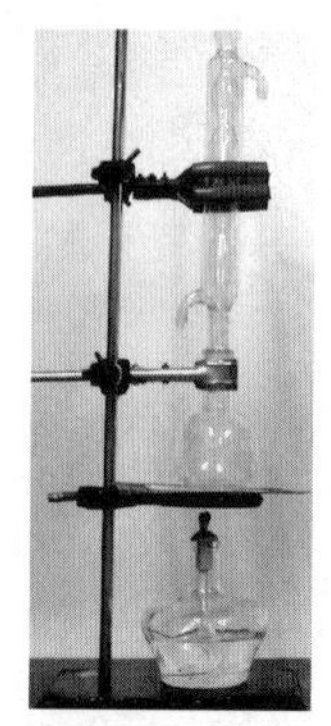
图 2-18 回流装置图

为了减少溶剂和原料的损耗，避免易燃、易爆和有毒物质引起事故和污染，保证产品的产率，需要在反应容器上方垂直装上一冷凝管，使反应过程中产生的蒸气在冷凝管中被冷凝成液体，再流回到反应容器中。这种连续不断的蒸发或沸腾气化与冷凝流回的操作就叫做回流或加热回流。回流装置主要包括反应瓶和冷凝器，如图 2-18。

回流时多采用球形冷凝管。反应物料的沸点很低或含有毒物质时，可选用蛇形冷凝管，以提高回流冷凝的效率。如果反应时产生氯化氢、二氧化硫、二氧化氮等有害的气体，在回流装置中安装一气体吸收装置。需要注意的是导出气体的导管，若使用漏斗，要使漏斗倾斜一定的角度，漏斗口部分伸入溶液中。若水气的存在对反应有不利影响，可在冷凝管与气体吸收装置之间加装一个装有干燥剂的干燥管。

根据实验需要选用适合的回流装置。整个装置的高度以热源高度为基准，热源的选择依据与蒸馏相同。首先固定圆底烧瓶，调整铁架台铁夹的位置，使冷凝管与圆底烧瓶在一条直线上并垂直于实验台面。使用时应注意：

1）将反应物与溶剂放在圆底烧瓶中，加入 3～4 粒沸石。

2）在直立的冷凝管夹套中自下而上通入冷水，使夹套充满水。

3）加热。先用小火，然后逐渐加大火力，使混合液沸腾或达到指定的反应温度。

4）控制加热的程度和调节冷凝水流量，保持蒸气充分冷凝，使蒸气上升的高度不超过冷凝管的 1/3。

5）反应完毕后，停止回流。先停止加热，再关闭冷凝水，整个反应过程中，不得中断冷凝水。

2.7.4 减压蒸馏

减压蒸馏用来分离某些具有高沸点(200 ℃以上)的有机化合物，或在常压蒸馏时容易分解、氧化或聚合的物质。

液体的沸点是随着外界压力的变化而变化的。如果外界压力降低，液体的沸点也就相应降低。因此，降低蒸馏系统的压力，即可降低液体的沸点，可在较低的温度下蒸出所需的物质。这种在降低压力下进行的蒸馏操作就是减压蒸馏。

按图 2-19 安装好减压蒸馏装置，需先检查系统是否漏气，以及装置能减压到何种程度。而后在蒸馏烧瓶中倒入待蒸馏液体，其量控制在烧瓶容积的 1/3～1/2。先旋紧毛细管上的螺旋夹子，打开安全瓶上的二通旋塞，然后开泵抽气。逐渐关闭二通旋塞，系统压力能达到所需真空度且保持不变，说明系统密闭。否则应检查各连接处是否漏气，必要时可在磨口接口处涂少量真空脂密封。

接通冷凝水，开始加热，使液体升温，当蒸气到达顶部时(还未到达水银球)使之全回流，冷凝的液体使柱身及填料表面润湿，这样维持 5 min，此步骤称为“预泛液”，尽量减少分馏柱的热量散失和温度波动。使馏出速度维持在 2～3 秒钟一滴。记录第一滴馏出液分的沸点范围及体积。密切注意蒸馏的温度和压力，若有不符，则应调节。先接收前馏

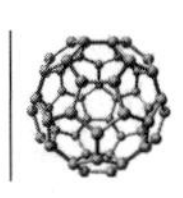

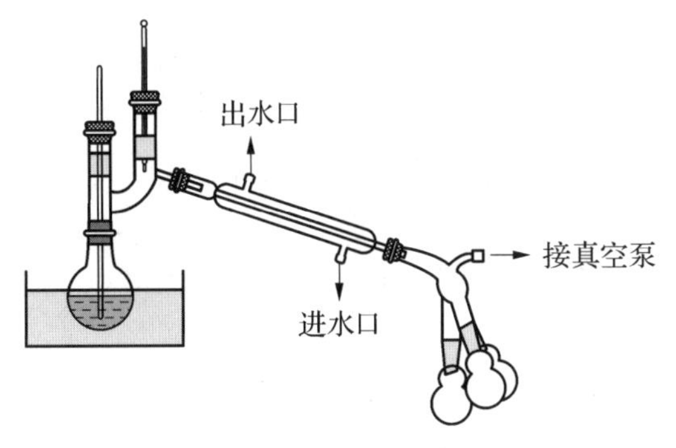

图 2－19　减压蒸馏装置图

分，当沸点达到所需温度时，更换接受器（只需转动多头接液管的位置，使馏出液流入接受器），馏出速度 1～2 滴/s。蒸馏完毕，撤去热源，慢慢打开毛细管上的螺旋夹子，并缓慢地打开安全瓶上的活塞（以避免因系统内的压力突增使水银柱冲破玻璃管），平衡系统内外压力。

§ 2.8　萃取

用溶剂从固体或液体混合物中提取所需要的物质，这一操作过程就称为萃取。萃取不仅是提取和纯化有机化合物的一种常用方法，而且还可用来洗去混合物中的少量杂质。

萃取可分为：液—液萃取、液—固萃取、气—液萃取。

2.8.1　液—液萃取

(1) 基本原理

物质在不同溶剂中有着不同的溶解度。在一定温度下，某物质在两种互不相溶的溶剂中的浓度之比为一常数，称为分配系数 K，表示为 c_A/c_B，易溶组分较多地进入溶剂相，从而实现混合物的分离。

溶质在萃取剂中的平衡浓度高于在原溶液中的浓度，于是溶质从混合液中扩散，使溶质与混合液中的其他组分分离，因此萃取是两相溶剂间的传质过程。

(2) 萃取率

用一定量萃取剂进行一次或多次萃取，关系式如下：

$$W_n = W_o\left(\frac{KV}{KV+S}\right)^n$$

从关系式可以看出，将萃取剂分多次萃取比一次萃取效果好。

(3) 萃取剂的选择

1) 被萃取物质在萃取剂中的溶解度大于杂质在萃取剂中的溶解度。

2) 萃取剂与原溶液应保持一定密度差,便于两相分层。

3) 萃取后,萃取剂易于回收。

4) 萃取剂价格便宜,操作方便,溶剂沸点不宜过高,化学稳定性好。

(4) 操作方法

萃取通常使用分液漏斗。

分液漏斗的使用:

1) 洗涤。

2) 在活塞处涂少量凡士林,旋转活塞使凡士林涂匀。

3) 检查是否漏液,不漏液后待用。

萃取过程:

1) 从上口倒入待萃取液体和萃取剂。

2) 右手握住漏斗上口颈部,并用食指压紧漏斗塞,以免塞子松开;左手握住旋塞,拇指压紧活塞,然后把漏斗放平,前后摇动,使液体振动起来,两相充分接触。注意振动过程要不断放气,以免漏斗内部压力过大,造成漏斗塞被顶开,使液体喷出。

3) 放气时,将漏斗的上口向下倾斜,下部支管指向斜上方,液体集中在下部,用控制活塞的左手的拇指和食指打开活塞放气(不要对着人),一般振动两三次就放气一次。

4) 如此重复数次,然后将分液漏斗静置于铁环上,使漏斗塞子上的小槽对准漏斗上的通气孔,静置,使乳浊液分层。

5) 当液体分层清晰时,进行分离。分离液层时,下层液应从下端支管放出,上层液应从上口倒出。

6) 如果打开活塞却不见液体从分液漏斗下端流出,首先应检查漏斗上口塞是否打开。如果上口塞已打开,液体仍然放不出,那就该检查活塞孔是否被堵塞。

装置如图。

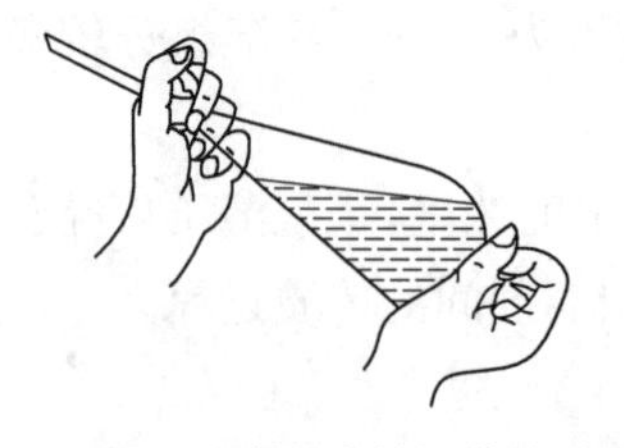

图 2-20 分液漏斗的振荡方法图

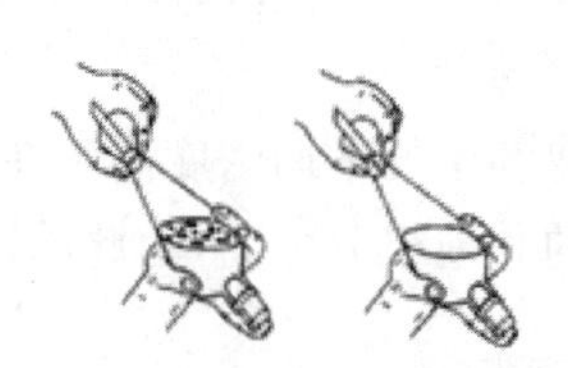

2-21 分液漏斗的放气方法

2.8.2 液—固萃取

实验室中常用索氏提取器进行液—固萃取。索氏提取器由烧瓶、抽提筒、回流冷凝管

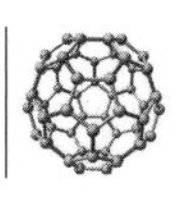

三部分组成，装置如图所示。

索氏提取器是利用溶剂的回流及虹吸原理，使固体物质每次被纯的热溶剂所萃取，减少了溶剂用量，缩短了提取时间，因而效率较高。萃取前，应先将固体物质研细，以增加溶剂浸溶的面积。然后将研细的固体物质装入滤纸筒内，再置于抽提筒中。烧瓶内盛溶剂，并与抽提筒相连，抽提筒上端接冷凝管，溶剂受热沸腾，其蒸气沿抽提筒侧管上升至冷凝管后冷凝，回滴到滤纸筒中，并浸泡被提纯物质，当溶剂液面达到虹吸管高度使形成虹吸，重复上述过程（通常 3 次以上），提取的物质富集于烧瓶内。提取液经浓缩除去溶剂后，即得产物，必要时可用其他方法进一步纯化。

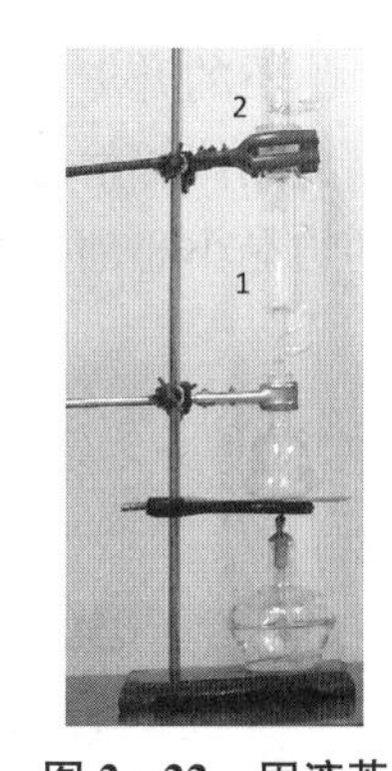

图 2－22　固液萃取装置图

1. 索氏提取器；2. 冷凝管

§ 2.9　升华

升华是固体化合物提纯的一种技术。某些物质在固态时有较高的蒸气压，当加热时，不经过液态而直接汽化，蒸气遇冷又直接冷凝成固体，这个过程叫做升华。升华操作适用范围：

（1）被提纯的固体化合物具有较高的蒸气压，在低于熔点时，就可以产生足够的蒸气，使固体不经过熔融状态直接变为气体；

（2）固体化合物中杂质的蒸气压较低，利于分离。

利用升华可除去不挥发性杂质，或分离不同挥发度的固体混合物。升华常可得到纯度较高的产品，但操作时间长，损失也较大，在实验室里只用于较少量（1～2 g）物质的纯化。

2.9.1　基本原理

升华是利用固体混合物的蒸气压或挥发度的不同，将不纯净的固体化合物在熔点温度以下加热，利用产物蒸气压高杂质蒸气压低的特点，使物质不经液化过程直接气化，遇冷后固化，而杂质则不发生这一过程，从而达到分离固体混合物的目的。

2.9.2　升华操作

（1）常压升华

常用的常压升华装置如图 2－23 所示。将预先粉碎好的待升华物质均匀地铺放于蒸皿中，上面覆盖一张穿有许多小孔的滤纸，然后将与蒸发皿口径相近的玻璃漏斗倒扣在滤纸上，漏斗颈口塞一小棉球或少许玻璃棉，以减少蒸气外逸。隔石棉网或用油浴、沙浴等缓慢加热蒸发皿，调节火焰，控制浴温低于升华物质的熔点，使其慢慢升华。蒸气通过滤纸孔上升，冷却后凝结在滤纸上或漏斗壁上。必要时漏斗外可用湿滤纸或湿布冷却。较

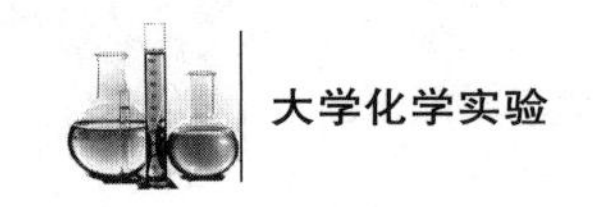

大量物质的升华,可在烧杯中进行。烧杯上放置一个通冷水的烧瓶。使蒸气在烧瓶底部凝结成晶体并附着在烧瓶底部。升华完毕,可用不锈钢刮匙将凝结在漏斗壁上以及滤纸上的结晶小心刮落并收集起来。

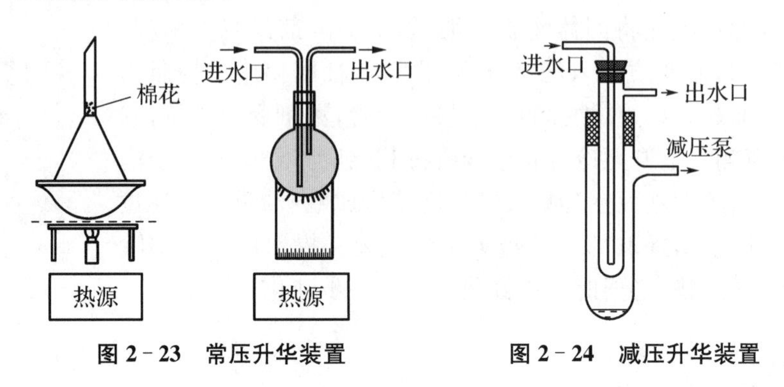

图 2-23　常压升华装置　　**图 2-24　减压升华装置**

(2) 减压升华

常用的减压升华装置如图 2-24 所示。减压条件下的升华操作与上述常压升华操作大致相同。首先将待升华物质置放在吸滤管内,然后在吸滤管上配置指形冷凝管,内通冷凝水,用油浴加热,吸滤管支口接水泵或油泵。

2.9.3　注意事项

(1) 升华温度一定要控制在固体化合物熔点以下。

(2) 待升华物质要经充分干燥,否则溶剂会影响升华后固体的凝固。

(3) 在蒸发皿上覆盖一层布满小孔的滤纸,使逸出的蒸气容易凝结在玻璃漏斗壁上,提高物质升华的收率。滤纸上的孔应尽量大些,利于蒸气上升和结晶。必要时,可在玻璃漏斗外壁上敷上湿布,以助冷凝。

(4) 减压升华停止时,一定要先打开安全瓶上的放空阀,再关水泵,否则循环水泵内的水会倒吸进入吸滤瓶中,造成实验失败。

§2.10　简单的色谱分析

2.10.1　薄层色谱

薄层色谱,或称薄层层析(thin-layer chromatography),是以涂布于支持板上的支持物作为固定相,以合适的溶剂为流动相,对混合样品进行分离、鉴定和定量的一种层析分离技术。这是一种快速分离诸如脂肪酸、类固醇、氨基酸、核苷酸、生物碱及其他多种物质的特别有效的层析方法。

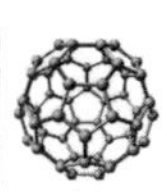

2.10.1.1　原理

薄层色谱法是一种吸附薄层色谱分离法，它利用各成分对同一吸附剂吸附能力不同，使在移动相（溶剂）流过固定相（吸附剂）的过程中，连续产生吸附、解吸附、再吸附、再解吸附，从而达到各成分的互相分离的目的。薄层层析可根据作为固定相的支持物不同，分为薄层吸附层析（吸附剂）、薄层分配层析（纤维素）、薄层离子交换层析（离子交换剂）、薄层凝胶层析（分子筛凝胶）等。一般实验中应用较多的是以吸附剂为固定相的薄层吸附层析。

吸附是表面的一个重要性质。任何两个相都可以形成表面，吸附就是其中一个相的物质或溶解于其中的溶质在此表面上的密集现象。在固体与气体之间、固体与液体之间、吸附液体与气体之间的表面上，都可能发生吸附现象。

物质分子之所以能在固体表面停留，是因为固体表面的分子（离子或原子）和固体内部分子所受的吸引力不相等。在固体内部，分子之间相互作用的力是对称的，其力场互相抵消。而处于固体表面的分子所受的力是不对称的，向内的一面受到固体内部分子的作用力大，而表面层所受的作用力小，因而气体或溶质分子在运动中遇到固体表面时受到这种剩余力的影响，就会被吸引而停留下来。吸附过程是可逆的，被吸附物在一定条件下可以解吸出来。在单位时间内被吸附于吸附剂的某一表面积上的分子和同一单位时间内离开此表面的分子之间可以建立动态平衡，称为吸附平衡。吸附层析过程就是不断地产生平衡与不平衡、吸附与解吸的动态平衡过程。

例如用硅胶和氧化铝作支持剂，其主要原理是吸附力与分配系数的不同，使混合物得以分离。当溶剂沿着吸附剂移动时，带着样品中的各组分一起移动，同时发生连续吸附与解吸作用以及反复分配作用。由于各组分在溶剂中的溶解度不同以及吸附剂对它们的吸附能力的差异，最终将混合物分离成一系列斑点。如作为标准的化合物在层析薄板上一起展开，则可以根据这些已知化合物的 R_f 值（后面介绍 R_f 值）对各斑点的组分进行鉴定，同时也可以进一步采用某些方法加以定量。

2.10.1.2　展开剂

展开剂提取分离时，用来分离极性不同的两种物质的溶剂叫做展开剂。

选择适当的展开剂是首要任务。一般常用溶剂按照极性从小到大的顺序排列大概为：石油迷＜己烷＜苯＜乙醚＜THF＜乙酸乙酯＜丙酮＜乙醇＜甲醇，使用单一溶剂，往往不能达到很好的分离效果，往往使用混合溶剂通常使用一个高极性和低极性溶剂组成的混合溶剂，高极性的溶剂还有增加区分度的作用，展开剂的比例要靠尝试。一般根据文献中报道的该类化合物用什么样的展开剂，就首先尝试使用该类展开剂，然后不断尝试比例，直到找到一个分离效果好的展开剂。

2.10.1.3　操作方法

（1）薄层板制作

除另有规定外，将 1 份固定相和 3 份水在研钵中向一方向研磨混合，去除表面的气泡

图 2-25 薄层板

后，倒入涂布器中，在玻板上平稳地移动涂布器进行涂布（厚度为 0.2～0.3 mm），取下涂好薄层的玻板，置水平台上于室温下晾干，后在 110 ℃烘 30 分钟，即置有干燥剂的干燥箱中备用。使用前检查其均匀度（可通过透射光和反射光检视）。

手工制板一般分不含粘合剂的软板和含粘合剂的硬板两种。

常用吸附剂的基本情况：颗粒的大小，太大洗脱剂流速快分离效果不好，太细溶液流速太慢。一般说来吸附性强的颗粒稍大，吸附性弱的颗粒稍小。氧化铝一般在 100～150 目。氧化铝分为碱性氧化铝，适用于碳氢化合物、生物碱及碱性化合物的分离，一般适用于 pH 为 9～10 的环境。中性氧化铝适用于醛、酮、醌、酯等 pH 约为 7.5 的中性物质的分离。酸性氧化铝适用于 pH 4～4.5 的酸性有机酸类的分离。氧化铝、硅胶根据活性分为五个级，一级活性最高，五级最低。

黏合剂及添加剂：为了使固定相（吸附剂）牢固地附着在载板上以增加薄层的机械强度，有利于操作，需要在吸附剂中加入合适的黏合剂；有时为了特殊的分离或检出需要，要在固定相中加入某些添加剂。

薄层板的活化：硅胶板于 105～110 ℃烘 30 分钟，氧化铝板于 150～160 ℃烘 4 小时，可得活性的薄层板。

（2）点样

用点样器点样于薄层板上，一般为圆点，点样基线距底边 2.0 cm，样点直径及点间距离同纸色谱法，点间距离可视斑点扩散情况以不影响检出为宜。点样时必须注意勿损伤薄层表面。

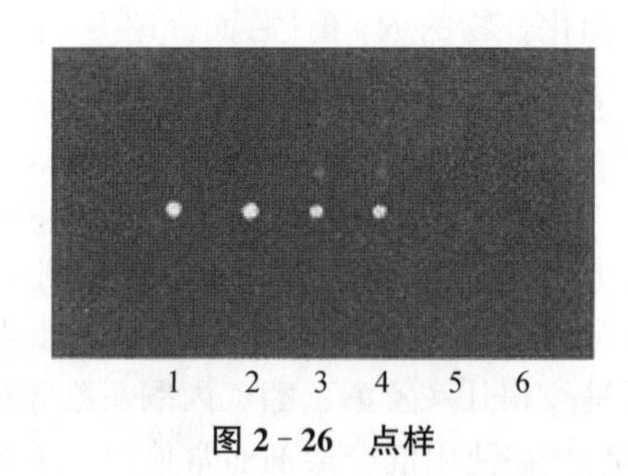

图 2-26 点样

点样直径不超过 5 mm，点样距离一般为 1～1.5 cm 即可。

样品在溶剂中的溶解度很大，原点将呈空心环—环形色谱效应。因此配制样品溶液时应选择对组分溶解度相对较小的溶剂。

点样方式有点状点样和带状点样。

（3）展开

展开剂也称溶剂系统，流动性或洗脱剂，是在平面色谱中用作流动相的液体。展开剂的主要任务是溶解被分离的物质，在吸附剂薄层上转移被分离物质，使各组分的 R_f 值在 0.2～

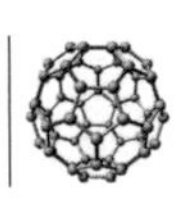

0.8并对被分离物质要有适当的选择性。作为展开剂的溶剂应满足以下要求：适当的纯度、适当的稳定性、低黏度 、线性分配等温线、很低或很高的蒸气压以及尽可能低的毒性。

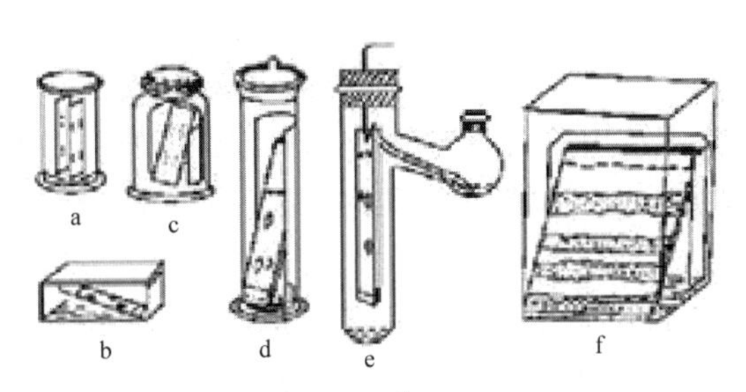

图2-27　薄层展开

展开方式总的来讲平面色谱的展开有线性、环形及向心3种几何形式。

A. 单次展开 用同一种展开剂一个方向展开一次，这种方式在平面色谱中应用最为广泛。（垂直上行展开，垂直下行展开，一向水平展开，对向水平展开）

B. 多次展开 单向对此展开，用相同的展开剂沿同一方向进行相同距离的重复展开，直至分离满意，广泛应用于薄层色谱法。

C. 双向展开 用于成分较多、性质比较接近的难分离组分的分离。

薄层展开展开室如需预先用展开剂饱和，可在室中加入足够量的展开剂，并在壁上贴二条与室一样高、宽的滤纸条，一端浸入展开剂中，密封室顶的盖，使系统平衡或按规定操作。将点好样品的薄层板放入展开室的展开剂中，浸入展开剂的深度为距薄层板底边0.5～1.0 cm（切勿将样点浸入展开剂中），密封室盖，待展开至规定距离（一般为10～15 cm），取出薄层板，晾干，按各品种项下的规定检测。

影响展开的因素：

A. 相对湿度的影响；B. 溶剂蒸汽的影响（a. 展开室的饱和 b. 预吸附）；C. 温度的影响；D. 展距的影响与分离度正比于展距的平方根。

（4）显色

A. 光学检出法

a. 自然光（400～800 nm）

b. 紫外光（254 nm或365 nm）

c. 荧光一些化合物吸收了较短波长的光，在瞬间发射出比照射光波长更长的光，而在纸或薄层上显出不同颜色的荧光斑点（灵敏度高、专属性高）。

B. 蒸汽显色法

多数有机化合物吸附碘蒸气后显示不同程度的黄褐色斑点，这种反应有可逆及不可逆两种情况，前者在离开碘蒸气后，黄褐色斑点逐渐消退，并且不会改变化合物的性质，且灵敏度也很高，故是定位时常用的方法；后者是由于化合物被碘蒸气氧化、脱氢增强了共轭体系，因此在紫外光下可以发出强烈而稳定

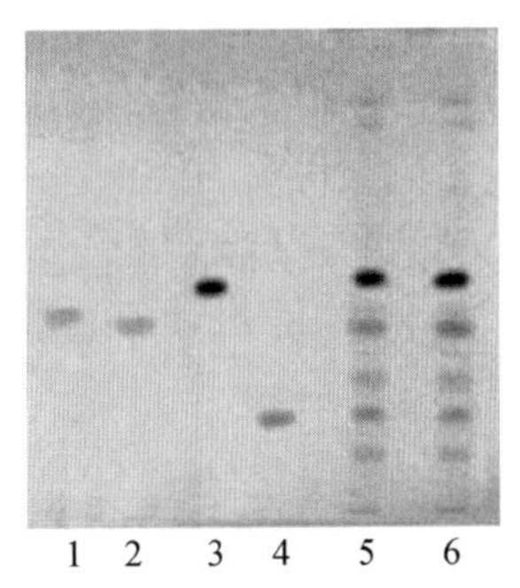

图2-28　显色

的荧光，对定性及定量都非常有利，但是制备薄层时要注意被分离的化合物是否改变了原来的性质。

C. 物理显色法

用紫外照射分离后的纸或薄层后，使化合物产生光加成，光分解、光氧化还原及光异构等光化学反应，导致物质结构发生某些变化，如形成荧光发射功能团。发生荧光增强或淬灭及荧光物质的激发或发射波长发生移动等现象，从而提高了分析的灵敏度和选择性。

D. 试剂显色法

试剂显色法是广泛应用的定位方法。用于纸色谱的显色剂一般都适用于薄层色谱，还有防腐剂的显色剂不适合用于纸色谱及含有有机黏合剂薄层的显色，有时喷显色剂后续加热，这也不是用于纸色谱。

显色方法：a 喷雾显色：显色剂溶液以气溶胶的形式均匀喷洒在纸和薄层。b 浸渍显色：挥去展开剂的薄层板，垂直插入盛有展开剂的浸渍槽中，设定浸板及抽出速度和规定在显色剂中浸渍的时间。

显色试剂：

a. 通用显色剂硫酸溶液（硫酸：水 1：1，硫酸：乙醇 1：1）、0.5%碘的氯仿溶液、中性 0.05%高锰酸钾溶液、碱性高锰酸钾溶液（还原性化合物在淡红色背景上显黄色斑点）

b. 专属显色剂

(5) 测定比移值

在一定的色谱条件下，特定化合物的 R_f 值是一个常数，因此有可能根据化合物的 R_f 值鉴定化合物。

R_f 值是指物质移动的距离除以溶剂移动的距离，通常用小数表示，但也有人建议用百分数代替。例如：物质移动 2.1 厘米而溶剂移动 2.8 厘米，那就用 2.1 除以 2.8，得到的 R_f 值就是 0.75。如果算出来的 R_f 值是 0，就代表物质并没有移动；如果 R_f 是 1，就代表物质和固定相没有任何吸附作用，所以物质和溶剂一起流动。

2.10.2 纸色谱

纸色谱法用的分离原则跟薄层色谱法一样，物质分布在一个固定相与流动相。固定相通常是滤纸，流动相会带着物质在上面流动，这个装置将会根据混合物中不同物质对固定相的附着力和对流动相的溶解度而分离出来。分析颜料时，如果颜料中含有不止一种物质，不同颜色的物质会就根据溶剂和不同溶质的极性分开，这是因为不同的分子结构极有可能有不同的极性。这些不同的极性造就对溶剂的不同溶解度，使各种溶质会在溶剂扩散的不同位置沉淀在固定相上以斑点呈现，我们就可以根据固定相上的斑位置及大小作分析。

第三章　化学实验基本仪器

§ 3.1　化学实验室常用玻璃仪器

1. 常用的玻璃仪器

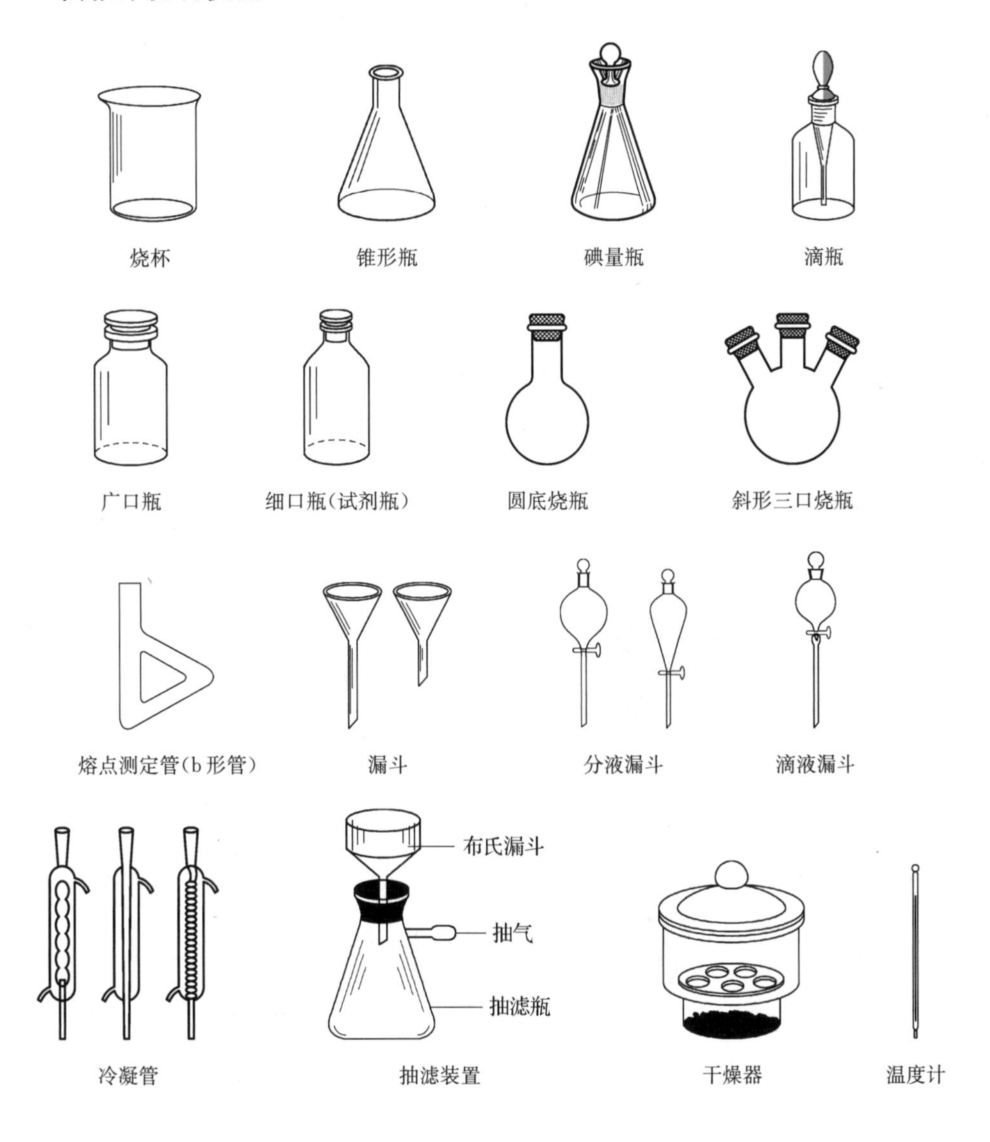

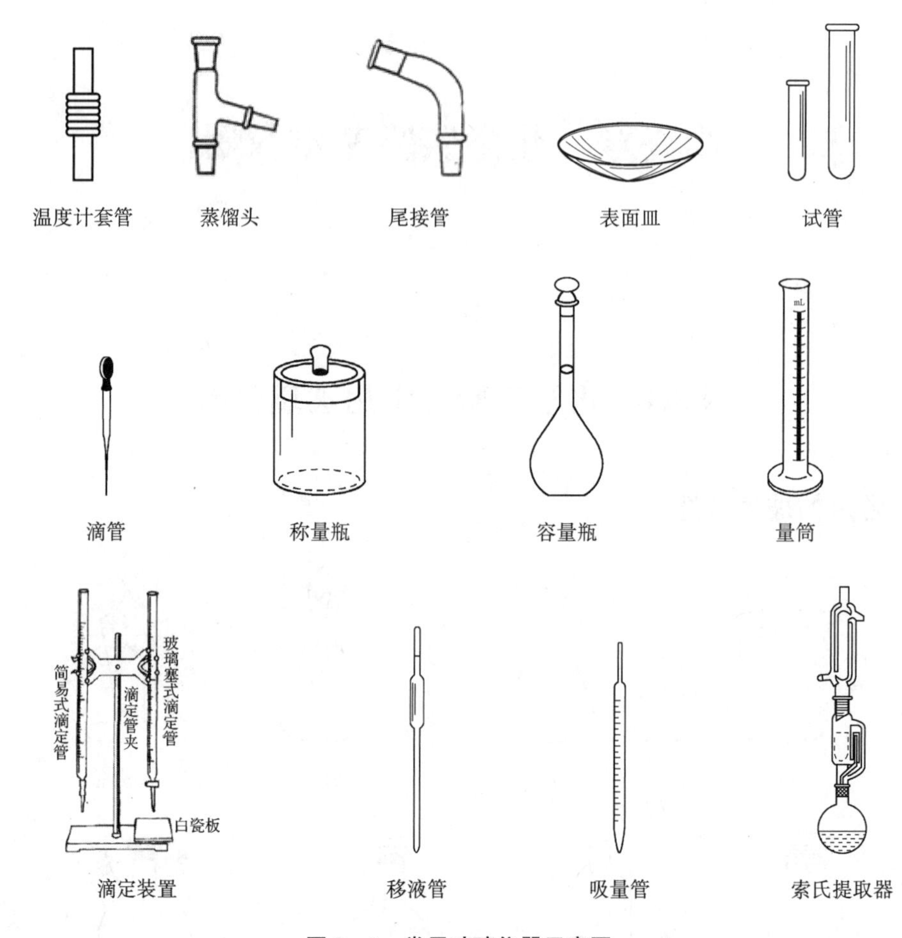

图 3-1　常用玻璃仪器示意图

2. 常用其他仪器

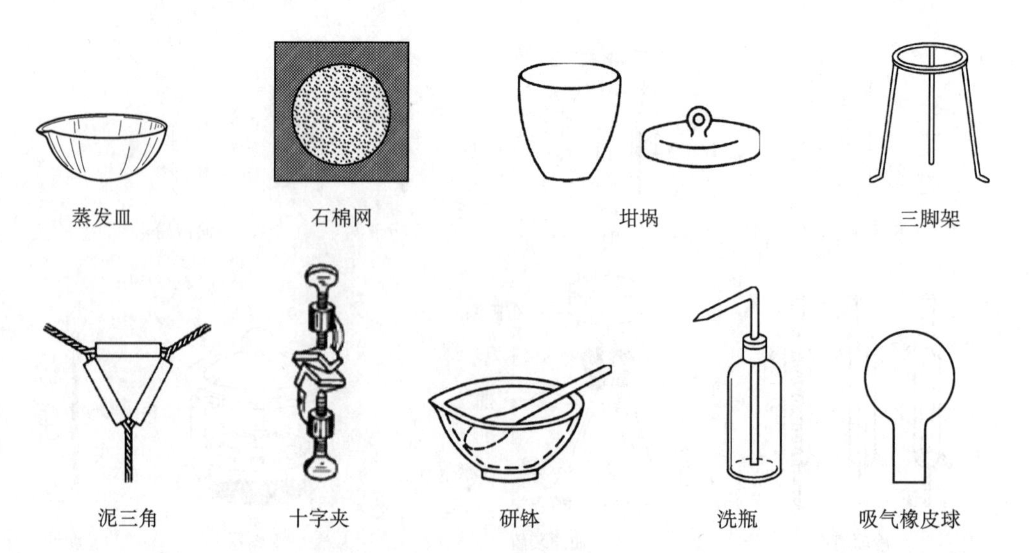

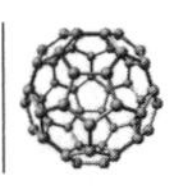

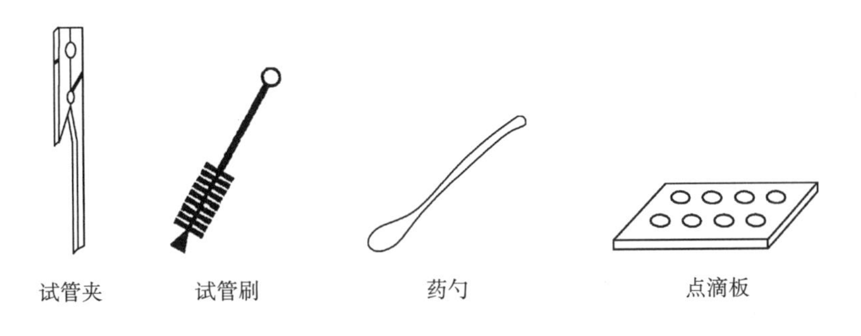

图 3-2　常用其他仪器示意图

§3.2　称量仪器及其操作技术

3.2.1　托盘天平

托盘天平是一种粗略称量物质的质量的仪器，其精确度可达到 0.1 g。

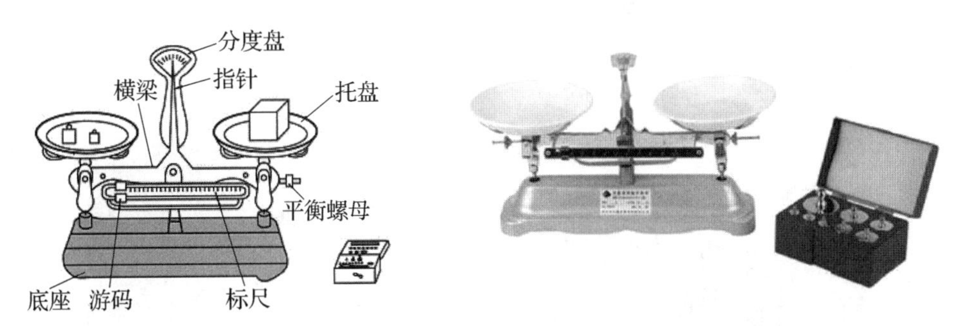

图 3-3　托盘天平

托盘天平使用方法如下：

(1) 称量前调"0"点：先将游码调零，使天平平衡。

(2) 称量时，两盘放称量纸，左物右码，进行称量。对于易潮解、有腐蚀性的药品必须放在玻璃器皿里称量。

(3) 称量完毕，砝码回盒，游码回零。

3.2.2　电子天平

电子天平是根据电磁力平衡原理，具有直接称量、显示读数、称量速度快、精度高的特点的最新一代的天平。由于电子天平使用了弹性簧片和差动变压器及数字显示刻度，因此，电子天平具有性能稳定、灵敏度高、寿命长、操作简便、自动校正、自动去皮、超载指示、故障报警等功能以及具有质量电信号输出功能，且还可与打印机、计算机联用，因而大大扩展了其功能。

1. 电子天平的分类

电子天平按结构可分为上皿式和下皿式两种。称盘在支架上面为上皿式，称盘吊挂在支架下面为下皿式。

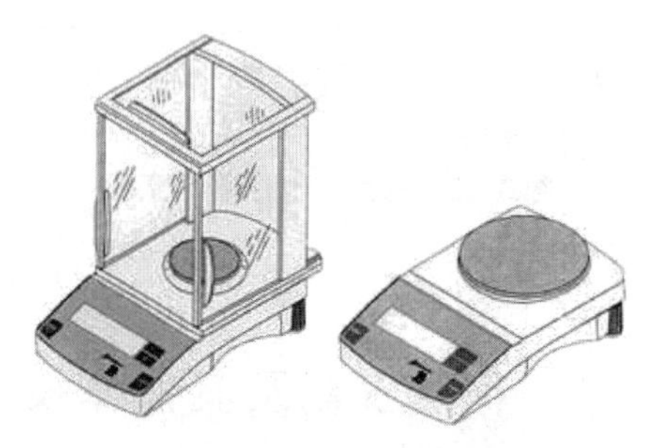

图 3-4　电子天平示意图

2. 电子天平使用方法

广泛使用的是上皿式电子天平。下面以上海天平仪器厂生产的 FA1204B 型电子天平为例，简要介绍电子天平的构造和使用方法。

(1) 构造

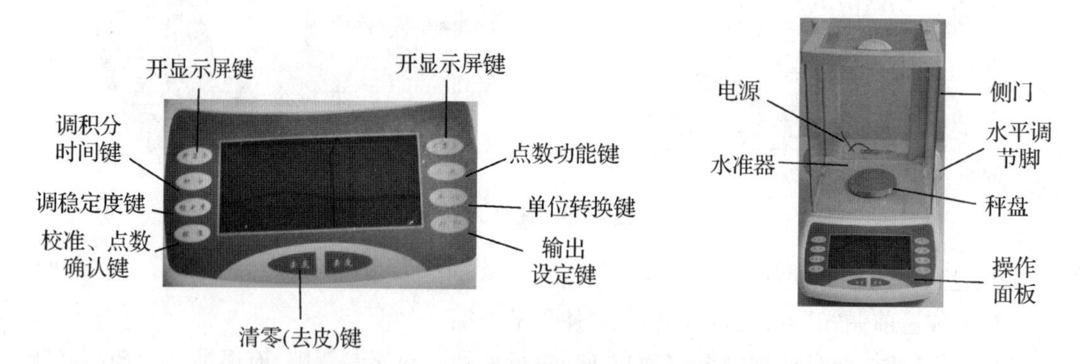

图 3-5　FA1204 型电子天平示意图

(2) 主要技术参数

最大称量：120 g　精确度：0.000 1 g(0.1 mg)　稳定时间：3～8 秒　环境要求：温度 15 ℃～25 ℃　湿度≤85%　电源及功耗：220 V　50 Hz　14 W

(3) 操作

1) 水平调节　观察水平仪，如水平仪水泡偏移，需调整水平调节旋钮，使水泡位于水平仪中心。

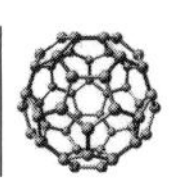

2）预热　接通电源，预热至规定时间后，开启显示器进行操作。

3）开启显示器　轻按开显示键，显示器全亮，约 2 s 后，显示天平的型号 1204，然后是称量模式 0.000 0 g。读数时应关上天平门。

4）天平基本模式的选定　天平通常为"通常情况"模式，并具有断电记忆功能。使用时若改为其他模式，使用后一经按关显示键，天平即恢复通常情况模式。称量单位的设置等可按说明书进行操作。

5）校准　天平安装后，第一次使用前，应对天平进行校准。因存放时间较长、位置移动、环境变化或未获得精确测量，天平在使用前一般都应进行校准操作。本天平采用外校准（有的电子天平具有内校准功能），由清零键及加 100 g 校准砝码完成。

6）称量　按清零键，显示为零后，置称量物于称盘上，待数字稳定即显示器左下角的"0"标志消失后，即可读出称量物的质量值。

7）去皮称量　按清零键，置容器于称盘上，天平显示容器质量，再按清零键，显示零，即去除皮重。再置称量物于容器中，或将称量物（粉末状物或液体）逐步加入容器中直至达到所需质量，待显示器左下角"0"消失，这时显示的是称量物的净质量。将称盘上的所有物品拿开后，天平显示负值，按清零键，天平显示 0.000 0 g。称量不得超过天平的最大载荷。

8）取吸湿性、挥发性或腐蚀性物品时，应用称量瓶盖紧后称量，且尽量快速，注意不要将被称物（特别腐蚀性物品）洒落在称盘或底板上；称量完毕，被称物及时带离天平，并搞好称量室的卫生。

9）同一个实验应使用同一台天平进行称量，以免因称量而产生误差。

10）称量结束后，应拔下电源插头。

11）电子天平不要放置在空调器下的边台上。搬动过的电子天平必须重新校正好水平，并对天平的计量性能做全面检查无误后才可使用。

12）天平清洗之前，要断开仪器与工作电源。清洗时，用湿毛巾擦净定后，再用一块干燥的软毛巾擦干。样品剩余物/粉末必须小心用刷子或持吸尘器去除，必要时用软毛刷或绸布抹净或用无水乙醇擦净。经常保持天平内部清洁，天平内应放置干燥剂，常用变色硅胶，应定期更换。

（4）电子天平称量方法

常用的称量方法有直接称量法、固定质量称量法和递减称量法，现分别介绍如下。

1）直接称量法

用于直接称量某一固体物体的质量，此法适用称取洁净的器皿、块或棒状金属及不易潮解或升华的无腐蚀性的整块固体样品。如小烧杯。

方法：天平零点调好以后，关闭天平，先称出称量纸重，去皮，再加入所要称量药品于称量纸，所得读数即为被称物的质量。

2）固定质量称量法

用于称量指定质量的不吸水、在空气中性质稳定、颗粒细小（粉末）试样。如称量基准物质，来配制一定浓度和体积的标准溶液。

方法：先称出容器的质量，关闭天平。然后用牛角勺将试样慢慢加入盛放试样的容器

中，当所加试样与指定质量相差不到 10 mg 时，极其小心地将盛有试样的牛角勺伸向容器上方 2～3 cm 处，勺的另一端顶在掌心上，用拇指、中指及掌心拿稳牛角勺，并用食指轻弹勺柄，将试样慢慢抖入容器中，直至天平平衡。此操作必须十分仔细。

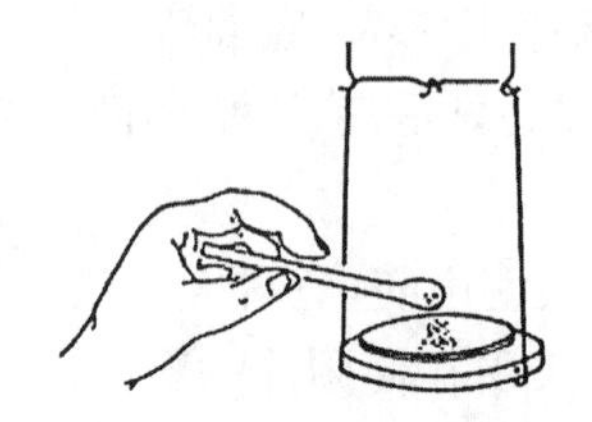

图 3-6 固定质量称量法

3）递减称量法（又称差减称量法）

用于称量一定质量范围的试样。适于称取多份易吸水、易氧化或易于和 CO_2 反应的物质。称量方法如下：

① 用小纸条夹住已干燥好的称量瓶，在用台秤上粗称其质量。

② 将稍多于需要量的试样用牛角匙加入称量瓶，在台秤上粗称。

③ 将称量瓶放到天平左盘的中央，称出称量瓶及试样的准确质量（准确到 0.1 mg），记下读数，设为 m_1/g。关闭天平，将称量瓶从拿到接受器上方，右手用纸片夹住瓶盖柄，打开瓶盖。将瓶身慢慢向下倾斜，并用瓶盖轻轻敲击瓶口，使试样慢慢落入容器内（不要把试样撒在容器外）。当估计倾出的试样已接近所要求的质量时（可从体积上估计），慢慢将称量瓶竖起，并用盖轻轻敲瓶口，使粘附在瓶口上部的试样落入瓶内，盖好瓶盖，将称量瓶放回天平左盘上称量。若左边重，则需重新敲击，若左边轻，则不能再敲。准确称取其质量，设此时质量为 m_2/g，则倒入接受器中的质量为 (m_1-m_2)/g。重复以上操作，可称取多份试样。

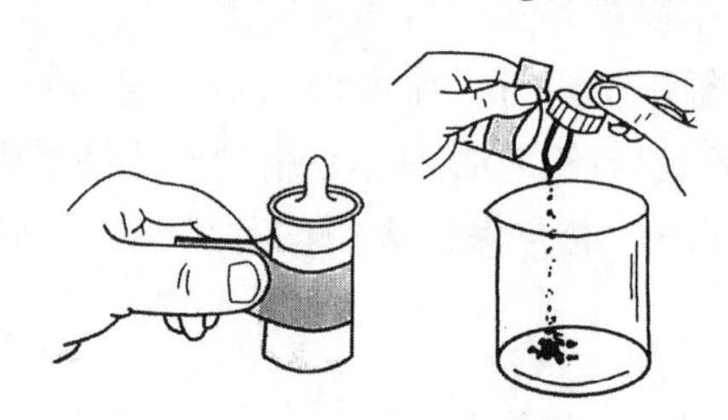

图 3-7 递减称量法

§ 3.3 加热仪器

3.3.1 酒精灯

1. 酒精灯的使用方法

在化学实验中，酒精灯是最常用的加热工具。在使用酒精灯时，严禁向燃着的酒精灯

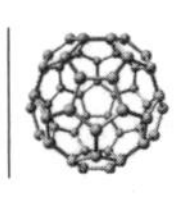

里添加酒精，以免失火；严禁用酒精灯点燃另一只酒精灯；用完酒精灯，必须用灯帽盖灭；碰倒酒精灯，洒在桌上的酒精燃烧起来，不必惊慌，应马上用湿抹布扑灭。

图 3－8　酒精灯使用方法

2. 加热方法

酒精灯的灯焰分为焰心、内焰、外焰三个部分。应用外焰部分进行加热。

加热方法如下：

(1) 给液体加热可以用试管、烧瓶、烧杯、蒸发皿；给固体加热可以用干燥的试管、蒸发皿等。有些仪器如集气瓶、量筒、漏斗等不允许用酒精灯加热。

(2) 如果被加热的玻璃容器外壁有水，应在加热前擦拭干净，然后加热，以免容器炸裂。

(3) 给试管里的固体加热，应该先进行预热，预热的方法是：在火焰上来回移动试管。对已固定的试管，可移动酒精灯，待试管均匀受热后，再把灯焰固定在放固体的部位加热。

(4) 给试管里的液体加热，也要进行预热，同时注意液体体积最好不要超过试管容积的 1/3。加热时，使试管倾斜一定角度(约 45°角)。在加热过程中要不时地移动试管。为避免试管里的液体沸腾喷出伤人，加热时切不可让试管口朝着自己和有人的方向。

图 3－9　酒精灯加热液体

3.3.2　酒精喷灯

常用的酒精喷灯有座式酒精喷灯和挂式酒精喷灯两种。座式酒精喷灯的酒精贮存在灯座内，挂式喷灯的酒精贮存罐悬挂于高处。酒精喷灯的火焰温度可达 1 000 ℃左右。使用前，先在预热碗中注入酒精，点燃后铜质灯管受热；待盆中酒精将近燃完时，开启灯管上的开关(逆时针转)；来自贮罐的酒精在灯管内受热气化，跟来自气孔的空气混合；这时用火点燃管口气体，就产生高温火焰；调节开关阀来控制火焰的大小。用毕后，挂式喷灯座旋紧开关，同时关闭酒精贮罐下的活栓，就能使灯焰熄灭。下面介绍全铜座式酒精喷灯：

1. 座式喷灯火焰的熄灭方法

用石棉网盖住管口,同时用湿抹布盖在灯座上,使它降温。在开启开关、点燃管口气体前必须充分灼热灯管,否则酒精不能全部气化,会有液态酒精由管口喷出,可能形成“火雨”(尤其是挂式喷灯),甚至引起火灾。

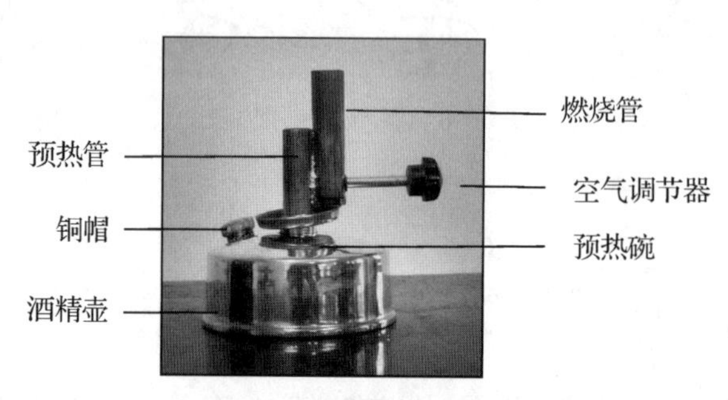

图 3-10 酒精喷灯构造

2. 结构

座式酒精喷灯的外形结构如图 3-10 所示,它主要由酒精入口、预热碗、预热管、燃烧管、空气调节杆等组成。预热管与燃烧管焊在一起,中间有一细管相通,使蒸发的酒精蒸气从喷嘴喷出,在燃烧管燃烧。通过调节调整管,控制火焰的大小。

工作原理:喷灯的火力,主要靠酒精与空气、蒸气混合后燃烧而获得高温火焰。

用途:酒精喷灯是实验中常用的热源。主要用于需加强热的实验、玻璃加工等。

3. 使用方法

(1) 旋开旋塞向灯壶内加入酒精至灯壶总容量的 2/5～2/3,拧紧旋塞。

新灯或长时间未使用的喷灯,点燃前需将灯芯浸透酒精,即灯体倒转 2～3 次。

(2) 将喷灯放在石棉板或大的石棉网上(防止预热时喷出的酒精着火),往预热碗中注入酒精并将其点燃。等汽化管内酒精受热汽化并从喷口喷出时,预热碗内燃着的火焰就会点燃喷出的酒精蒸气。有时也需用打火机点燃。

(3) 调节空气调节器,使火焰按需求稳定。

(4) 停止结束时,可用石棉网覆盖燃烧口,同时移动空气调节器,加大空气量,灯焰即熄灭。然后稍微拧松旋塞(铜帽),使灯壶内的酒精蒸气放出。

(5) 喷灯使用后,剩余酒精应倒出。

使用全铜座式酒精喷灯应注意以下事项:

(1) 严禁使用开焊的喷灯。

(2) 严禁用其他热源加热灯壶。

(3) 若经过两次预热后,喷灯仍然不能点燃时,应暂时停止使用。应检查喷出口是否堵塞、接口处是否漏气、灯芯是否完好(灯芯烧焦),待正常后方可使用。

(4) 喷灯连续使用时间为 30～40 分钟为宜。

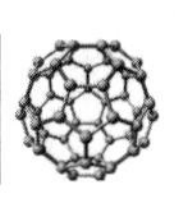

(5) 在使用中如发现灯壶底部凸起时应立刻停止使用,查找原因(可能使用时间过长、灯体温度过高或喷口堵塞等)并做相应处理后方可使用。

(6) 喷灯工作时,灯座下绝不能有任何热源,环境温度一般应在 35 ℃以下,周围不要有易燃物。

(7) 当罐内酒精耗剩 20 毫升左右时,应停止使用,如需继续工作,要把喷灯熄灭后再增添酒精,不能在喷灯燃着时向罐内加注酒精,以免引燃罐内的酒精蒸气。

(8) 喷灯喷火一开始火焰正常,等预热碗里的酒精烧完以后,火焰渐渐变小,最后熄灭。这是由于喷管尾端没有火焰喷出到预热碗。可在重新预热前将空气调节阀降低。

3.3.3 电热套

是实验室通用加热仪器的一种,由无碱玻璃纤维和金属加热丝编制的半球形加热内套和控制电路组成,多用于玻璃容器的精确控温加热。

1. 结构特征

电热套是用无碱玻璃纤维作绝缘材料,将 Cr20Ni80 合金丝簧装置于其中,用硅酸铝棉经真空定型的半球形保温体保温,外壳一次性注塑成型,上盖采用静电喷塑工艺,由于采用球形加热,可使容器受热面积达到 60%以上。控温采用计算机芯片做主控单元,采用多重数字滤波电路,模糊 PID 控制算法,测量精度高,冲温小,单键轻触操作,双屏显示,内、外热电偶测温,可控硅控制输出,160～240 V 宽电压电源,并有断偶保护功能,具有升温快、温度高、操作简便、经久耐用的特点,是做精确控温加热试验的最理想仪器。

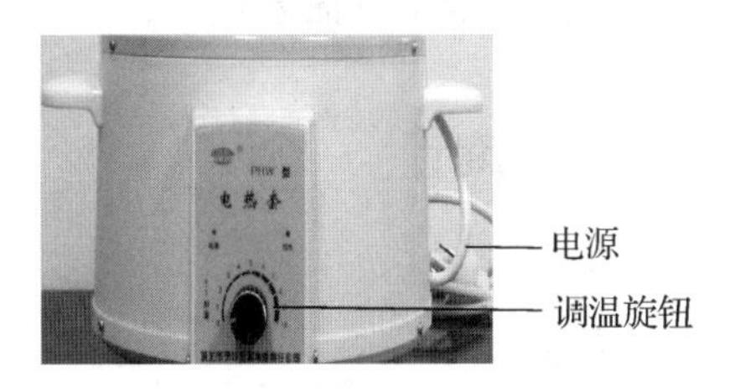

图 3-11 电热套构造

2. 温控范围

最高可达 400 ℃。

3. 温控精度

数显型号温控精度在±1 ℃。

4. 使用方法

(1) 插入 220 V 电源,放入待加热烧杯,打开电源开关,调节旋钮,控制温度。

(2) 仪器应有良好的接地。

(3) 第一次使用时,套内有白烟和异味冒出,颜色由白色变为褐色再变成白色属于正常现象,因玻璃纤维在生产过程中含有油质及其他化合物,应放在通风处,数分钟消失后即可正常使用。

(4) 液体溢入套内时,请迅速关闭电源,将电热套放在通风处,待干燥后方可使用,以免漏电或电器短路发生危险。

(5) 长期不用时,请将电热套放在干燥无腐蚀气体处保存。

(6) 请不要空套取暖或干烧。

(7) 环境湿度相对过大时,可能会有感应电透过保温层传至外壳,要接地线,并注意通风。

§3.4 分光光度计

分光光度计的基本工作原理是基于物质对光(对光的波长)的吸收具有选择性,不同的物质都有各自的吸收光带,所以,当光色散后的光谱通过某一溶液时,其中某些波长的光线就会被溶液吸收。在一定的波长下,溶液中物质的浓度与光能量减弱的程度有一定的比例关系,即符合朗伯-比尔定律。

$$T=I/I_0 \quad A=\lg(I_0/I)=\varepsilon cb,$$

式中:T 为透过率,I_0 为入射光强度,I 为透射光强度,A 为消光值(吸光度),ε 为吸收系数,b 为吸收层的厚度,c 为溶液的浓度。从以上公式可以看出,当入射光、吸收系数和溶液厚度一定时,透光率是根据溶液的浓度而变化的。

3.4.1 V-1200 可见分光光度计

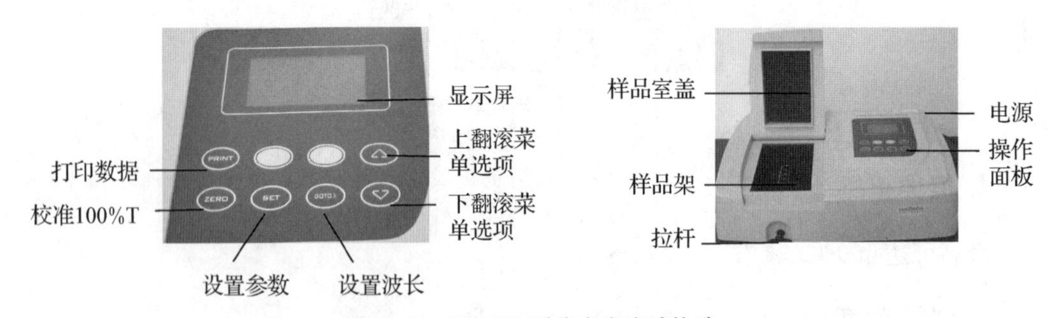

图 3-12 V-1200 型分光光度计构造

1. 开机准备

(1) 仪器在使用前应预热 30 分钟。

(2) 在第一次使用仪器前,先确认仪器的工作电源,将打印机联接至主机上,检查仪器样品室有无遮挡光路的物品,确认后开启打印机的电源,然后打开主机电源等待仪器初始化。

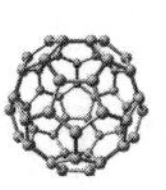

2. 操作—光度测量

(1) 进入光度测量

“主界面”按 ⊖ (左)键,进入“光度测量”。

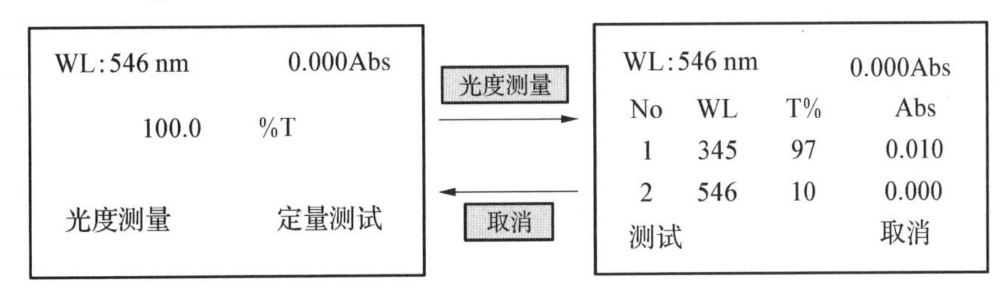

(2) 设定工作波长

在光度测量主界面下,按 GOTOλ 键可以进入波长设定界面。在波长设定界面用▲▼键调到所需波长,每按一次波长增加或减少 0.1 nm,长时间按键可快速调整波长。选择完后按键选择“确认”并自动返回上一级界面。波长选择范围为:200～1 000 nm 或 325～1 000 nm(可见)。

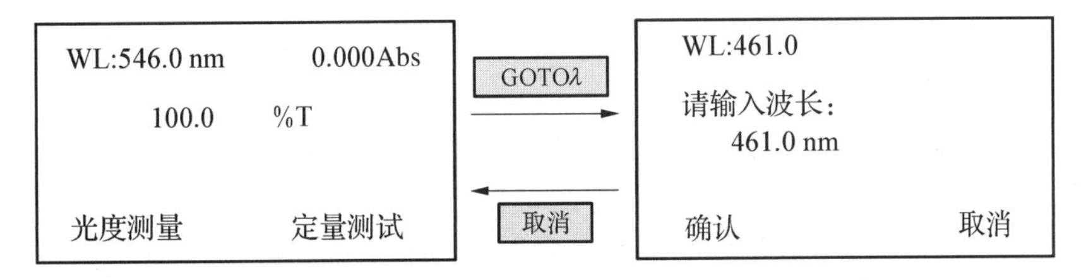

(3) 自动校零

在光度测量主界面下,按 ZERO 键对当前工作波长下的参比液进行调 0.000 Abs、100%T。

(4) 开始测量:在光度测量界面下,调零完成后,把待测试样拉入光路按 ⊖ (左)键选择“测试”,测试数据直接以表格形式显示并存储。测量界面根据测试的样品多少显示不同的行数。

(5) 数据清除及打印:在测量结果显示界面下,如果想对已测数据进行打印,可直接按 PRINT 键进入打印设定界面。如果想打印数据,则将光标移动到“●确认打印”上,按 ENTER 键后系统开始打印,打印结束后,系统和屏幕数据将被自动清除。如果不想打印,可选择“●取消打印”后按 ENTER 键退出,也可直接按 RETURN 键后返回测量结果显示界面。

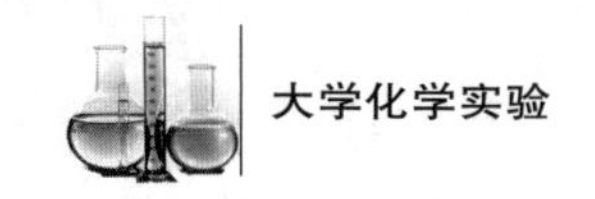

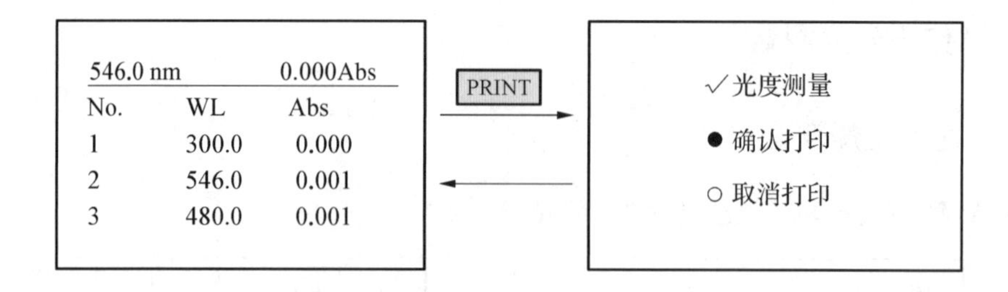

3. 仪器日常保养

(1) 在测试过程中,要注意防止溶液溅入比色皿架和样品室内,盛有测试溶液的比色皿不宜在样品室内久置。

(2) 要注意保护比色皿的光学窗(透光面)。除不要擦伤外,主要要防止光学窗被污染,使用完毕后要及时清洗,不要使残存的样品或洗涤液吸附在光学窗上,以保持其良好的配对性。

(3) 每次使用后应检查样品室内是否积存有溢出溶液,经常擦拭样品室,以防废液对部件或光学元件的腐蚀。

(4) 仪器使用完毕应盖好防尘罩,可在样品室内放置干燥剂袋防潮,但开机时要取出。

(5) 仪器液晶显示器和键盘日常使用和储存时应注意防划伤、防水、防尘和防腐蚀。

(6) 定期进行性能指标检测,发现问题即与当地产品经销商或公司销售部联系。非专业维修人员请勿擅自打开机壳进行修理。

(7) 长期不用仪器时,尤其要注意环境温度、湿度,最好在样品室内放置干燥剂袋并定期更换。

3.4.2 UV-1600 紫外可见分光光度计

1. 仪器介绍

紫外可见分光光度法是根据被测物质分子对紫外可见波段范围单色辐射的吸收或反射强度来进行物质的定性、定量或结构分析的一种方法。物质呈现特征的颜色,是由于它们对可见光中某些特定波长的光线选择性吸收的缘故。物质对不同波长的光线表现不同的吸收能力,叫做选择性吸收。各种物质对光线的选择性吸收这一性质,反映了它们分子内部结构的差异,朗伯-比耳定律 (Lambert-Beer)是几乎所有的光学分析仪器的基本工作原理。

2. 按键作用

1) 数字键:用于浓度、系数、日期等各种数据的输入,包括 0~9、负号和小数点。

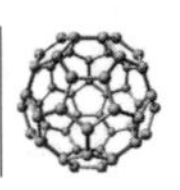

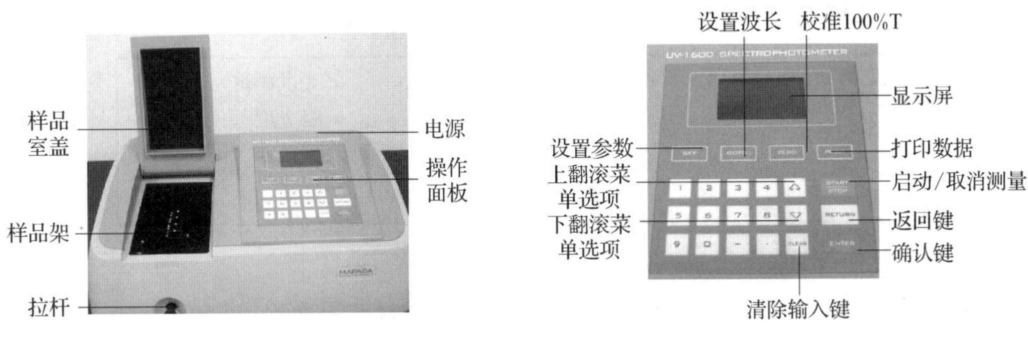

图 3－13　UV-1600 型紫外分光光度计构造

2）功能键

① SET 参数设定键，用于光度测量、定量测量和动力学测试工作参数的设定。

② GOTO 波长设定键。

③ ZERO 该键用于调 0.000 Abs 和 100%T。

④ PRINT 打印键，用于测量数据打印。

3）编辑键

① START/STOP 开始，停止测量键。

② RETURN 返回键，用于返回上级菜单。

③ ENTER 确认键，用于输入数据和菜单选择的确认。

④ CLEAR 取消键，当某个字符输入错误时，可用该键清除。当内存数据过多时，也可用该键删除。

4）翻页键 ① ▲光标向上移动键。② ▼光标向下移动键。

3. 操作

（1）光度测量

1）进入光度测量主界面

在仪器初始化完成后用▲ ▼键选择“●光度测量”，按ENTER键进入光度测量主界面。

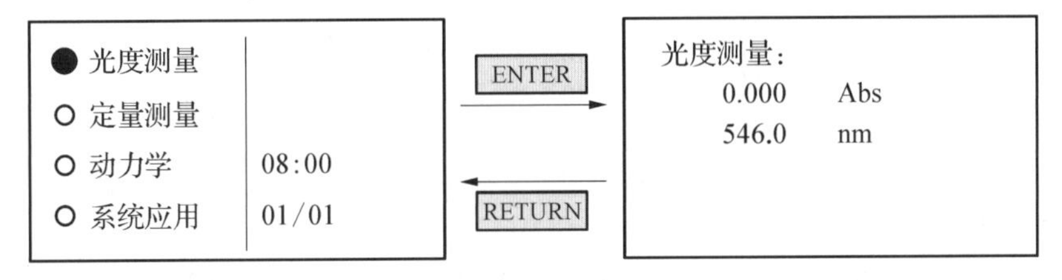

2）设定测量模式

在光度测量主界面下，按下SET键进入测量模式选择界面，按▲ ▼键，选定所需的测量模式后按ENTER键，则“√”移动到相应模式的后面，表示选择成功，此时按

RETURN键返回上一级界面。

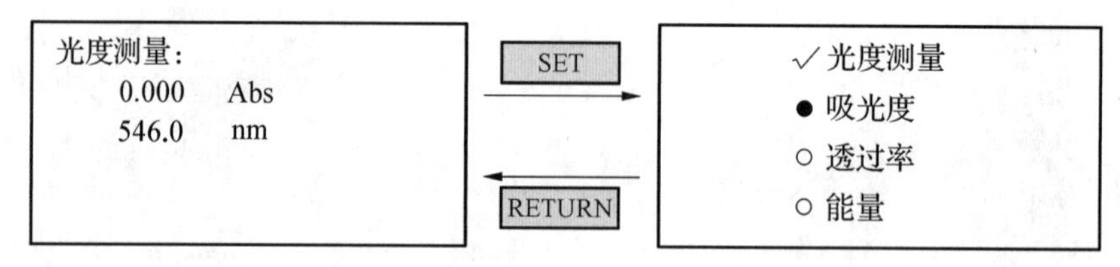

3）设定工作波长

在光度测量主界面下，按GOTOλ键可以进入波长设定界面。

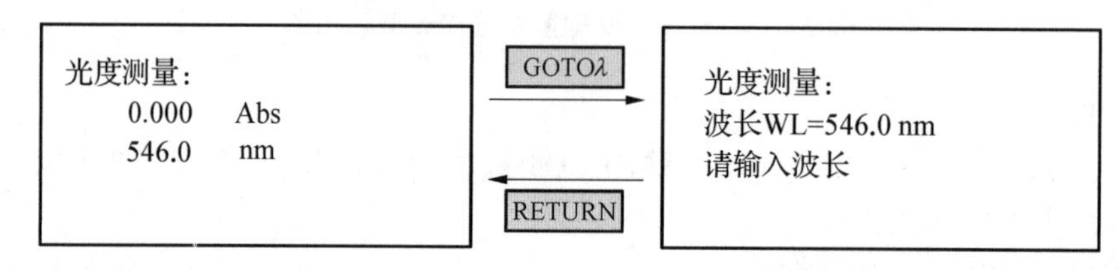

在界面的底部提示信息处用数字键 0～9 和小数点输入波长，输入完后按ENTER键确认并返回上一级界面。

输入值范围为：190～1 100 nm，否则视为无效数据，需要重新输入。当输入的数据无效时，系统会在蜂鸣三声后自动回到光度测量主界面。

4）进行自动校零

在光度测量主界面下，按ZERO键对当前工作波长下的空白液进行调 0.000 Abs、100%T。

5）进行测量

在光度测量主界面下，当调零完成后，把待测试样拉入光路，按START键进入测量界面，再次按START键可在当前工作波长下对样品进行测量，测量界面（根据测试的样品多少显示不同的行数）每一屏只可显示 5 行数据，其余数据可通过▲键或▼键进行翻页显示。

546.0 nm　　0.000Abs

No.	WL	Abs
1	300.0	0.000
2	546.0	0.001
3	480.0	0.001

6）数据清除

如果数据存储区满（共 50 个数据）或者想清除已测量数据，可在测量结果显示界面下按CLEAR键，若是则选择“●确认”，若否则选择“●取消”，选择后按ENTER键系统返回上级界面。

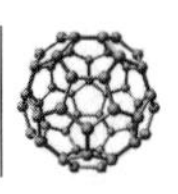

546.0 nm		0.000 Abs
No.	WL	Abs
1	300.0	0.000
2	546.0	0.001
3	480.0	0.001

CLEAR →

← RETURN

√光度测量：清除数据

● 确认

○ 取消

7）数据打印

在测量结果显示界面下，如果想对已测数据进行打印，可直接按 PRINT 键进入打印设定界面。如果想打印数据，则将光标移动到“●确认打印”上，按 ENTER 键后系统开始打印，打印结束后，系统和屏幕数据将被自动清除。如果不想打印，可选择“●取消打印”后按 ENTER 键退出，也可直接按 RETURN 键后返回测量结果显示界面。

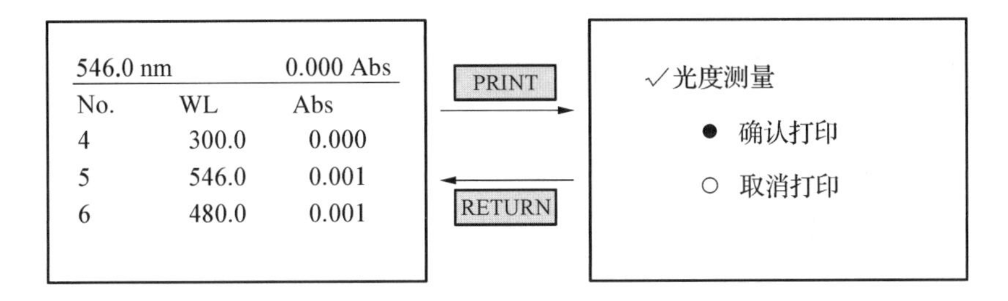

§ 3.5 赛多利斯 pH 计

pH 计，是一种常用的仪器设备，主要用来精密测量液体介质的酸碱度值，配上相应的离子选择电极也可以测量离子电极电位 MV 值。

3.5.1 仪器结构

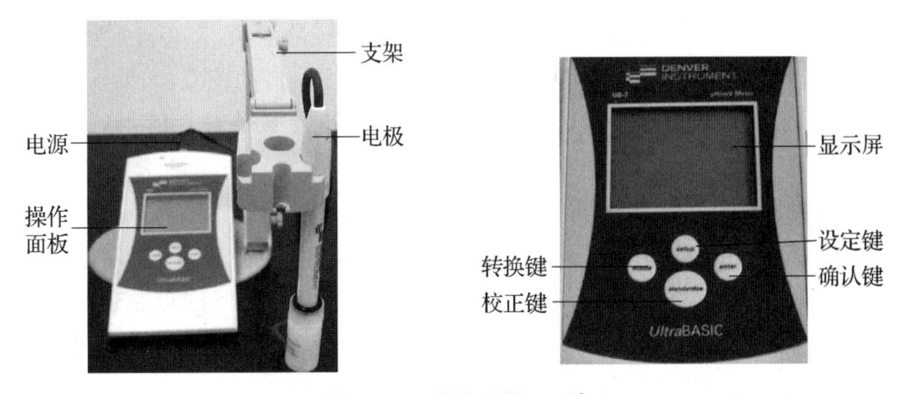

图 3－14 赛多利斯 pH 计

3.5.2　按键作用

1. Mode 键：转换键，用于 pH 和 mV 两种测量方式转换。

2. Setup 键：设定键，用于清除缓冲液，调出电极校准数据或选择自己识别的缓冲液。

3. Enter 键：确认键，用于菜单选择确认。

4. Standardize 键：校正键，用于可识别缓冲液进行校正。

3.5.3　操作

1. 使用前的准备

（1）用变压器把仪表连接到电源上 POWER。

（2）连接电极到仪表的 INPUT 插头。

（3）连接温度传感器到“ATC”。

（4）电极部分浸泡于饱和 KCl 溶液 24 小时。

2. 校准

（1）准备三种缓冲溶液，用标配的三小瓶 pH 为 4.01/6.86/9.18 的标准缓冲溶液。

（2）按转换键“Mode”可以在 pH 和 mV 模式之间进行切换。通常测定溶液 pH 将模式置于 pH 状态。

（3）按设定键“SETUP”键，显示屏显示 Clear buffer，按“ENTER”键确认，清除以前的校准数据。

（4）连续按“SETUP”键直至显示屏显示缓冲溶液组“1.68，4.01，6.86，9.18，12.46”，按“ENTER”确认。

（5）将电极小心从电极储存液中取出，用去离子水充分冲洗电极，冲洗干净后用滤纸吸干表面水（注意不要擦拭电极）。将电极浸入第一种缓冲溶液（6.86），搅拌均匀。等到数值稳定并出现“S”时，按“STANDARDIZE”键，等待仪器自动校准，如果校准时间过长，可按“ENTER”键手动校准。校准成功后，作为第一校准点数值被存储，显示“6.86”和电极斜率。

（6）将电极从第一种缓冲溶液中取出，将电极浸入第二种缓冲溶液（4.01），搅拌均匀。等到数值达到稳定并出现“S”时，按“STANDARDIZE”键，等待仪器自动校准，如果校准时间过长，可按 ENTER 键手动校准。校准成功后，作为第二校准点数值被存储，显示（4.01　6.86），该测量值在 90％～105％范围内可以接受。如果与理论值有更大偏差，将显示错误信息（Err），电极应清洗，并重复上述步骤重新校准。

（7）重复以上操作完成第三点（9.18）校准，显示“4.01　6.86　9.18”。

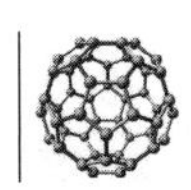

3. 测量

用去离子水反复冲洗电极，滤纸吸干电极表面残留水分后将电极浸入待测溶液。待测溶液如果辅以磁搅拌器搅拌，可使电极响应速度更快。测量过程中等待数值达到稳定出现“S”时，即可读取测量值。使用完毕后，将电极用去离子水冲洗干净，滤纸吸干电极上的水分。浸于饱和 KCl 溶液中保存。

4. 注意事项

pH 玻璃电极测量 pH 的核心部件是位于电极末端的玻璃薄膜，该部分是整个仪器最敏感也最容易受到损伤部位。在清洗和使用的过程中，应该避免任何由于不小心造成的碰撞。使用滤纸吸干电极表面残留液时也要小心，不要反复擦拭。如发现电极有问题，可用 0.1 M HCL 溶液浸泡电极半小时再放入饱和 KCl 溶液中保存。测量完成后，不用拔下 pH 计的变压器，应待机或关闭总电源，以保护仪器。

§ 3.6　熔点仪

物质的熔点是指该物质由固态变为液态时的温度。在有机化学领域中，熔点测定是辨认物质本性的基本手段，也是纯度测定的重要方法之一。MP120 型数字熔点仪采用光电检测，数字温度显示等技术，具有初熔、终熔自动显示等功能。温度系统应用了线性校正的铂金电阻作检测元件，具有准确、高效、方便等特点。

3.6.1　技术参数

熔点测定范围：　室温～400 ℃

“起始温度”设定速率：室温至 400 ℃不大于 7 min；400 ℃至室温不大于 7.5 min

数字温度显示最小读数：0.1 ℃

温度准确性：±0.4 ℃（<200 ℃），±0.7 ℃（<300 ℃）

线性升温速率：0.1 ℃/min，0.2 ℃/min，0.5 ℃/min，1 ℃/min，2 ℃/min，3 ℃/min，4 ℃/min，5 ℃/min

重复性：升温速率为 0.2 ℃/min 时为 0.2 ℃

标准毛细管尺寸：内径 1.0 mm，外径 1.4 mm

电源：AC220±22 V　50±1 HZ

功率：100 W

尺寸（长、宽、高）：449 mm×330 mm×185 mm

质量（净重）：8 kg

3.6.2 部件名称与功能介绍

1. 仪器部件名称

MP120 是对样品进行熔点测定的熔点仪器。包括设置、加热、测试系统。仪器的结构组成见图 3－15 所示。

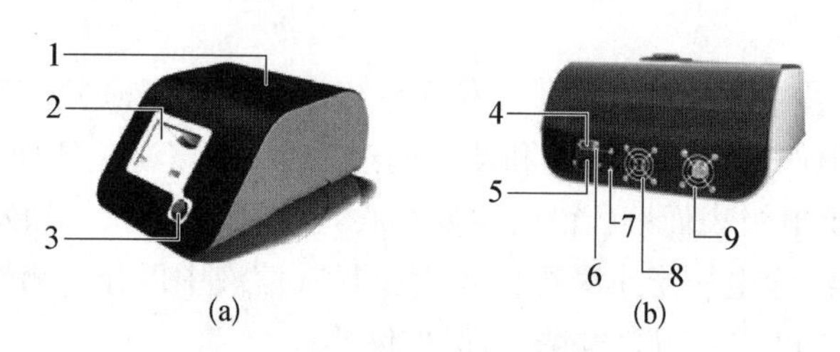

图 3－15 仪器侧视图

1. 加热炉；2. 彩色液晶触摸屏；3. 电源开关；4. 数据接口；5. 电源接口；
6. 电源保险丝 220 V，3 A；7. 加热保险丝 220 V，3 A；8. 风扇进风口；9. 风扇出风口

2. 功能介绍

（1）初始界面

开机时，显示屏显示界面如图 3－16 所示，右上角显示“海能科技”字样，左下角为公司标志“hanon”，右下角显示“数字熔点仪”。

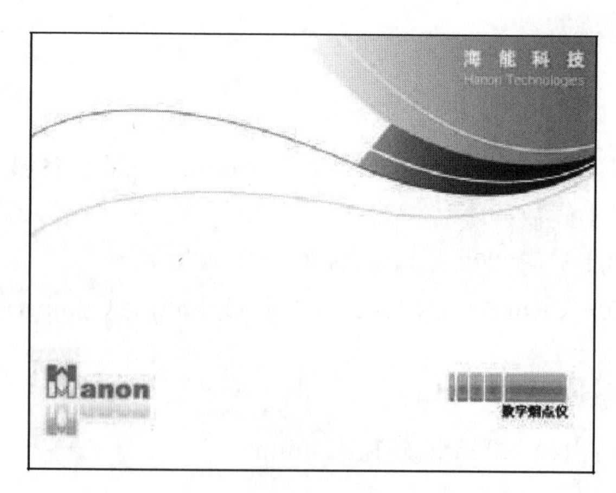

图 3－16

（2）功能界面

点击右下角“数字熔点仪”图标，进入功能界面，包括四项：测试、校正、帮助、注意事项。界面如图 3－17 所示。

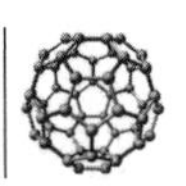

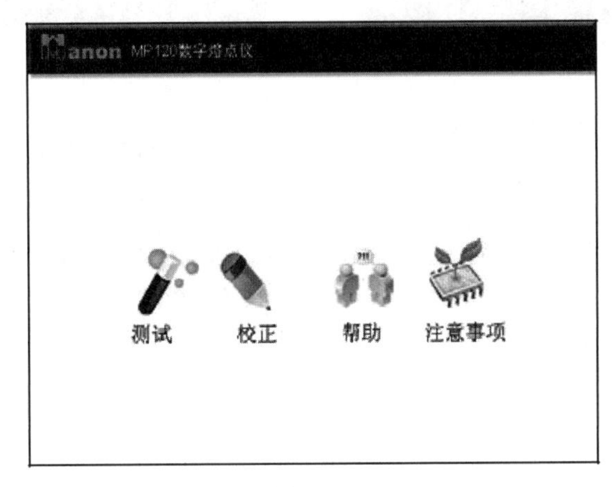

图 3 - 17

(3) 设置界面

选[测试]项，进入设置参数界面，包括预热温度和升温速率两项参数设置。默认预热温度 50 ℃，升温速率为 1.0 ℃/min。同时显示"请输入预热温度、升温速率"，界面如图 3 - 18。输入预热温度和升温速率，点击[确定]进入测试界面，[取消]返回图 3 - 17。

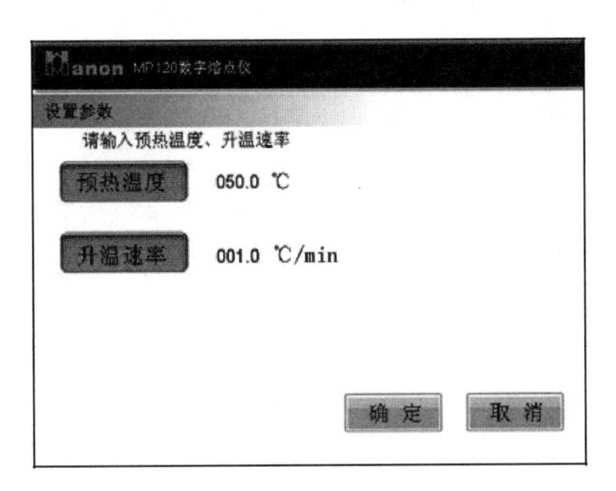

图 3 - 18

(4) 预热温度设置界面

点击预热温度进行温度参数设置，界面如图 3 - 19 所示。提示"请输入预热温度，范围 0～400 ℃"，从小键盘中输入预热温度，点击"Del"或 "Enter"删除或确定预热温度。

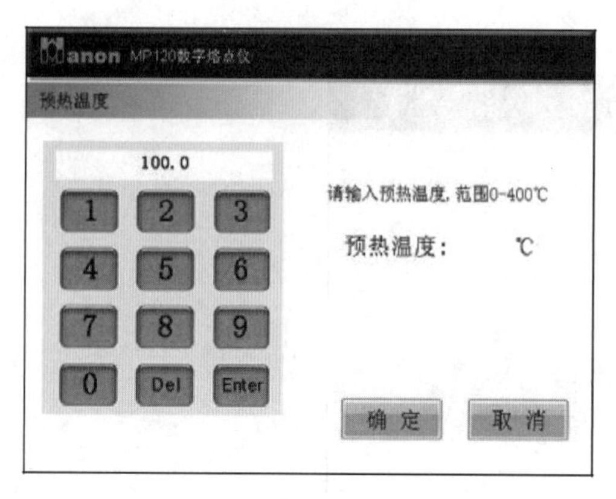

图 3－19

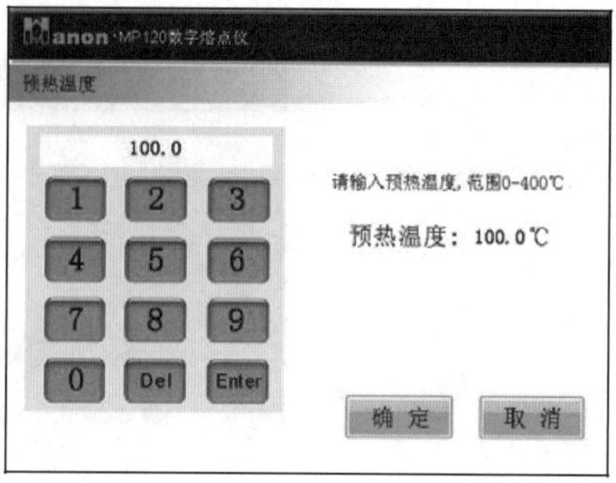

图 3－20

输入完成后,显示预热温度。例如,输入“100”,点击“Enter”,预热温度显示 100.0 ℃,如图 3－20 所示,[确定]后设置完成返回设置参数界面图 3－18,[取消]取消设置返回图3－18。

(5) 升温速率设置界面

在设置参数界面图 3－18 中,选择升温速率,进入速率设置界面,提示“请选择升温速率”,点击箭头标识设置速率,可以增加或减小速率,如图 3－21 所示。

[确定]后设置完成进入设置参数界面图 3－18,[取消]直接返回图 3－18。

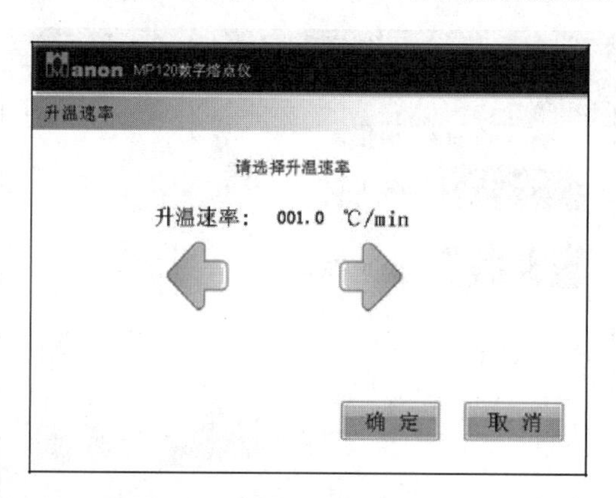

图 3－21

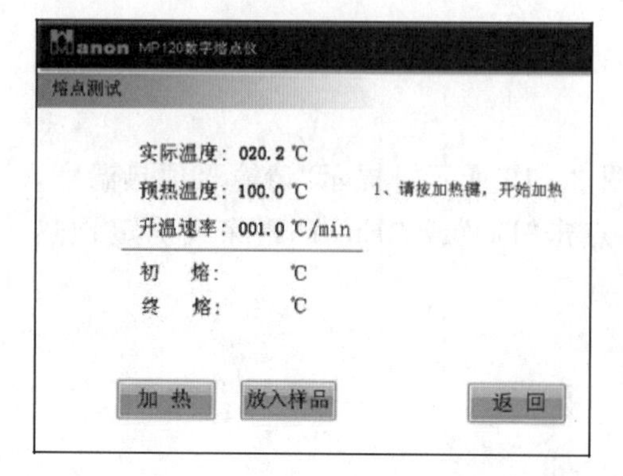

图 3－22

(6) 熔点测试界面

在设置参数界面图 3－18 中,温度和升温速率设置完成,[取消]返回功能界面图 3－17,[确定]进入熔点测试界面,如图 3－22 所示。“实际温度,预热温度,升温速率”同时显示。提示“请按加热键,开始加热。”

点击[加热]开始进入加热状态,时刻显示加热炉温度状态,同时提示“2. 加热中……等待

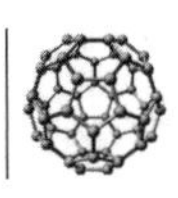

到达预热温度,放入样品,按键确认”。界面如图 3-23 所示。

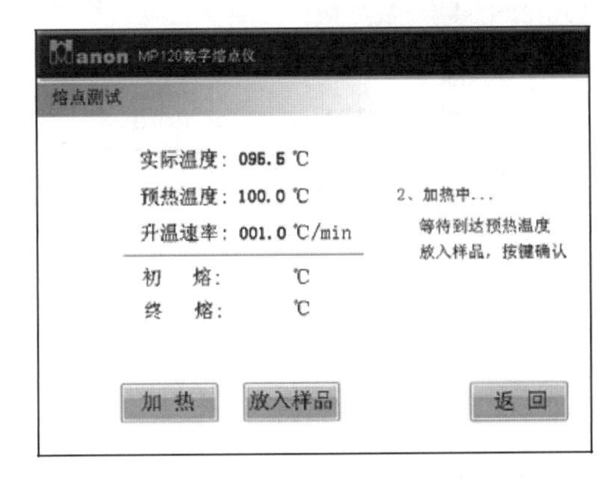

图 3-23

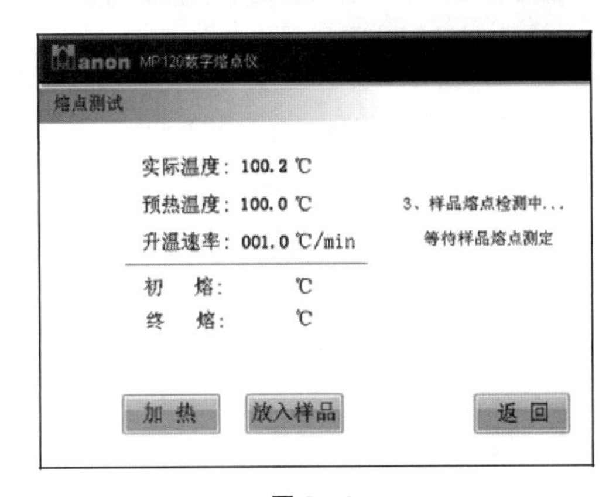

图 3-24

到达预热温度后,放入待测样品,按[放入样品],以实际温度为准,进行样品熔点检测,显示“3. 样品熔点检测中……等待样品熔点测定”。界面如图 3-24 所示。

到达样品熔点,初熔温度和终熔温度同时显示。提示“4. 样品熔点已测定,请记录实验数据,请取出已测样品”,记录实验数据,拿出样品管,仪器自动返回预热温度,若加入样品,按[放入样品],继续测定,同上。若退出,按[返回]进入功能界面图 3-17。界面如图 3-25 所示。

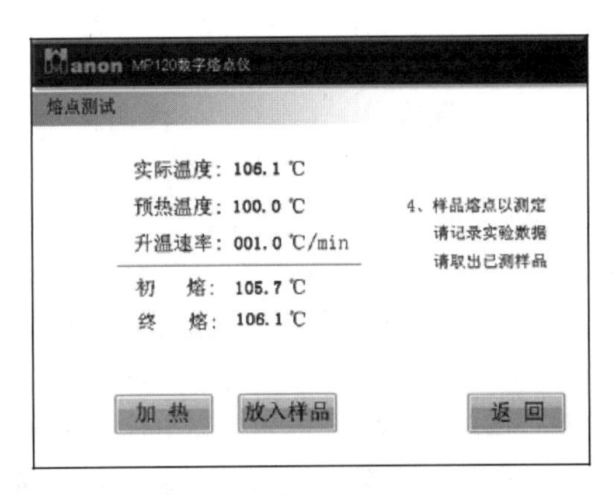

图 3-25

(7) 校准界面

在功能界面图 3-17 按[校正],将进入校正界面,在此界面进行仪器校准,分别测定萘、己二酸、蒽醌三种标准物质的熔点后,仪器自动进行校准。界面提示“使用标准样品对仪器校准 1. 选择标准样品”,如图 3-26。

如果选择标准物质萘,将出现默认预热温度 76 ℃,默认升温速率 1.0 ℃/min。同时提示“……按加热键,到预热温度”。界面显示如图 3-27。

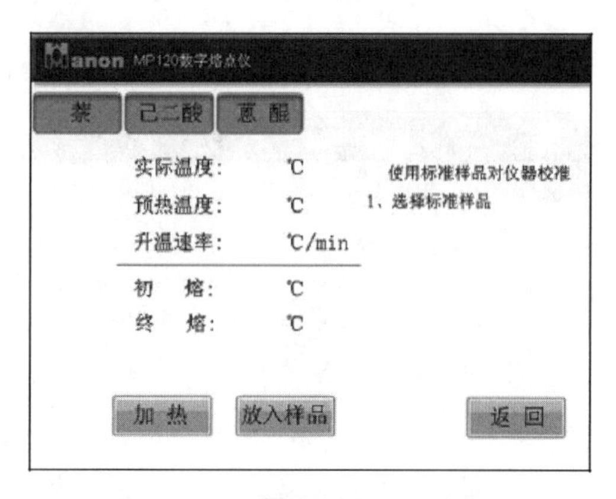

图 3-26

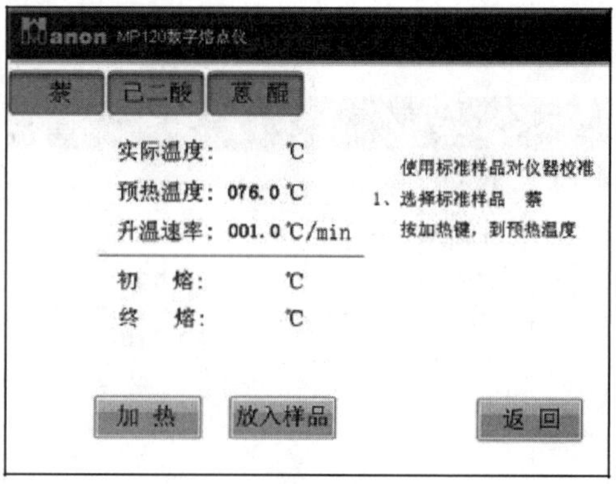

图 3-27

按[加热]键，开始预热，实际温度实时显示，同时提示“使用标准样品对仪器校准 2. 等待到预热温度后放入样品，按键确认”，如图 3-28。

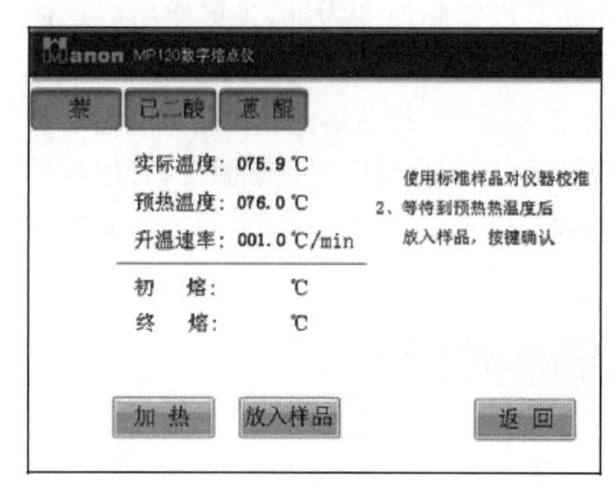

图 3-28

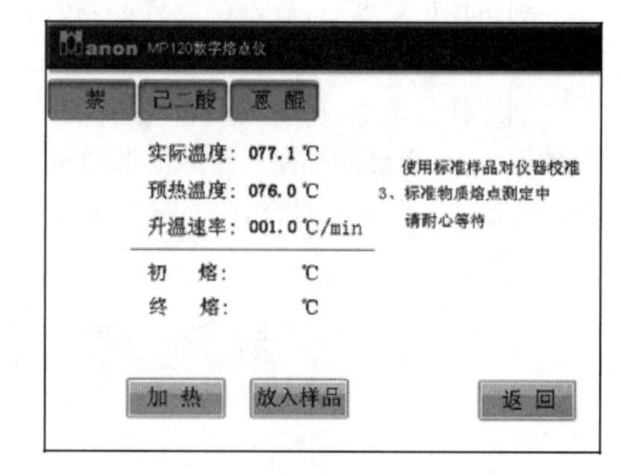

图 3-29

到达预热温度，放入待测标准物质，按[放入样品]，开始测定，显示“使用标准样品对仪器校准 3.标准物质熔点测定中，请耐心等待。”如图 3-29 所示。

初熔温度和终熔温度显示完毕后，测试完成，提示“该标准物质已测定，请取出已测样品，请选择下一种标准物质”，选择下一种样品，重复以上校正步骤。如图 3-30 所示。

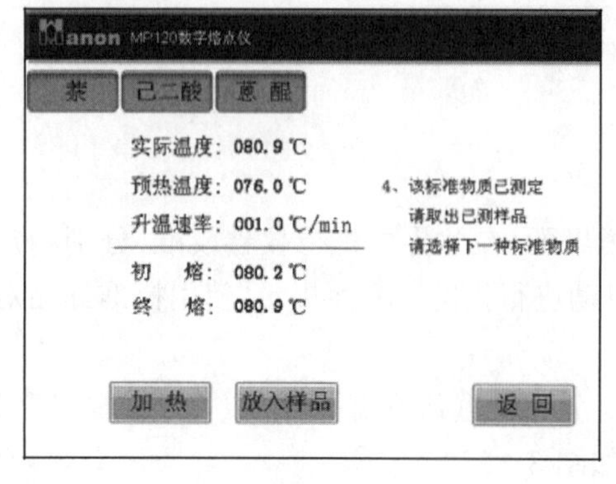

图 3-30

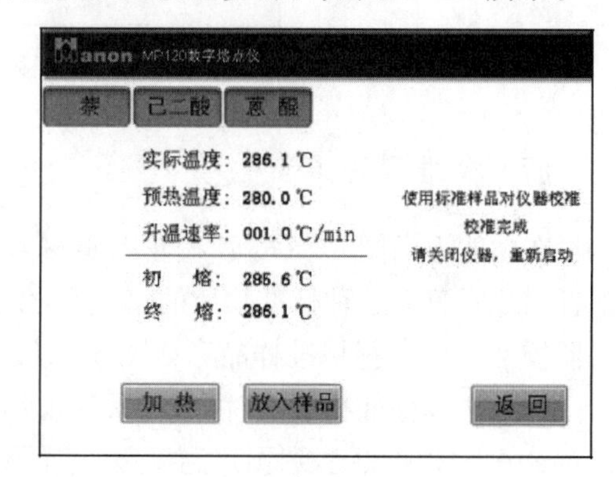

图 3-31

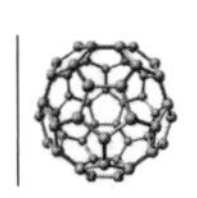

三种标准物质全部测试完成后，提示“使用标准样品对仪器校准完成，请关闭仪器，重新启动”，如图 3-31 所示，关闭仪器，重新启动后，仪器校准才完成。

3.6.3　操作步骤及使用方法

（1）仪器校准实验

开启仪器，预热 20 min，点击右下角图案进入功能界面，选择[校准]进入校准操作界面。

选择一种标准样品，如萘，显示默认预热温度和默认升温速率。选择加热，开始预热升温。

到达预热温度，加入样品后点击[放入样品]，进行熔点测定。测试结束，仪器自动记录初熔和终熔温度，取出样品。

开始第二种标准样品的测定，实验步骤同上。

三种标准样品全部测试完成后，关机重新启动。熔点仪校准完成。注：出厂之前仪器已经校准，短时期内无须校准。

（2）毛细管试样准备

将待测样品置于玛瑙研钵中研细并干燥。取一长约 800 mm 的干燥、洁净的玻璃管，直立于磁板或玻璃板上。将装有被测样的毛细管自上口放入，使其自由落下，反复投落 8 次，使样品粉末紧密集结于管底，高度约为 3 mm。

（3）熔点仪测试

开启电源开关，仪器预热 20 分钟。

进入功能界面，选择测试，设置合适的预热温度和升温速率。确认后开始加热，到达预热温度后加入被测样品进行测试。

测试完成，显示初熔和终熔温度，记录实验数据，取出已测样品。按加热键可重复测试同一样品。

测试完成点击“返回”进入功能界面，重新设置参数，开始测试下一个样品。

3.6.4　注意事项

1. 被测样品按要求焙干，在干燥和洁净的研钵中碾碎，用自由落体法敲击毛细管，使样品填结实，样品填装高度应不小于 3 mm。同一批号样品高度一致，确保测量结果一致。

2. 仪器开机后设置预热温度，达到预热温度附近时，放入样品后，按键确认。设定起始温度切勿超过仪器使用范围，否则仪器将会损坏。

3. 某些样品起始温度高低对熔点测定结果有影响，要求按照规范操作。建议提前

3～5 分钟插入毛细管，如线性升温速率选 1 ℃/min，起始温度应比熔点低 3～5 ℃，速率选 3 ℃/min，起始温度应比熔点低 9～15 ℃，一般根据具体实验确定最佳测试条件。

4. 线性升温速率不同，测定结果也不一致，要求制订合适规范。一般速率越大，读数值越高。各档速率的熔点读数值可用实验修正值统一。未知熔点值的样品可先用快速升温或大的速率，到初步熔点范围后再精测。

有参比样品时，可先测参比样品，根据要求选择一定的起始温度和升温速率进行比较测量，用参比样品的初终熔读数作考核的依据。

5. 被测样品最好一次填装 5 根毛细管，分别测定后去除最大最小值，取用中间三个读数的平均值作为测定结果，为了消除毛细管及样品制备填装带来的偶然误差。

6. 要求干净标准的毛细管插入仪器样品检测室中，否则会积垢或毛细管易损坏，导致无法检测。

7. 使用仪器时，注意轻拿轻放，远离酸碱溶液，避免在强光下使用，加热时不要接触样品室，防止烫伤。

8. 毛细管在样品室中断裂或破损时，应断电冷却后取出。

9. 仪器长期不用时，拔下电源线。使用时，仪器首先预热 10 min。

§ 3.7　电导率仪(DDS-307 系列)的原理与使用

3.7.1　仪器结构

1. 仪器外形结构

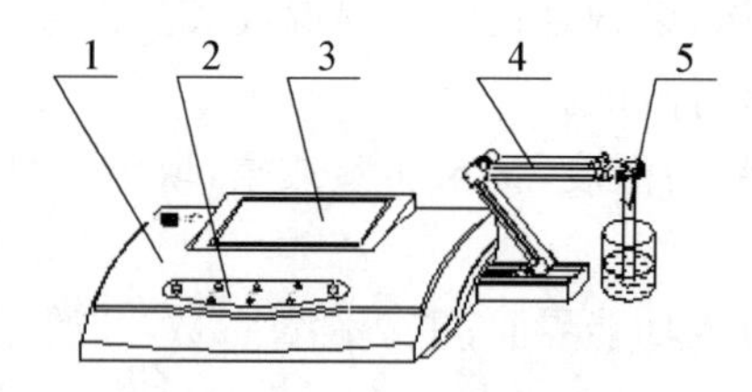

1 机箱；2. 键盘；3. 显示屏；4. 多功能电极架；5. 电极

2. 仪器后面板

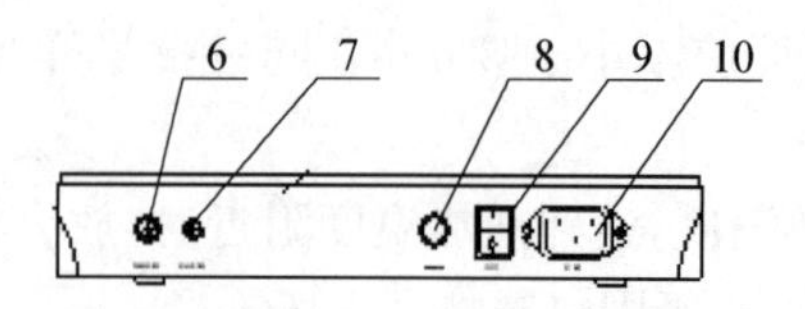

6. 测量电极插座；7. 接地插座；8. 保险丝；9. 电源开关；10. 电源插座

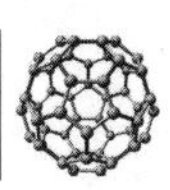

3. 仪器附件

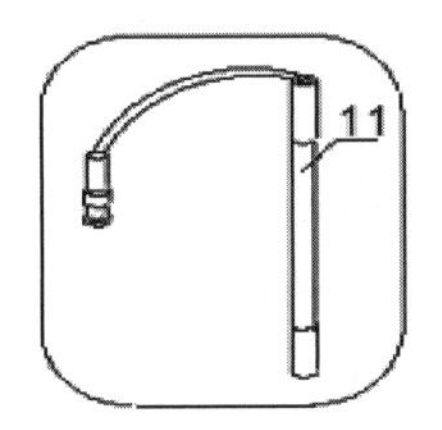

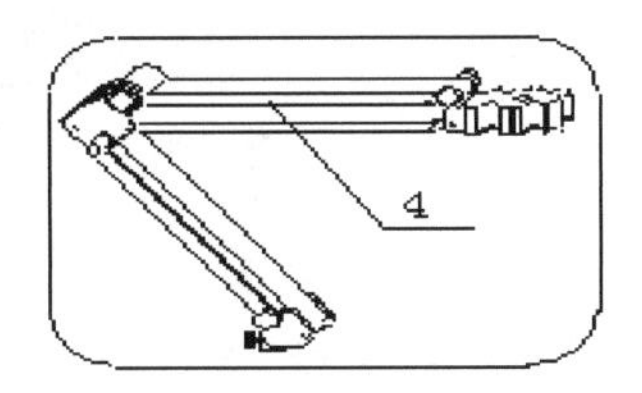

11. DJS-1C 电导电极

3.7.2　仪器的使用

1. 开机前的准备

a) 将多功能电极架(4)插入多功能电极架插座中,拧好。

b) 将电导电极(11)安装在电极架(4)上。

c) 用蒸馏水清洗电极。

2. 仪器操作流程

连接电源线,打开仪器开关,仪器进入测量状态,显示如图,仪器预热 30 min 后,可进行测量。

在测量状态下,按"温度"键设置当前的温度值;按"电极常数"和"常数调节"键进行电极常数的设置,简要的操作流程见下:

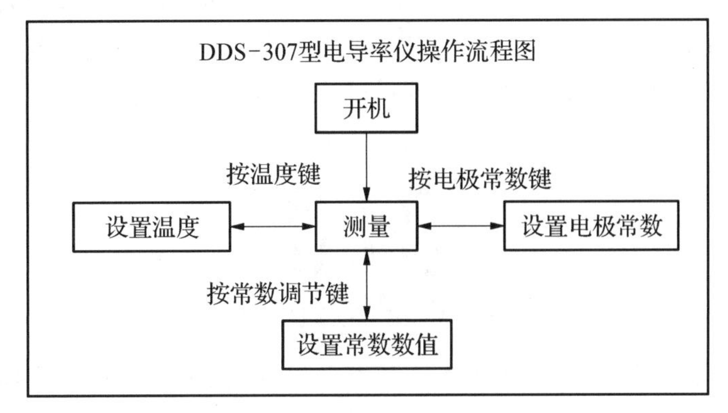

3. 设置温度

在测量状态下,用温度计测出被测溶液的温度,按"温度△"或"温度▽"键,仪器显示如下：

按“温度△”或“温度▽”键调节显示值，使温度显示为被测溶液的温度，按“确认”键，即完成当前温度的设置；按“测量”键放弃设置，返回测量状态。

4. 电极常数和常数数值的设置

仪器使用前必须进行电极常数的设置。目前电导电极的电极常数为 0.01、0.1、1.0、10 四种类型，每种类电极具体的电极常数值均粘贴在每支电导电极上，用户根据电极上所标的电极常数值进行设置。

按“电极常数”键或“常数调节”键，仪器进入电极常数设置状态，仪器显示如下：

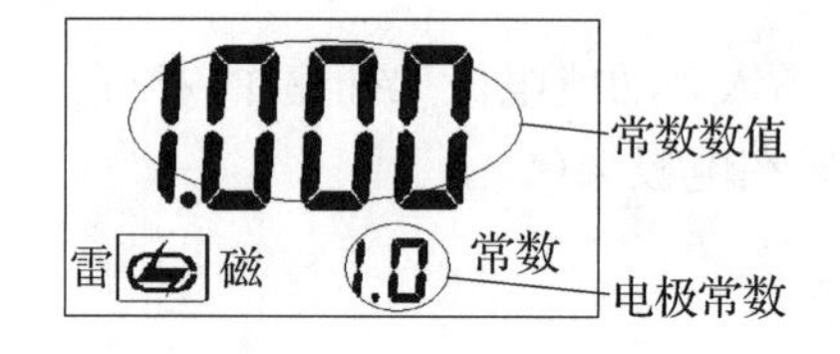

5. 测量

经过上述设置，仪器可用来测量被测溶液，按“测量”键，使仪器进入电导率测量状态。仪器显示如下：

用温度计测出被测溶液的温度，按“温度设置”操作步骤进行温度设置；然后，仪器接上电导电极，用蒸馏水清洗电极头部，再用被测溶液清洗一次，将电导电极浸入被测溶液中，用玻璃棒搅拌溶液使溶液均匀，在显示屏上读取溶液的电导率值。如溶液温度为 25.5 ℃，电导率值为 1.010 mS/cm，则仪器显示如下：

重蒸馏水：蒸馏水是电的不良导体。但由于溶有杂质，如二氧化碳和可溶性固体杂质，它的电导显得很大，影响电导测量的结果，因而需对蒸馏水进行处理。处理的方法是，向蒸馏水中加入少量高锰酸钾，用硬质玻璃烧瓶进行蒸馏。本实验要求水的电导率应小于 1×10^{-4} S/m。

第四章　化学基础实验(中文)

实验一　玻璃仪器的洗涤、使用和干燥

一、实验目的

1. 学习常用玻璃仪器的洗涤方法。
2. 掌握常用玻璃仪器的使用规则及操作方法。
3. 学习常用玻璃仪器的干燥方法。

二、实验仪器

四氟滴定管(50 mL)(或 50 mL 酸式滴定管、碱式滴定管)、锥形瓶(250 mL)、铁架台、蝴蝶夹、容量瓶、移液管(25 mL)、吸量管(10 mL)、烧杯、玻璃棒、洗瓶、洗耳球、量筒或量杯、试剂瓶

三、实验内容

1. 常用玻璃仪器的洗涤

化学实验室常使用各种玻璃仪器和瓷器,仪器的洁净度直接影响实验结果,所以实验仪器应保持洁净。玻璃仪器的洗涤方法很多,应根据实验的要求、污物的性质和仪器沾污的程度进行选择。实验室常采用的洗涤方法如下:

(1) 水冲洗法

对于仪器上的灰尘、可溶性污物和某些附着力不强的不溶物可用水冲洗。为了加快洗涤速度,应振荡仪器。通常往仪器中注入不超过容量 1/3 的水,稍用力振荡仪器后,把水倾出,如此反复冲洗数次。

(2) 刷洗法

用少量水润湿仪器后，再用毛刷蘸取少量去污粉、肥皂液或合成洗涤剂，利用毛刷的摩擦作用，使附着在器壁上的污物洗去。该方法主要除去油污、一些有机物质和附着在器壁上的固体污物。去污粉中含有去污成分碳酸钠，还含有增大摩擦力的白土和细沙，刷洗能获得较好的洗涤效果，经过刷洗后，再用自来水冲洗，以除去附着在仪器上的白土、细沙或洗涤剂。但应当注意，定量分析仪器一般不采用去污粉洗涤。

(3) 用洗液洗涤法

用去污粉、肥皂液或合成洗涤剂等仍刷洗不掉的污物，或者像滴定管、移液管、吸量管等口小、管细的仪器，不方便用毛刷刷洗，可用铬酸洗液洗涤。铬酸洗液通常是浓硫酸、重铬酸钾和水组成的，是实验室中常用的强氧化洗液之一，一般称之为铬酸混合剂或洗液。新配制的铬酸洗液为深橙红色，配制比例中浓硫酸的含量越高洗液效果越好。

洗涤前将仪器内的水尽可能除去后，再往仪器内小心注入不超过容器容积 1/3 的铬酸洗液，使仪器倾斜并慢慢转动，让仪器内壁全部被洗液湿润，然后慢慢转动仪器，使铬酸洗液在仪器内壁流动，流动几圈后，把洗液倒回原试剂瓶(铬酸洗液可反复使用，当所用铬酸洗液变成暗绿色后，需再生才能使用)。对污染严重的仪器可将仪器在洗液中浸泡一段时间，若将洗液先加热，会获得更好的洗涤效果。倾出洗液后，再用水刷洗或冲洗 2～3 次，冲洗后的溶液倒入指定的容器中。注意，铬酸洗液具有强腐蚀性，使用时要做好防护措施，用铬酸洗液洗涤，不允许使用毛刷刷洗。

(4) 特殊洗液洗涤法

对特殊情况，应采用不同的洗液洗涤，可针对具体的污物选用适当的洗涤剂处理。如酸性(碱性)污物用碱性(酸性)洗液洗涤，氧化性(或还原性)污物采用还原性(或氧化性)洗液洗涤，有机污物可用碱液或有机溶液洗涤。

(5) 去离子水荡洗法

上述方式洗涤的仪器，还应用少量蒸馏水洗 2～3 次，以除去附着在仪器内的自来水。凡是已经洗净的仪器内壁，决不能再用布(或纸)去擦拭。否则，布(或纸)的纤维将会留在器壁上污染仪器。

(6) 仪器洗净的检查

检查仪器是否洗净，可向仪器内加入少量水振荡一下，将水倒出，并将仪器倒置，观察仪器透明度，器壁不挂水珠，说明已洗净；如果仪器不清晰或器壁挂水珠，则未洗净。未洗净的仪器必须重新洗涤。洗净的仪器再用少量蒸馏水冲洗数次。

2. 常用玻璃仪器的使用

大学化学实验室常用的玻璃量器有量筒、量杯、移液管、吸量管、容量瓶、滴定管等。

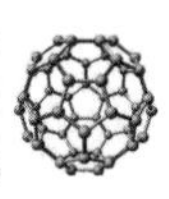

(1) 量筒和量杯

量筒和量杯是实验室最常用的量取液体试剂体积的量器。

1) 规格

量筒和量杯的容量各不相同,如 10 mL、50 mL、100 mL、500 mL、1 000 mL、2 000 mL 等。

2) 使用

a. 根据所需量取溶液的体积选用不同规格的量筒或量杯。如:10 mL 量筒最小刻度是 0.1 mL,100 mL 量筒最小刻度是 1 mL。若需量取 9 mL 液体,应选用 10 mL 量筒,使误差降低到±0.1 mL。

b. 手拿量筒或量杯的上部,把要量取的液体倒入量筒或量杯中。读数时让量筒或量杯竖直,使视线与量筒或量杯内液体凹液面(半月形弯曲面)的最低处保持水平,读出量筒或量杯上的刻度,即得液体的体积。

(2) 移液管和吸量管

移液管和吸量管都是用于准确移取一定体积液体的量器。移液管是一根细长而中间有一膨大部分的玻璃管(俗称大肚吸管),管颈上部刻有一条环形刻线(玻璃划痕),膨大部分标有移取液体时溶液的温度,在该温度下,移取的液体体积即为管上标明的体积。吸量管是内径均匀的玻璃管,管上有分刻度。它一般只用于量取小体积的溶液。

1) 规格

移液管规格:20 mL、25 mL、50 mL 等。吸量管规格:1 mL、2 mL、5 mL、10 mL 等。

2) 移液操作

a. 移液前,先将移液管或吸量管洗净。用洗耳球将少量洗液慢慢吸入(如铬酸洗液)移液管中,用食指按住管口,然后将移液管缓慢平持,松开食指,转动移液管,使洗液与管口以下的内壁充分接触;再将移液管持直,让洗液流出至回收瓶中,再用少量自来水,以同样方法洗涤移液管数次,最后用蒸馏水冲洗 3 次。移取溶液前,用滤纸片将管尖端内外的水吸净,然后用少量待吸的溶液润洗内壁 2～3 次,以保证溶液吸取后的浓度不变。

b. 用润洗过的移液管移取液体时,右手大拇指和中指拿住移液管刻线以上的部位,将移液管下端插入液面下距离盛装容器底部 1～2 cm 处,左手拿洗耳球,左手食指放在洗耳球上方,其他手指握住洗耳球,先把球内空气压出,将洗耳球的尖端对准移液管的上管口,然后慢慢松开左手手指,使液体被缓慢吸入管内,当液面升高到刻线以上时,迅速移去洗耳球,并立即用右手的食指按住管口,如图 4-1 所示。

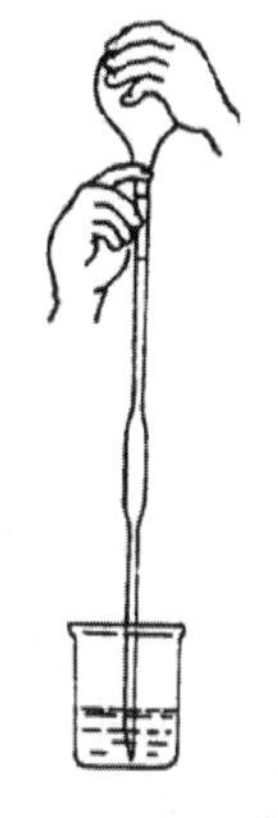

图 4-1　移液

c. 左手改拿盛装移液的容器,将其倾斜成约 45°,把移液管提离液面,管的末端靠在容器的内壁上(移液管应立直),微微松开食指,或用拇指和中指来回捻动移液管,使管内液面慢慢下降,直至溶液的弯月面与刻线相切,立即用食指按紧管口。

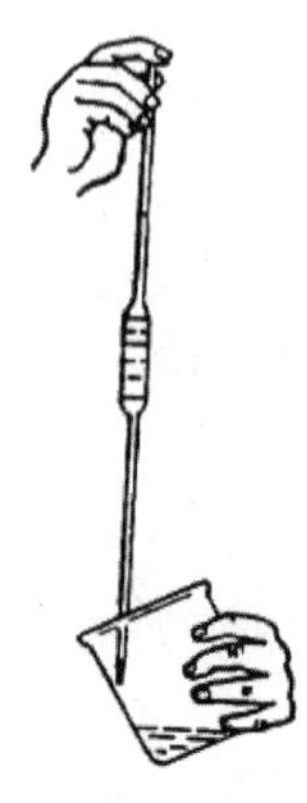
图 4-2　放液

d. 取出移液管，进行放液操作。右手垂直地拿住移液管，左手拿盛接溶液的容器并使容器略倾斜，管尖紧靠承接容器内壁，使内壁与插入的移液管管尖成 45°左右，松开食指，使溶液自然流出。待液面下降到管尖后，停 15 秒左右，取出移液管，如图 4-2 所示。

吸量管的使用方法与移液管相同。

移液时应注意以下事项：

① 移液时，移液管下端管尖处不能插入液面下太浅，否则液面下降会造成吸空；也不能插入太深，以免吸入试剂瓶底部杂质。

② 放液时，检查移液管和吸量管，若管上标有"吹"字，须将管尖处的液体吹入承接容器内；若管上没有标"吹"字，则表明在矫正移液管容积时，已经略去残留的体积，就不能把残留在尖端的液体吹出，否则移取体积偏大。

(3) 容量瓶

容量瓶主要用于配制标准溶液或定量稀释溶液的容器，与分析天平、移液管或吸量管配套使用。容量瓶是一种细颈梨形的平底玻璃瓶，带有玻璃磨口塞，其颈上有一刻线(漆线或玻璃划痕)，一般上面还标有 20 ℃等字样，表示当溶液弯月液面与刻线相切时(即定容)，所盛装的溶液体积等于瓶上所示的 20 ℃的体积。

1) 规格

容量瓶容积通常有 50 mL、100 mL、200 mL、250 mL、500 mL、1 000 mL、2 000 mL 等。

2) 容量瓶使用

a. 检查是否漏水

将自来水加入容量瓶内，至弯月面与刻度线相切，塞紧磨口塞，用右手手指托住瓶底，左手食指按住塞子，其余手指拿住瓶颈标线以上部分，将瓶垂直倒立 2 min，观察瓶口处有无漏水现象。如不漏水，再将瓶直立，静置后观察液面仍然与刻线相切，则转动瓶塞 180°后再倒立 2 min，如仍不漏水，即可使用。用橡皮筋或细绳将瓶塞系在瓶颈上。

b. 配制溶液

用固体物质配制标准溶液或分析试剂时，配制顺序是：

① 先用分析天平准确称取一定质量的物质，置于小烧杯中溶解。

② 将溶液定量转入容量瓶中。定量转移溶液时，右手拿玻璃棒，左手拿烧杯，使烧杯嘴紧靠玻璃棒，而玻璃棒则悬空伸入容量瓶口中，棒的下端靠在瓶颈内壁上，慢慢倾斜烧杯，使溶液沿着玻璃棒流入容量瓶，如图 4-3 所示。当烧杯中溶液全部沿玻璃棒注入容量瓶后，将烧杯嘴沿玻璃棒慢慢上移，同时将烧杯直立，并将玻璃棒放回烧杯中。用洗瓶吹出少量去离子水冲洗玻璃棒和烧杯内壁，依上法将洗涤液定量转入容量瓶中，如此冲洗、定量转移 3 次以上，以确保转移完全。

③ 直接加去离子水至容量瓶 2/3 容积处，将瓶塞塞好，按同一方向摇动容量瓶，使溶液初步混匀(注意：此时切不可倒转容量瓶)。

④ 继续加水至距离刻线约 1 cm 处，等 1～2 min，使附着在瓶颈内壁的溶液流下，改用滴管滴加水至弯月面下缘与刻线相切，塞上瓶塞，以左手食指压住瓶塞，其余手

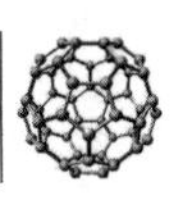

指抓瓶颈部分,右手托住瓶底边缘,将瓶倒转,使气泡上升到顶部,摇匀溶液,再将瓶直立后让气泡上升到顶部、摇匀溶液。如此反复10次以上,使溶液完全混匀,如图4-4所示。

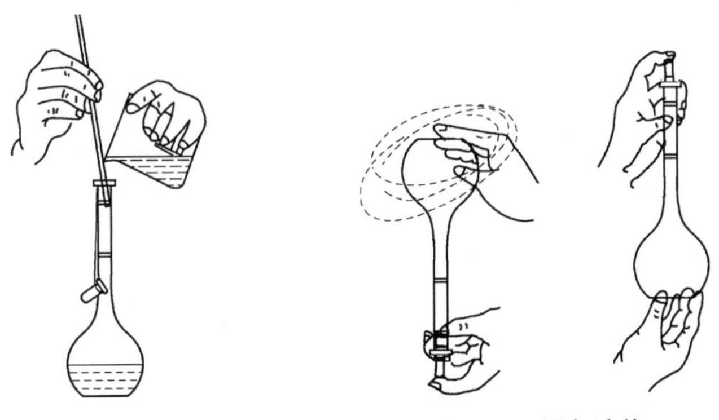

图4-3　转移液体　　　**图4-4　混匀液体**

c. 稀释溶液

用移液管移取一定体积的浓溶液于容量瓶中,按b④方法稀释至刻度线,摇匀。

3) 使用容量瓶应注意下列事项

a. 容量瓶的玻璃磨口塞不能随便取下放在桌面上,以免沾污或搞错,可用橡皮筋或细绳将瓶塞系在瓶颈上。

b. 配制溶液时,固体溶解形成热溶液,应冷却至室温后,才能定量转移到容量瓶中定容。若稀释溶液是放热的,也要等溶液冷却至室温后,再用滴管定容至刻线。

c. 不能用容量瓶作为长期存放溶液的容器,若即配即用,配制好的溶液可放于容量瓶中,实验结束,将余液倒出,若配制的溶液要长期保持,应转移到试剂瓶中。

d. 容量瓶不可在烘箱中烘烤,也不可在电炉等加热器上加热,如需使用干燥的容量瓶,可用乙醇等有机溶剂荡洗晾干或用电吹风的冷风吹干。

e. 容量瓶使用完毕,应立即洗净。如长期不用,应将容量瓶磨口处及塞子擦干,并用纸片将磨口隔开。

(4) 滴定管

滴定管是滴定时可以准确测定滴定液体积和准确量取溶液体积的量器。它的管身是细长且内径均匀的玻璃管,上面刻有均匀的分度线;下端是一玻璃尖嘴,用于流出液体;中间通过活塞或乳胶管(乳胶管中配有玻璃珠)连接以控制滴定速度。

1) 滴定管的规格

a. 常量滴定管

常量分析最常用的是容积为50 mL的滴定管,其最小刻度是0.1 mL,因此,读数可达小数点后第2位,一般读数误差为±0.02 mL。

b. 微量滴定管

容积为10 mL、5 mL、2 mL、1 mL的滴定管。

2）滴定管的种类

滴定管有酸式、碱式、微型、自动定零位滴定管和四氟滴定管等，我们主要学习常量四氟滴定管的使用。

3）滴定前的准备工作

a. 洗涤

一般用自来水冲洗滴定管，零刻度线以上可用毛刷刷洗，刻度线处用洗液洗涤。滴定管洗净后，其内壁润有均匀的一薄层水膜。如果管壁上还挂有水珠，说明未洗净，必须重洗（注意：有刻度处不能用去污粉）。

b. 滴定管下端的检查

四氟滴定管为了旋转灵活，需调整四氟活塞螺丝，使之松紧适中。

c. 检漏

滴定管装水至"0"刻度（即加满），将其固定在滴定管架上，直立约 2 min，观察活塞边缘和尖嘴处有无水渗出，无水渗出，说明不漏液，液面仍在"0"刻度，然后再将活塞旋转 180°，再静置 2 min，观察有无漏水现象。如无漏水现象即可使用。

d. 装入溶液

为防止待装溶液装入后被稀释，应先用待装溶液润洗滴定管 2～3 次，每次装入约 5 mL溶液，将滴定管用两手平托，旋转，使溶液浸润滴定管内壁后，从下端放出溶液。在装入溶液时，应直接倒入，不可借助于其他任何器皿，以免改变溶液浓度或造成污染。

e. 排出气泡

装好标准溶液后，检查滴定管下端尖嘴部分有无气泡。四氟滴定管排气泡的方法是旋转四氟活塞，使活塞小孔与管体完全相通，通过管中液体的压力将气泡排出。

4）滴定操作

a. 通常将滴定管固定在滴定管架右侧。左手控制滴定管活塞，大拇指在前，食指与中指在后，手指略弯曲，轻轻向内扣住活塞，无名指与小指向手心弯曲，轻轻顶住与管端与活塞相交的直角（注意：切勿用手心顶住活塞小头部分，否则将造成活塞松动而漏液）。

b. 滴定

滴定操作可在锥形瓶或烧杯中进行。两只手协调配合，边滴边摇（滴定的速度：一开始时滴定速度可快些，呈"滴线"状，每秒 3～4 滴，但不能成"水线"状；摇动时向一个方向旋转，使溶液中出现一个漩涡）。左手控制滴定管，右手拿住锥形瓶，右手拇指、食指和中指拿住锥形瓶上侧，其余两指辅助在下侧。锥形瓶瓶底离操作台 2～3 cm，滴定管尖嘴插入锥形瓶口约 1 cm。若在烧杯中进行，烧杯放在滴定台上，滴定管尖嘴插入烧杯左后方内约 1 cm，边滴边用玻璃棒搅拌。接近终点时滴定速度一定要慢，最后只需滴加半滴溶液（该半滴溶液加入方法是：在尖嘴处挂一滴溶液，再将尖嘴靠在锥形瓶内壁上，最后可用少量蒸馏水冲下）。为了准确判断终点，可把锥形瓶或烧杯放在白瓷板或白纸上观察，等滴定管内液面完全稳定后，方可读数。滴定操作如图 4－5 所示。

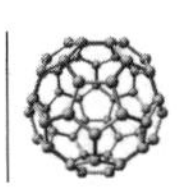

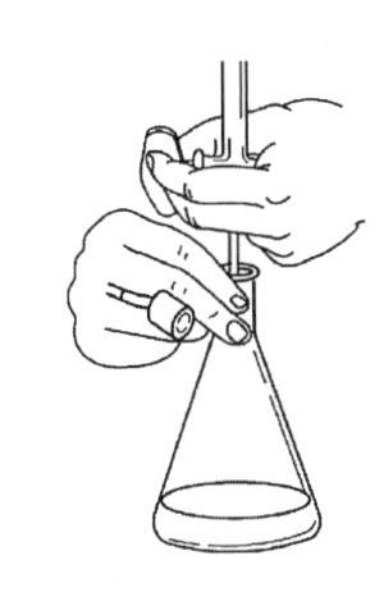

图 4－5　滴定操作

c. 读数

滴定管读数原则如下：

① 垂直　将滴定管尖嘴处无悬挂液珠的滴定管从滴定架(蝴蝶夹)上取下，滴定管保持垂直进行读数。

② 颜色　对无色或浅色溶液，应读取弯月面下层最低点，即视线与弯月面下层实线的最低点在一水平面上(水平相切)。对于有色溶液或深色溶液，其弯月面下层最低点不够清晰，读数时，视线应与液面两侧最高点相切。使用蓝线滴定管，无色溶液应读取两个弯月面与蓝线呈现的三角交叉点与刻度相交的最尖部分的数据。

③ 等　滴定管加入或放出溶液后，需等 1～2 min，使附着在内壁上的溶液流下后，液面稳定了才能读数。读数方法如图 4－6 所示：

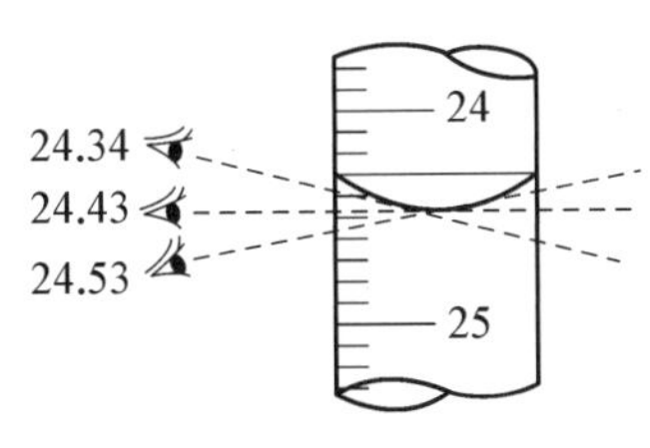

图 4－6　滴定管读数

④ 精密度　因常量滴定管上两小刻度中间为 0.1 mL，管精密度为±0.01 mL，所以必须读到小数点后第二位，即要估计到 0.01 mL。

实验结束后，洗净滴定管，倒夹在滴定管架上。

3. 常用玻璃仪器的干燥

(1) 晾干

仪器洗净后，尽量倒干水珠，然后自然晾干。量筒、烧瓶、锥形瓶、容量瓶倒挂在试管架的木桩上，滴定管倒夹在铁架台的蝴蝶夹上，移液管和吸量管插在移液管架上，烧杯倒置在实验柜内，冷凝管竖放在柜子内。

(2) 烘干

洗净的仪器口朝上放入带鼓风机的电干燥箱中，在 100～120 ℃条件下烘干。干燥好的仪器用坩埚钳取出，放在石棉板上冷却(注意:厚壁仪器和量筒、吸滤瓶、冷凝管等，不适合在干燥箱中烘干。另外，干燥带塞子的仪器，要将塞子取下，擦去凡士林并洗净后再干燥)。

(3) 用有机溶剂干燥

体积小或内径较细的仪器急需使用时，可用少量的无水乙醇、丙酮洗涤，然后用电吹风吹干。

(4) 用气流干燥器干燥

将洗净的仪器尽量除去水珠后，套在气流干燥器的多孔金属管上，控制好干燥器温度，使仪器快速干燥，如图 4-7 所示(注意温度不宜太高，防止仪器炸裂，另外气流干燥器不宜长时间连续使用)。

图 4-7 不锈钢玻璃仪器气流烘干器

四、思考题

1. 玻璃仪器常用的洗涤方法有哪些？选择洗涤方法的原则是什么？
2. 为什么不能用酸式滴定管盛装碱性溶液？
3. 玻璃仪器的洗净标准是什么？

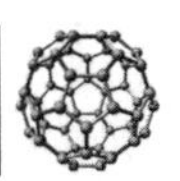

实验二　天平称量练习

一、实验目的

1. 学习电子天平的使用方法。
2. 掌握直接称量法、固定称量法(又称指定质量称量法)和差减称量法的操作技能。

二、实验原理

1. 直接称量法

对一些不易吸水、在空气中稳定、无腐蚀性的物品,可将其放在天平盘上(根据需要可在天平盘上放一洁净、干燥的表面皿或称量纸盛放试样)直接称其质量。

2. 固定称量法(又称指定质量称量法)

先准确称出一洁净、干燥的表面皿或小烧杯的质量,然后用药匙将试样慢慢地加到表面皿或小烧杯的中央,称出指定质量的试样(如 500 mg)。

3. 差减称量法

适用于易吸水、易氧化、易吸收二氧化碳等物质的称量。先将称量试样装入称量瓶,用直接称量法准确称量其质量记为 W_1(称量瓶和试样总质量)然后倾出所需要试样于接收器中,再准确称量记为 W_2(称量瓶和剩余试样总质量),则所称取试样质量为 W_1-W_2,若欲连续称取第二份试样时,可倾出所需要试样于接收器中,再一次准确称量记为 W_3(称量瓶和第二次剩余试样总质量),则所称取试样质量为 W_2-W_3,以此类推。

三、实验仪器和药品

1. 实验仪器

电子天平、称量瓶、表面皿(或小烧杯)、牛角匙、纸条

2. 实验药品

无水碳酸钠

四、实验步骤

1. 直接称量法练习

取下天平罩叠好，接通电源，然后调节天平零点。将干燥洁净的表面皿(或小烧杯)放入天平盘中央，并随手关闭天平门，当显示屏上数据稳定后，记录质量为 W。

2. 固定称量法(指定质量称量法)练习

在直接称量法准确称量表面皿(或小烧杯)的基础上，按“去皮”，然后用牛角匙将试样慢慢地加到表面皿或小烧杯的中央，直到显示屏上数据稳定后，记录此数据为 $W_0=500.0$ mg。

3. 差减称量法练习

(1) 将装有试样的称量瓶(称量瓶用纸条套住取用)放入天平盘中央，准确称出其质量，记录质量为 W_1(称量瓶和试样总质量)。

(2) 用纸条套住称量瓶从天平中取出，在已经称量好的表面皿(或小烧杯)W 的上方，用称量瓶盖轻轻敲击该称量瓶，倾出少量试样后，用瓶盖轻轻敲击称量瓶口，使瓶体立正，盖好瓶盖，重新用天平称量，观察显示屏上数据。

(3) 若显示屏上的数据没有达到称量要求(如需称量 0.22～0.23 g，$W_1=35.438\,2$ g，而此时显示为 $W_2=35.287\,6$ g，说明倾出试样质量为 $W_1-W_2=0.150\,6$ g)，则将称量瓶再次取出，重复步骤(2)过程，直到倾出指定范围无水碳酸钠，记录质量为 W_2(称量瓶和剩余试样总质量)。则准确称量无水碳酸钠质量为 W_1-W_2。用同样方法可称取几份试样。

(4) 称出已承接试样的小烧杯或表面皿的质量，记录质量为 W'。

4. 实验结束后，认真填写使用记录卡，将实验仪器和药品放回原处，检查并清扫天平，切断电源。

[注意事项]

1. 天平零点一旦调节好后，天平就不能再移动，以防止天平不水平。
2. 取用称量瓶，不能用手直接拿，否则手上的汗渍等污染物质影响称量结果。
3. 切勿将试样撒在容器外。

五、实验结果及分析

1. 数据记录及处理

W_1(称量瓶+试样)(g)	
W_2(称量瓶+试样)(g)	
倾出试样质量(W_1-W_2)(g)	

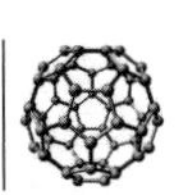

续　表

W(小烧杯等)(g)	
W'(小烧杯+倾出试样)(g)	
称得试样质量 $W'-W$(g)	
$\|(W_1-W_2)-(W'-W)\|$(g)	

2. 实验分析

六、思考题

1. 为什么要调节天平的零点?
2. 三种称量方法分别在什么情况下选用?
3. 为什么不能用手直接拿称量瓶?

实验三　盐酸标准溶液的配制与标定并测定混合碱的含量

一、实验目的

1. 学习常用酸标准溶液的配制原理和方法。
2. 训练滴定分析的基本操作技能。
3. 了解混合碱的组成。
4. 学习双指示剂法测定混合碱含量的原理和方法。

二、实验原理

1. 盐酸溶液的配制与标定

市售盐酸为无色透明的 HCl 水溶液，HCl 含量一般为 36%～38%。由于浓盐酸易挥发出 HCl 气体，应采用间接法配制盐酸标准溶液，即先配制近似浓度的溶液，再用基准物质标定。

标定盐酸的基准物质常用无水碳酸钠（Na_2CO_3）和硼砂（$Na_2B_4O_7 \cdot 10H_2O$）。用无水碳酸钠为基准物质，其优点是容易提纯，价格便宜，缺点是碳酸钠摩尔质量较小，具有吸湿性。因此 Na_2CO_3 固体需先在 180 ℃干燥 2～3 小时，然后置于干燥器中冷却后备用。标定反应为：

$$Na_2CO_3+2HCl=2NaCl+H_2O+CO_2\uparrow$$

$$n(HCl):n(Na_2CO_3)=2:1$$

$$c_{HCl}=\frac{2m_{Na2CO3}}{M_{Na2CO3}\cdot V_{HCl}}(mol\cdot L^{-1})$$

以甲基橙作指示剂，终点时溶液由黄色变为橙色。为减小 CO_2 的影响，临近终点时将溶液剧烈摇动或加热。

2. 混合碱含量的测定

混合碱通常是指 $Na_2CO_3+NaHCO_3$ 或 Na_2CO_3+NaOH 的混合物。利用两种指示剂在不同等量点的颜色变化，得到两个滴定终点，根据两个终点所消耗的酸标准溶液的体积，计算混合碱中各成分的含量，故将该方法称为双指示剂法。

本实验测定 $Na_2CO_3+NaHCO_3$ 组成的混合碱，用盐酸标准溶液滴定，第一个计量点产物为 $NaHCO_3$，此时溶液 pH＝8.31，选酚酞作指示剂，第二计量点产物为 NaCl 和 H_2CO_3，计量点 pH＝3.8～3.9，甲基橙指示滴定终点。酚酞在 $Na_2CO_3+NaHCO_3$ 溶液

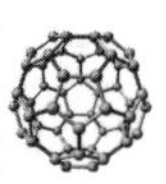

中呈红色,在 $NaHCO_3$ 中呈无色;甲基橙在 $NaHCO_3$ 中呈黄色,在终点时呈红色,指示滴定终点。反应示意如下:

$Na_2CO_3 \xrightarrow{V_{1(HCl)}} NaHCO_3 \xrightarrow{V'_{2(HCl)}} NaCl+H_2CO_3$　$V_{2(HCl)}=V'_{2(HCl)}+V''_{2(HCl)}$

$NaHCO_3$ - - 滴定 - - $NaHCO_3 \xrightarrow[V''_{2(HCl)}]{V_{2(HCl)}} NaCl+H_2CO_3$　$V_{1(HCl)}=V'_{2(HCl)}$

酚酞(红色)　　酚酞(无色)　　甲基橙(红色)
　　　　　　　甲基橙(黄色)

对应的反应为:

第一计量点　$Na_2CO_3+HCl = NaCl+NaHCO_3$　$V_{1(HCl)}$

第二计量点　$NaHCO_3+HCl = NaCl+H_2CO_3$　$V_{2(HCl)}-V_{1(HCl)}$

$$\omega(Na_2CO_3)\%=\frac{c_{HCl}\cdot V_{1(HCl)}\cdot M_{Na_2CO_3}}{m_s}\times 100\%$$

$$\omega(NaHCO_3)\%=\frac{c_{HCl}\cdot (V_{2(HCl)}-V_{1(HCl)})\cdot M_{NaHCO_3}}{m_s}\times 100\%$$

三、实验仪器和药品

1. 实验仪器

量筒(10 mL、50 mL)、电子天平、锥形瓶(250 mL,3 个)、四氟滴定管(50 mL 或酸式滴定管)、烧杯(250 mL)、称量纸、洗瓶、玻璃棒

2. 实验药品

浓 HCl、混合碱试样($m(Na_2CO_3):m(NaHCO_3)=2:1$)、甲基橙指示剂、酚酞指示剂、蒸馏水

四、实验步骤

1. HCl 溶液的配制

用 10 mL 量筒量取 2.2～2.5 mL 的浓 HCl 溶液,小心倒入 250 mL 洁净的烧杯中,用蒸馏水稀释至 250 mL,搅拌均匀,贴好标签备用。

2. HCl 溶液的标定

用电子天平准确称取无水碳酸钠 0.11～0.15 g 三份,分别放入 250 mL 锥形瓶中,用 50 mL 量筒加入 25 mL 蒸馏水溶解,滴加 1～2 滴甲基橙指示剂,用待标定的盐酸溶液滴定至溶液由黄色变为橙色，剧烈摇动锥形瓶，溶液又变回黄色，继续用盐酸溶液滴定至稳定橙色，即达到终点。分别记录消耗盐酸溶液的体积。

3. 混合碱含量的测定

准确称取混合碱试样 0.25～0.30 g 三份，分别放入 250 mL 锥形瓶中，加入 30 mL 蒸馏水溶解，滴加 1～2 滴酚酞指示剂，用盐酸标准溶液滴定，接近终点时，剧烈摇动锥形瓶，滴至溶液由红色刚好变为无色，记录消耗盐酸标准溶液的体积 V_1；然后向锥形瓶中滴加 1～2 滴甲基橙指示剂，继续用盐酸标准溶液滴定，至溶液由黄色刚好变为红色，记录消耗盐酸标准溶液的体积 V_2。

[注意事项]

1. 无水碳酸钠溶解时，不能用玻璃棒搅拌。
2. 甲基橙终点变色时，要密切观察，防止过量。
3. 盛装混合碱的称量瓶应保存在干燥器中，且采用差减称量法称量。
4. 滴定接近计量点时，滴加盐酸溶液速度一定要慢，且充分摇匀。

五、实验结果及分析

1. 数据记录及处理

(1) HCl 标准溶液的标定

项目 \ 次数	1	2	3
$m_{Na_2CO_3}$ (g)			
V_{HCl} (mL)			
c_{HCl} ($mol \cdot L^{-1}$)			
浓度平均值			

(2) 混合碱含量的测定

项目 \ 次数	1	2	3
m_s (g)			
$V_{1(HCl)}$ (mL)			
$\omega(Na_2CO_3)\%$			
$\omega(Na_2CO_3)\%$平均值			

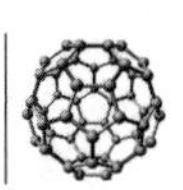

续　表

次数 项目	1	2	3
$V_{2(HCl)}$(mL)			
$V_{2(HCl)}-V_{1(HCl)}$(mL)			
$\omega(NaHCO_3)\%$			
$\omega(NaHCO_3)\%$平均值			

2. 实验分析

六、思考题

1. 在滴定分析中,滴定管为什么要用待装溶液润洗 2～3 次?
2. 配制盐酸溶液时,所需用水为什么不需要准确量取?
3. 标定盐酸溶液时,基准物质无水碳酸钠的称量范围是如何确定的?
4. 在酸碱滴定中,指示剂为什么用量要少?
5. 混合碱的测定时,为什么到第一个计量点后,加入甲基橙指示剂进行连续滴定?

实验四　碱标准溶液的配制与标定并测定食醋中总酸量

一、实验目的

1. 学习氢氧化钠溶液的配制方法。
2. 掌握滴定操作的基本技能以及准确判断滴定终点的方法。
3. 学习使用邻苯二甲酸氢钾作基准物质标定氢氧化钠溶液的原理和方法。
4. 学习强碱滴定弱酸测定食醋中总酸量的方法。
5. 进一步练习移液管、容量瓶的使用。

二、实验原理

1. 碱标准溶液的配制与标定

氢氧化钠固体易吸收空气中的水蒸气及二氧化碳，不能用采用直接法配制准确浓度的标准溶液，只能先配制近似浓度的溶液后，再用基准物质标定其准确浓度。

标定碱溶液常用邻苯二甲酸氢钾。邻苯二甲酸氢钾（$KHC_8H_4O_4$）的摩尔质量大，易净化，且不易吸收水分，是标定碱的一种良好的基准物质。以邻苯二甲酸氢钾（$KHC_8H_4O_4$）为基准物质，酚酞作指示剂，标定氢氧化钠浓度，其化学反应方程式如下：

$$KHC_8H_4O_4+NaOH=KNaC_8H_4O_4+H_2O$$

$$c_{NaOH}=\frac{m_{KHC_8H_4O_4}}{M_{KHC_8H_4O_4}\cdot V_{NaOH}}(mol\cdot L^{-1})$$

2. 测定食醋中总酸量

食醋的主要成分是HAc，此外还含有少量其他弱酸如乳酸、葡萄糖酸、氨基酸等，以酚酞为指示剂，用NaOH标准溶液滴定可测出酸的总量，习惯上用HAc(g/100 mL)表示，即100 mL原液中含HAc的质量。其反应为：

$$NaOH+HAc=NaAc+H_2O$$

$$\rho_{HAc}(g/100\ mL)=(c_{NaOH}\cdot V_{NaOH}\cdot M_{HAc})\times\frac{100}{25.00}\times\frac{250}{25.00}$$

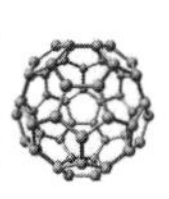

三、实验仪器和药品

1. 实验仪器

托盘天平、分析天平(电子天平)、称量瓶、称量纸、烧杯(250 mL)、量筒(50 mL)、四氟滴定管(50 mL 或碱式滴定管)、锥形瓶(250 mL,3 个)、容量瓶(250 mL)、移液管(25 mL)、洗瓶、玻璃棒

2. 实验药品

固体氢氧化钠(NaOH;A.R)、邻苯二甲酸氢钾($KHC_8H_4O_4$;A.R)、酚酞指示剂、食醋(白醋)

四、实验步骤

1. 0.1 mol · L^{-1}氢氧化钠(NaOH)溶液的配制

用托盘天平和称量纸迅速称取固体氢氧化钠 1.2g,倒入洁净烧杯中,加入约 50 mL 无 CO_2 的蒸馏水使之溶解,稀释至 250 mL,贴好标签备用。

2. 0.1 mol · L^{-1}氢氧化钠(NaOH)溶液的标定

准确称取邻苯二甲酸氢钾($KHC_8H_4O_4$)0.41～0.51 g 三份,分别置于 250 mL 锥形瓶中,各加入 50 mL 蒸馏水,摇动使之溶解,滴加酚酞指示剂 2～3 滴,用待标定的氢氧化钠溶液滴定至溶液呈微红色,30 秒内不褪色,即达到终点,记录消耗氢氧化钠溶液的体积 V_1,V_2,V_3,计算氢氧化钠的浓度 c(NaOH)。

3. 食醋中总酸量的测定

用 25 mL 移液管移取食醋样品 25.00 mL 于 250 mL 容量瓶中定容,摇匀。移取定容后的稀释液 25.00 mL 于锥形瓶中,滴加酚酞指示剂 2～3 滴,用氢氧化钠标准溶液滴定至溶液呈微红色,30 秒钟不褪色,即达到终点,记录消耗氢氧化钠溶液的体积,平行测定三次,记录消耗氢氧化钠溶液的体积 V_4,V_5,V_6,计算 HAc(g/100 mL)含量。

[**注意事项**]

1. 氢氧化钠具有强腐蚀性,称量时若粘到皮肤上,用大量水冲洗。
2. 将蒸馏水煮沸,冷却,得无 CO_2 的蒸馏水。
3. 溶解邻苯二甲酸氢钾时,不能用玻璃棒搅拌溶解。
4. 实验时指示剂加入量要一致,邻苯二甲酸氢钾称量质量要接近。
5. 接近终点时,滴定速度一定要慢,且停止滴定后等片刻,等滞留在滴定管壁上的溶液流下后再读数。

五、实验结果及分析

1. 数据记录及处理

(1) 碱标准溶液的标定

项目 \ 次数	1	2	3
$m_{KHC_8H_4O_4}$ (g)			
V_{NaOH} (mL)			
c_{NaOH} ($mol \cdot L^{-1}$)			
浓度平均值			

(2) 食醋中总酸量测定

项目 \ 次数	1	2	3
V_{HAc} (mL)			
V_{NaOH} (mL)			
ρ_{HAc} (g/100 mL)			
ρ_{HAc} (g/100 mL)平均值			

2. 实验分析

六、思考题

1. 邻苯二甲酸氢钾加水热溶解后,未冷却就进行滴定,对滴定结果有何影响? 原因是什么?

2. 测定食醋中总酸量时二氧化碳的存在对实验结果有何影响?

3. 测定食醋中总酸量时为什么不选用甲基橙作指示剂?

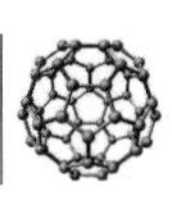

实验五　有机酸含量的测定

一、实验目的

1. 学习碱滴定弱酸测定有机酸含量的原理和方法。
2. 学习容量瓶的使用。

二、实验原理

有机酸是指具有酸性的有机化合物,大部分是固体弱酸。有机酸广泛分布在植物的根、茎、叶和果实中。在食品中,有的有机酸是食物本身含有的,如草酸、柠檬酸、苹果酸等,有的是外加的,有的是发酵或其他加工操作不正常而产生的。酸度是食品检验过程中一项重要指标,食品中的有机酸会影响食品的香味、颜色、稳定性和质量。如水果的酸度可用来判断水果的成熟程度,某些发酵制品的挥发酸的含量及种类是判断其腐败的标准。

有机酸若易溶于水中且符合弱酸的滴定条件,就可以在水溶液中用标准碱溶液滴定。等量点时,由于产物强碱弱酸盐的水解,使溶液显弱碱性,可选用在碱性范围内变色的指示剂,如酚酞指示剂。

柠檬酸是三元羧酸,三个 H^+ 离子可被准确滴定,但不能被分步滴定。其反应式如下:

$$H_3A+3NaOH = Na_3A+3H_2O$$

食品中防腐剂苯甲酸、食品中漂白剂亚硫酸类等均可采用该种方法测定。

三、实验仪器和药品

1. 实验仪器

四氟滴定管(50 mL 或碱式滴定管)、烧杯(50 mL)、容量瓶(100 mL)、电子天平、锥形瓶(250 mL,3 个)、移液管(25 mL) 、洗瓶、玻璃棒

2. 实验药品

柠檬酸固体、NaOH 标准溶液(________ $mol \cdot L^{-1}$)、酚酞指示剂、蒸馏水

四、实验步骤

1. 准确称取 0.5～0.6 g 柠檬酸试样 1 份，置于烧杯中，加 20 mL 蒸馏水使之溶解，然后转移至 100 mL 容量瓶中，定容，摇匀。

2. 用移液管准确移取柠檬酸溶液 25.00 mL 于 250 mL 锥形瓶中，滴加 1～2 滴酚酞指示剂，用氢氧化钠标准溶液滴定至溶液呈微红色，30 秒钟不褪色，即达到终点，记录消耗氢氧化钠溶液的体积。平行测定三次。计算柠檬酸含量。

$$\omega(H_3A)\% = \frac{1}{3} \times \frac{c_{NaOH} \cdot V_{NaOH} \cdot M_{H_3A}}{\frac{m_s}{4}} \times 100\%$$

[**注意事项**]

1. 由于柠檬酸试样暴露在空气中极易潮解，因此称量时速度一定要快。
2. 配制好的柠檬酸溶液，一定要摇匀。

五、实验结果及分析

1. 数据记录及处理

项目 \ 次数	1	2	3
m_s(g)			
V_{NaOH}(mL)			
$\omega(H_3A)\%$			
$\omega(H_3A)\%$平均值			

2. 实验分析

六、思考题

1. 测定柠檬酸含量时二氧化碳的存在对其有何影响？
2. 测定柠檬酸含量时为什么不选用甲基橙作指示剂？

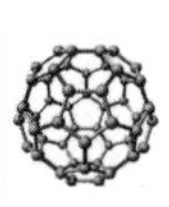

实验六　pH 法测定醋酸的电离平衡常数

一、实验目的

1. 学习 pH 法测定醋酸(HAc)的电离平衡常数的原理和方法。
2. 掌握 pH 计测定溶液酸碱度的方法。

二、实验原理

在一定温度条件下，弱电解质在水中解离(电离)，达到平衡时，存在平衡常数，弱酸的平衡常数称为酸常数，弱碱的称为碱常数。

醋酸(乙酸)是实验室常用的一元弱酸。假设醋酸的初始浓度为 c_0，忽略水的解离产生的 H^+，则平衡时已解离的醋酸浓度为 c_{H^+}，且 $c_{H^+}=c_{Ac^-}$。乙酸在水溶液中存在以下电离平衡：

	$HAc \rightleftharpoons$	H^+	$+Ac^-$
初始浓度	c_0	0	0
平衡浓度	$c_0-c_{H^+}$	c_{H^+}	c_{Ac^-}

醋酸的电离平衡常数表达式为：

$$Ka=\frac{c_{H^+}\cdot c_{Ac^-}}{c_{HAc}}=\frac{(c_{H^+})^2}{c_0-c_{H^+}}$$

醋酸解离(电离)度表达式为：$\alpha=\frac{c_{已解离HAc}}{c_0}\times 100\%=\frac{c_{H^+}}{c_0}\times 100\%$

在一定温度下，用 pH 计测定一系列已知浓度的醋酸溶液的 pH，根据 $pH=-\lg c_{H^+}$ 算出 c_{H^+}，可求得一系列对应的 Ka，取其平均值即为该温度下醋酸的电离平衡常数，也可求出解离度 α。

三、实验仪器和药品

1. 实验仪器

移液管(25 mL)、锥形瓶(250 mL，3 个)、吸量管(5 mL)、容量瓶(50 mL，3 个)、烧杯(50 mL，4 个)、pH 计、洗瓶、滤纸片、滴管、四氟滴定管(50 mL 或碱式滴定管)

2. 实验药品

HAc(0.10 mol・L^{-1})、酚酞指示剂、NaOH 标准溶液、缓冲溶液(25 ℃时，pH＝4.0、

pH＝6.86、pH＝9.18)、蒸馏水

四、实验步骤

1. 醋酸浓度的标定

准确移取浓度约为 0.10 mol·L^{-1} HAc 溶液 25.00 mL 于锥形瓶中，滴加 2 滴酚酞指示剂，用 NaOH 标准溶液滴定至溶液出现微红色，30 秒不褪色，即达到终点。再平行测定两次，记录消耗 NaOH 标准溶液的体积，计算醋酸浓度。

$$c_{标(HAc)}=\frac{c_{NaOH}\cdot V_{NaOH}}{V_{HAc}}(mol\cdot L^{-1})$$

2. 不同浓度醋酸溶液的配制

准确移取 25.00 mL、5.00 mL、2.50 mL 已标定过的醋酸溶液，分别加入 50 mL 容量瓶中，用蒸馏水稀释至刻度，摇匀，备用，计算出 3 种稀释后醋酸溶液的浓度。

$$c_{稀(HAc)}=\frac{c_{标(HAc)}\cdot V_{HAc}}{50.00}(mol\cdot L^{-1})$$

3. 醋酸 pH 的测定

取 4 个干燥、洁净且编号的 50 mL 烧杯，将醋酸原液和上述稀释的醋酸溶液，按浓度由低到高的顺序分别倒入 1～4 号烧杯中(1 号烧杯浓度最低)，用 pH 计测定它们的 pH，记录数据和测定温度，计算电离度和电离平衡常数。

[**注意事项**]

1. 50 mL 烧杯若不是干燥的，可用待装溶液润洗 2～3 次。
2. 测定 pH 时，一定要由稀到浓的顺序测定。
3. 测定一组 pH，pH 计只需校正一次，不必测每个数据都进行校正。

五、实验结果及分析

1. 数据记录及处理

(1) 醋酸浓度的标定

项目 \ 次数	1	2	3
V_{HAc}(mL)			

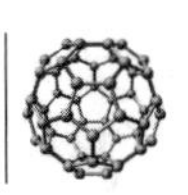

续　表

项目＼次数	1	2	3
V_{NaOH}(mL)			
$c_{标(HAc)}$($mol \cdot L^{-1}$)			
浓度平均值			

(2) 醋酸电离常数的测定

烧杯编号	c_{HAc}($mol \cdot L^{-1}$)	pH	c_{H^+}	α	Ka	Ka平均值
1						
2						
3						
4						

2. 实验分析

六、思考题

1. 改变 HAc 溶液的浓度或温度，其电离度和电离常数有无变化？若有变化，会发生怎样的变化？

2. “电离度越大，酸度就越大”。这种说法是否正确？为什么？

3. 若所用 HAc 溶液浓度很稀，是否还能用 $Ka=C\alpha^2$ 求算电离常数？为什么？

实验七 $Na_2S_2O_3$ 溶液的配制与标定

一、实验目的

1. 学习 $Na_2S_2O_3$ 溶液的配制方法。
2. 掌握碘量瓶的使用和正确判断淀粉指示剂确定终点的方法。
3. 学习置换碘量法的原理。
4. 掌握用重铬酸钾作基准物质标定 $Na_2S_2O_3$ 溶液的方法。

二、实验原理

市售的硫代硫酸钠固体易风化和潮解，且含有 S、Na_2SO_4、Na_2CO_3 等杂质，故不能用直接配制法配制其标准溶液，只能先用 $Na_2S_2O_3 \cdot 5H_2O$ 配制近似浓度的溶液，再用基准物质标定。由于 $Na_2S_2O_3$ 遇酸会迅速分解产生 S，若水中含有较多的二氧化碳，则 pH 偏低，配制时容易使溶液变浑浊；若水中含有微生物也能慢慢分解 $Na_2S_2O_3$。因此，配制 $Na_2S_2O_3$ 常采用新煮沸放冷的蒸馏水，且使溶液具有一定的碱性。

标定 $Na_2S_2O_3$ 溶液可用 $K_2Cr_2O_7$、$KBrO_3$、KIO_3 等氧化剂。一般常采用 $K_2Cr_2O_7$ 作基准物质。标定时采用置换碘量法：准确称取一定质量的 $K_2Cr_2O_7$ 作基准物质，加入过量的 KI，在弱酸性条件下，$K_2Cr_2O_7$ 将 I^- 定量氧化为 I_2。反应式为：

$$6I^- + Cr_2O_7^{2-} + 14H^+ = 3I_2 + 2Cr^{3+} + 7H_2O$$

$$n(Cr_2O_7^{2-}) : n(I_2) = 1 : 3 \quad (1)$$

该反应在酸度较低时反应较慢，若酸度太强溶解在溶液中的空气中的氧，有可能将 KI 氧化为 I_2。因此，必须控制好溶液的酸度，并避光保存 5 min，使重铬酸钾定量生成单质碘。定量析出的 I_2 用待标定的 $Na_2S_2O_3$ 溶液滴定，以淀粉溶液为指示剂。反应式如下：

$$I_2 + 2S_2O_3^{2-} = 2I^- + S_4O_6^{2-}$$

$$n(I_2) : n(S_2O_3^{2-}) = 1 : 2 \quad (2)$$

所以由(1)和(2)知：

$$n(Cr_2O_7^{2-}) : n(S_2O_3^{2-}) = 1 : 6$$

$$c_{Na_2S_2O_3} = \frac{6m_{K_2Cr_2O_7}}{M_{K_2Cr_2O_7} \cdot V_{Na_2S_2O_3}} (mol \cdot L^{-1})$$

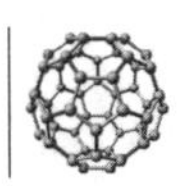

三、实验仪器和药品

1. 实验仪器

四氟滴定管(或碱式滴定管)(50 mL)、烧杯(250 mL)、碘量瓶(250 mL,3 个)、量筒(50 mL)、牛角匙、托盘天平、试剂瓶(500 mL)、分析天平(电子天平)、玻璃棒、洗瓶

2. 实验药品

$Na_2S_2O_3\cdot 5H_2O$ 固体、Na_2CO_3 固体(A.R)、$K_2Cr_2O_7$ 固体(A.R)、KI 固体、H_2SO_4 (2 mol・L^{-1})、淀粉指示剂(0.5%水溶液)

四、实验步骤

1. $Na_2S_2O_3$ 溶液的配制

取约 0.1 g Na_2CO_3 固体,放入装有约 150 mL 刚煮沸并已冷却的蒸馏水的 250 mL 烧杯中使之溶解,然后用托盘天平称取约 13 g $Na_2S_2O_3\cdot 5H_2O$,溶于该碳酸钠溶液后,倒入试剂瓶中,稀释至 500 mL,混合均匀,于暗处放置 1～2 周后标定。

2. $Na_2S_2O_3$ 溶液的标定

准确称取 0.11～0.12 g 预先干燥的 $K_2Cr_2O_7$ 固体 3 份,分别置于 250 mL 碘量瓶中,加入 20 mL 蒸馏水使之溶解,然后加入 2 g KI、5 mL 2 mol・L^{-1} H_2SO_4 溶液,盖上瓶塞,充分摇匀后,置于暗处放置 5 min,加入 50 mL 蒸馏水稀释,立即用待标定的 $Na_2S_2O_3$ 溶液滴定至浅黄色,加入 2 mL 0.5%淀粉指示剂后(溶液呈蓝色),继续用 $Na_2S_2O_3$ 溶液滴定至溶液由蓝色转为绿色,即达到终点,记录所消耗的 $Na_2S_2O_3$ 溶液的体积,平行测定三次。

[**注意事项**]

1. 配制 $Na_2S_2O_3$ 溶液时,要先在水中加入少量 Na_2CO_3,再把 $Na_2S_2O_3$ 溶于其中,以防止 $Na_2S_2O_3$ 分解。

2. 由于 I_2 在水中的溶解度较小,加入的过量 KI 既用于与定量的 $K_2Cr_2O_7$ 反应,又用于与定量生成的 I_2 作用生成 I_3^-,因此一定要充分用力摇匀。

3. 切记摇匀后的溶液要放置 5 min 以上,使 $K_2Cr_2O_7$ 反应完全。

4. 在标定时,淀粉指示剂要在溶液颜色较浅时才能加入,否则大量的碘吸附在淀粉表面而无法与 $Na_2S_2O_3$ 反应,终点误差增大。

五、实验结果及分析

1. 数据记录及处理

项目＼次数	1	2	3
$m_{K_2Cr_2O_7}$ (g)			
$V_{Na_2S_2O_3}$ (mL)			
$c_{Na_2S_2O_3}$ (mol·L^{-1})			
浓度平均值			

2. 实验分析

六、思考题

1. 配制 $Na_2S_2O_3$ 溶液时，为什么要用刚煮沸并冷却的蒸馏水？加 Na_2CO_3 的作用是什么？

2. 用 $Na_2S_2O_3$ 溶液滴定时，为什么不在滴定前就加淀粉指示剂？淀粉指示剂变色的原理是什么？

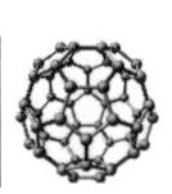

实验八　硫酸铜中铜含量的测定

一、实验目的

1. 学习间接置换碘量法测定铜的原理和方法。
2. 进一步巩固滴定操作技术和移液管的使用。

二、实验原理

置换碘量法是广泛应用的一种氧化还原滴定法，常采用碘量法测定无机物和有机物中铜的含量，如测定土壤、中药等物质中铜的含量。

胆矾($CuSO_4 \cdot 5H_2O$)在弱酸性溶液中，Cu^{2+}与过量的 KI 反应，生成 CuI 白色沉淀，同时定量析出 I_2(在过量 I^- 存在下，以 I_3^- 形式存在)。反应式如下：

$$2Cu^{2+} + 4I^- = 2CuI \downarrow + I_2$$

$$n(Cu^{2+}) : n(I_2) = 2 : 1 \qquad (1)$$

定量析出的 I_2 用标准 $Na_2S_2O_3$ 溶液滴定，用淀粉作指示剂，滴定至蓝色刚好消失即达终点。反应式如下：

$$I_2 + 2S_2O_3^{2-} = 2I^- + S_4O_6^{2-}$$

$$n(I_2) : n(S_2O_3^{2-}) = 1 : 2 \qquad (2)$$

所以由(1)和(2)知：$n(Cu^{2+}) : n(S_2O_3^{2-}) = 1 : 1$

Cu^{2+}与 I^- 之间的反应是可逆反应，故加入过量的 KI，可使 Cu^{2+} 的反应完全。同时，由于 CuI 沉淀强烈吸附 I_3^-，使测定结果偏低，所以常加入 SCN^-，使 CuI 转化为溶解度更小的 CuSCN，释放出被吸附的 I_2。反应式如下：

$$CuI + SCN^- = CuSCN + I^-$$

含铜物质中，杂质 Fe^{3+} 对测定结果影响较大。Fe^{3+} 能使 I^- 氧化 I_2，使测定结果偏高。可用 NaF 进行掩蔽，除去 Fe^{3+} 的干扰。

$$Fe^{3+} + 6F^- = FeF_6{}^{3-}$$

三、实验仪器和药品

1. 实验仪器

电子天平、容量瓶(250 mL)、移液管(25 mL)、四氟滴定管(或碱式滴定管)(50 mL)、

量筒(50 mL、10 mL)、碘量瓶(250 mL,3 个)、烧杯、玻璃棒、洗瓶、胶头滴管

2. 实验药品

HAc(1 mol · L^{-1})、$CuSO_4 \cdot 5H_2O$ 固体、NaF 饱和溶液、KI 固体、淀粉指示剂(0.5%)、$Na_2S_2O_3$ 标准溶液、KSCN(10%)

四、实验步骤

1. 铜溶液的配制

准确称取 7.0～7.5 g 胆矾样品于烧杯中,加入 50 mL 蒸馏水溶解,转移至 250 mL 容量瓶中,烧杯和玻璃棒用蒸馏水润洗 2～3 次,也转移至容量瓶中,定容,摇匀。

2. 铜含量的标定

用移液管从容量瓶中准确移取 25.00 mL 硫酸铜溶液于碘量瓶中,依次加入 3 mL HAc(1 mol • L^{-1})溶液、50 mL 蒸馏水后,加入 5 mLNaF 饱和溶液,2 g KI 固体,放置 5 min,用 $Na_2S_2O_3$ 标准溶液滴定至淡黄色,然后加入 2 mL 淀粉指示剂(0.5%),继续用 $Na_2S_2O_3$ 标准溶液滴定至浅蓝色后,加入 10 mL KSCN(10%)溶液,剧烈摇动 2～3 min,当溶液颜色变深后,再用 $Na_2S_2O_3$ 标准溶液滴定至蓝色刚好消失生成米色(CuSCN 悬浮液的颜色)即达终点,记录消耗的 $Na_2S_2O_3$ 标准溶液体积。平行测定 3 次,计算试样中铜的含量。

$$\omega(\mathrm{Cu})\% = \frac{c_{\mathrm{Na_2S_2O_3}} \cdot V_{\mathrm{Na_2S_2O_3}} \cdot M_{\mathrm{Cu}}}{m_s \times \frac{25}{250}} \times 100\%$$

[注意事项]

1. 滴定过程要控制好溶液的酸碱度,溶液的 pH 一般控制在 3～4。酸度过低,由于 Cu^{2+} 的水解,使反应不完全,测定结果偏低,而且反应速度慢,终点拖长。酸度过高,则 I^- 会被空气中的氧氧化为 I_2,使结果偏高。

2. SCN^- 只能在接近终点时加入,否则有可能直接还原 Cu^{2+},使结果偏低。反应式如下:

$$6Cu^{2+} + 7SCN^- + 4H_2O = 6CuSCN\downarrow + SO_4^{2-} + CN^- + 8H^+$$

3. 判断滴定至浅黄色,可将碘量瓶静置,固体沉淀后,观察溶液中剩余单质碘的含量。

4. 加入淀粉指示剂后,滴定速度一定要慢,否则蓝色消失,无法进行 KSCN 解析操作,增大终点误差。

五、实验结果及分析

1. 数据记录及处理

项目 \ 次数	1	2	3
$c_{Na_2S_2O_3}$ $(mol \cdot L^{-1})$			
$m_{s(CuSO_4 \cdot 5H_2O)}$ (g)			
$V_{Na_2S_2O_3}$ (mL)			
ω(Cu)%			
ω(Cu)%平均值			

2. 实验分析

六、思考题

1. 测定 Cu^{2+} 时加入 KSCN 的作用是什么?
2. 测定 Cu^{2+} 时干扰离子 Fe^{3+} 如何消除?

实验九 $KMnO_4$ 标准溶液的配制与标定并测定双氧水含量

一、实验目的

1. 学习高锰酸钾($KMnO_4$)溶液的配制和标定方法。
2. 熟悉高锰酸钾法测定双氧水中 H_2O_2 含量的原理和方法。
3. 了解自催化反应和高锰酸钾自身指示剂的特点。

二、实验原理

市售的 $KMnO_4$ 中常含有杂质,如少量的 MnO_2、硫酸盐、氯化物及硝酸盐等。蒸馏水中也含有微量还原性物质,它们可与 $KMnO_4$ 反应析出 $MnO(OH)_2$(MnO_2 的水合物),光线、MnO_2 和 $MnO(OH)_2$ 都能进一步促进 $KMnO_4$ 分解。因此,$KMnO_4$ 标准溶液不能用直接法配制,将配制的溶液置于暗处数天,待性质稳定后,再标定其准确浓度。

标定 $KMnO_4$ 溶液的基准物质有 $Na_2C_2O_4$、$H_2C_2O_4 \cdot 2H_2O$、$(NH_4)_2Fe(SO_4)_2 \cdot 6H_2O$(俗称摩尔盐)等。其中 $Na_2C_2O_4$ 不含结晶水,容易提纯,没有吸湿性,是常用的基准物质。在酸性、75～85 ℃、Mn^{2+}催化条件下,发生如下反应:

$$2MnO_4^- + 5C_2O_4^{2-} + 16H^+ = 2Mn^{2+} + 10CO_2 + 8H_2O$$

达计量点时,$n(MnO_4^-) : n(C_2O_4^{2-}) = 2 : 5$

在滴定过程中,开始要慢,当最初几滴 $KMnO_4$ 与 $C_2O_4^{2-}$ 反应产生催化剂 Mn^{2+} 以后,在 Mn^{2+} 催化剂的作用下,反应速度加快,这种现象叫自催化反应。随后的滴定速度可稍快些,以每秒 2～3 滴为宜。

由于 $KMnO_4$ 溶液本身是紫红色,滴定时 $KMnO_4$ 溶液稍微过量,即可看到溶液呈微红色,指示到达终点。该方法称为自身指示剂法,$KMnO_4$ 即为自身指示剂。

市售的双氧水(过氧化氢),易分解,测定前将其稀释后,在酸性条件下,用 $KMnO_4$ 标准溶液标定,至溶液呈稳定的微红色,即达到终点。

$$5H_2O_2 + 2MnO_4^- + 6H^+ = 2Mn^{2+} + 5O_2\uparrow + 8H_2O$$

达计量点时,$n(H_2O_2) : n(MnO_4^-) = 5 : 2$

三、实验仪器和药品

1. 实验仪器

托盘天平、电子天平、烧杯(250 mL)、棕色试剂瓶(500 mL)、锥形瓶(250 mL,3 个)、

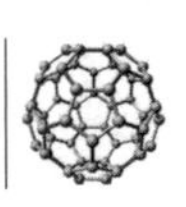

量筒(50 mL)、四氟滴定管(或酸式滴定管)(50 mL)、水浴锅、移液管(1 mL)、玻璃棒、洗瓶、胶头滴管

2. 实验药品

$KMnO_4$ 固体、$Na_2C_2O_4$(A.R)、H_2SO_4(3 mol·L^{-1})、待标定的市售医用双氧水、蒸馏水

四、实验步骤

1. 0.02 mol·L^{-1} $KMnO_4$ 溶液的配制

用托盘天平称取固体高锰酸钾 1.7 g，置于烧杯中，加蒸馏水溶解，倒入 500 mL 棕色试剂瓶中，加水稀释至 500 mL，摇匀，室温下放置 7～10 天后过滤，待标定(也可将配制好的溶液加热微沸 1 h，放置 2～3 天后过滤)。

2. $KMnO_4$ 溶液的标定

准确称取 0.15～0.20 g 干燥的 $Na_2C_2O_4$ 基准物质 3 份，分别置于 250 mL 锥形瓶中，加 40 mL 蒸馏水使之溶解，加入 3 mol·L^{-1} H_2SO_4 溶液 10 mL，水浴加热至 75～85 ℃，趁热用 $KMnO_4$ 标准溶液滴定，刚开始反应较慢，滴入一滴 $KMnO_4$ 标准溶液后充分摇动，待溶液褪色后，再滴入第二滴 $KMnO_4$，如此滴定数滴后，滴定速度可逐渐加快，但滴定接近等量点时，要小心滴加，滴定至溶液呈现微红色并保持 30 秒钟不褪色，即达终点，记录所消耗的 $KMnO_4$ 体积。再测定两次。按下式计算 $KMnO_4$ 溶液的物质的量浓度。

$$c_{KMnO_4}=\frac{2}{5}\times\frac{m_{Na_2C_2O_4}}{M_{Na_2C_2O_4}\cdot V_{KMnO_4}}(\text{mol}\cdot\text{L}^{-1})$$

3. 双氧水中 H_2O_2 含量的测定

用 1 mL 吸量管移取市售双氧水 1.00 mL 于 250 mL 锥形瓶中，加入 24 mL 蒸馏水、10 mL 3 mol·L^{-1} H_2SO_4，用 $KMnO_4$ 标准溶液滴定至溶液呈微红色，过 30 秒钟不褪色，即达终点。再平行测定两次。按下式计算双氧水中 H_2O_2 的百分含量。

$$\rho(H_2O_2)=\frac{5}{2}\cdot\frac{c_{KMnO_4}\cdot V_{KMnO_4}\cdot M_{H_2O_2}}{V_{H_2O_2}}(\text{g}\cdot\text{L}^{-1})$$

[注意事项]

1. 滴定开始时，反应很慢，$KMnO_4$ 溶液必须逐滴加入，如果滴加过快，$KMnO_4$ 在热溶液中会部分分解而造成误差。

2. $Na_2C_2O_4$ 加热溶解时，温度不宜过高，否则容易引起草酸分解。

3. 基准物质 $Na_2C_2O_4$ 溶解时,不能用玻璃棒搅拌,水浴加热时,也不能将温度插入液面下测溶液温度。

4. 滴定过程中,溶液必须保持一定的酸度,否则容易产生 MnO_2 沉淀。调节酸度须用硫酸。

五、实验结果及分析

1. 数据记录及处理

(1) $KMnO_4$ 溶液的标定

项目 \ 次数	1	2	3
$m_{Na_2C_2O_4}$ (g)			
V_{KMnO_4} (mL)			
c_{KMnO_4} ($mol \cdot L^{-1}$)			
浓度平均值			

(2) 双氧水中 H_2O_2 含量的测定

项目 \ 次数	1	2	3
V_{KMnO_4} (mL)			
$\rho(H_2O_2)$($g \cdot L^{-1}$)			
ρ 平均值			

2. 实验分析

六、思考题

1. 标定 $KMnO_4$ 溶液时调节溶液酸度,为什么用硫酸而不用盐酸、硝酸或醋酸酸?酸度过高或过低对滴定有何影响?

2. $KMnO_4$ 标准溶液为何不能直接配制?

3. 未经煮沸的 $KMnO_4$ 溶液为何要在暗处放置一周后才能标定?

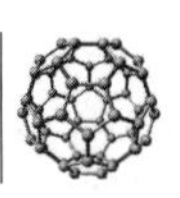

实验十　水的硬度测定

一、实验目的

1. 了解水硬度的表示方法。
2. 学习 EDTA 标准溶液的配制方法。
3. 熟悉配位滴定法测定水的硬度的原理及方法。
4. 了解铬黑 T(EBT)和钙指示剂的使用条件及确定终点的方法。

二、实验原理

硬度是水质的重要标志。生活用水和生产用水对水的硬度都有一定的要求。硬度是以水中 Ca^{2+}、Mg^{2+} 离子的总量来表示的。常用的硬度标准是将水中的钙镁盐折算成 CaO，1 升水中含 10 mg CaO 为 1 德国度，表示为 $1^{\circ}=10$ mg CaO 或 $1^{\circ}=10$ ppm CaO，水的硬度常可用 $mg \cdot L^{-1}$表示。

一般含钙镁盐类的水叫硬水，含钙镁碳酸氢盐的水叫暂时硬水，含钙镁其他盐(如硫酸盐、氯化物等)的水叫永久硬水，则其硬度就包含了暂时硬度和永久硬度，硬度小于 5 德国度的水叫软水。

测定水的硬度，一般采用配位滴定法，用 EDTA 二钠盐(Na_2H_2Y)的标准溶液直接测定水中 Ca^{2+}、Mg^{2+} 离子的含量。

在 pH=10 的水样中，加入铬黑 T 指示剂，然后用 EDTA 标准溶液滴定，测定得 Ca^{2+}、Mg^{2+} 总量。铬黑 T 和 EDTA 都能与 Ca^{2+}、Mg^{2+} 离子生成配合物，稳定性顺序为：$CaY^{2-} > MgY^{2-} > MgIn^{-} > CaIn^{-}$。因此，当加入铬黑 T 后，铬黑 T 首先与 Mg^{2+} 结合生成稳定的紫红色配合物。当滴加 EDTA 时，EDTA 首先与溶液中游离的 Ca^{2+} 结合，其次与游离的 Mg^{2+} 结合，最后夺取与铬黑 T 结合的 Mg^{2+} 离子，使铬黑 T 的阴离子 HIn^{2-} 游离出来，使溶液呈纯蓝色，即为滴定终点。通式为：

$$M^{n+}(\text{金属离子}) + In^{3-} = MIn^{n-3}$$

$$M^{n+}(\text{金属离子}) + H_2Y^{2-} = MY^{n-4} + 2H^{+}$$

如：

$$Mg^{2+} + In^{3-} = MgIn^{-}(\text{紫红色})$$

$$Ca^{2+} + H_2Y^{2-} = CaY^{2-} + 2H^{+}$$

$$Mg^{2+} + H_2Y^{2-} = MgY^{2-} + 2H^{+}$$

$$MgIn^{-} + H_2Y^{2-} = MgY^{2-} + HIn^{2-}(\text{纯蓝色}) + H^{+}$$

在 pH=12 的溶液中，加入钙指示剂，Ca^{2+} 离子与钙指示剂结合生成红色配合物，用

EDTA 滴定，终点时溶液由红色变为纯蓝色，测得水中 Ca^{2+} 离子含量。结合总硬度的测定，就可计算出 Mg^{2+} 离子的含量。

$$Ca^{2+} + In^{3-} = CaIn^{-}\text{（红色）}$$

$$Ca^{2+} + H_2Y^{2-} = CaY^{2-} + 2H^{+}$$

$$CaIn^{-} + H_2Y^{2-} = CaY^{2-} + HIn^{2-}\text{（纯蓝色）} + H^{+}$$

由于测定是在碱环境下进行，会消耗 EDTA 二钠盐羧基上的氢。

三、实验仪器和药品

1. 实验仪器

分析天平（电子天平）、烧杯、玻璃棒、容量瓶（250 mL）、移液管（50 mL）、锥形瓶（250 mL，3 个）、量筒（10 mL）、四氟滴定管（或酸式滴定管）（50 mL）、洗瓶、胶头滴管

2. 实验药品

EDTA 二钠盐固体（A. R）、pH＝10 的氨缓冲溶液、10% NaOH 溶液、铬黑 T 指示剂、钙指示剂、自来水

四、实验步骤

1. EDTA 标准溶液的配制

准确称取 0.25 g 左右的 EDTA 二钠盐固体，置于洁净的烧杯中，加入约 100 mL 蒸馏水，溶解后转移至容量瓶（250 mL）中，定容，摇匀，计算 EDTA 标准溶液的浓度。

$$c_{\text{EDTA}} = \frac{m_{\text{EDTA}}}{M_{\text{EDTA}} \times V_{\text{EDTA}}} (\text{mol} \cdot \text{L}^{-1})$$

2. 水中 Ca^{2+}、Mg^{2+} 总量的测定

用移液管移取 50 mL 自来水于锥形瓶中，加入 5 mL pH＝10 的氨缓冲溶液后，加少许（约 0.1 g）铬黑 T 固体混合指示剂，摇匀，溶液呈紫红色，用 EDTA 标准溶液滴定，当溶液由紫红色转变为纯蓝色，即达到终点。记录消耗 EDTA 的体积 V_1（Ⅰ），再重复一次，记录体积为 V_1（Ⅱ），计算水的总硬度。

$$\rho_{(\text{CaO})} = \frac{V_1 \cdot c_{\text{EDTA}} \cdot M_{\text{CaO}}}{V_{\text{水样}}} \times 1\,000 (\text{mg} \cdot \text{L}^{-1})$$

3. 水中 Ca^{2+} 的含量测定

用移液管移取 50 mL 自来水于锥形瓶中，加入 3 mL 10% NaOH 溶液，加少许（约

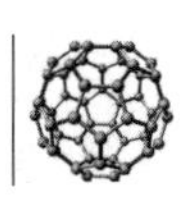

0.1 g)钙指示剂，摇匀，用EDTA标准溶液滴定至溶液由红色转变为纯蓝色，即达到终点。记录消耗EDTA的体积V_2(Ⅰ)，再重复一次，记录体积为V_2(Ⅱ)，计算水中Ca^{2+}、Mg^{2+}的含量。

$$\rho_{(Ca)}=\frac{V_2 \cdot c_{EDTA} \cdot M_{ca}}{V_{水样}}\times 1\,000(mg \cdot L^{-1})$$

$$\rho_{(Mg)}=\frac{(V_1-\overline{V}_2) \cdot c_{EDTA} \cdot M_{Mg}}{V_{水样}}\times 1\,000(mg \cdot L^{-1})$$

[注意事项]

1. 在加指示剂前，要先用氨缓冲溶液和NaOH调节水样的pH。铬黑T指示剂在pH=6.3～11.55时，呈蓝色，最适宜的酸度是pH=9～10.5，在此酸度下与Mg^{2+}形成酒红色配合物；当pH>11.55时，呈橙色。钙指示剂在pH=8～13时本身呈蓝色；在pH=12～13时，与Ca^{2+}形成红色配合物。

2. 若水样中杂质较多，要加入掩蔽剂掩蔽干扰离子，掩蔽剂要在指示剂之前加入。滴定时Fe^{3+}、Al^{3+}等干扰离子用三乙醇胺掩蔽，Cu^{2+}、Pb^{2+}、Zn^{2+}等离子用Na_2S掩蔽。自来水样杂质少，可省略加掩蔽剂等步骤。

3. 如果EBT指示剂在水样中变色缓慢，是由于Mg^{2+}含量低。开始滴定时滴定速度可稍快，当滴定接近终点时，一定要慢滴多摇。

五、实验结果及分析

1. 数据记录及处理

项目 / 次数	m_{EDTA}(g)	V(mL)	c_{EDTA}(mol·L^{-1})
EDTA标准溶液			

项目 / 次数		V_{EDTA}(mL)	含量ρ(mg·L^{-1})	ρ平均值
水的总硬度(V_1)	Ⅰ			
	Ⅱ			
Ca^{2+}的含量(V_2)	Ⅰ			
	Ⅱ			
Mg^{2+}的含量($V_1-\overline{V}_2$)	Ⅰ			
	Ⅱ			

2. 实验分析

六、思考题

1. 测定水的总硬度时，为什么用缓冲溶液？
2. 使用金属离子指示剂应注意哪些事项？
3. 洗净后的锥形瓶，为什么必须用蒸馏水润洗？若不润洗，会产生什么影响？
4. 测定水的总硬度时，哪些离子的存在有干扰，如何除去？

实验十一　液体沸点的测定并验证溶液的依数性

一、实验目的

1. 掌握微量法测定给定化合物的沸点。
2. 验证溶液的依数性。

二、实验原理

液体的蒸发和冷凝是始终在进行的。在一定温度下,气相与液相的蒸发和冷凝达到平衡,此时,蒸气的压力称为该物质在该温度下的饱和蒸气压,简称蒸气压。液体的蒸气压随温度升高而增大。当饱和蒸气压等于外界大气压时,液体开始沸腾,此时的温度即为沸点。沸点是液体化合物的重要物理常数,在液体化合物的分离和纯化过程中,具有重要的意义。

一个物质的沸点与该物质所受的外界压力有关。外界压力增大,沸点升高;外界压力减小,沸点降低。因此,讨论化合物的沸点时,一定要注明测定沸点时外界的气压。另外,杂质的存在也会影响液体的沸点。在一定压力下,纯净的化合物均有固定的沸点,因此可通过测定沸点来推测化合物的纯度。但两种或两种以上物质形成的共沸物也会具有固定的沸点,因此,固定的沸点不能作为物质纯度的唯一判据。

沸点的测定有常量法与微量法两种。大量液体的沸点测定常用常量法,测定装置类似于蒸馏装置。少量液体的沸点测定常用微量法,主要在提勒管中进行。微量法测定沸点的样品管通常由外管和内管两部分组成。测定时内管插入外管。温度升高时,由于气体膨胀,内管中会有小气泡缓缓逸出,当有一连串小气泡快速逸出时停止加热,使浴温自行下降,气泡逸出速度逐渐变慢。在气泡不再冒出、液体刚要进入内管的瞬间(即最后一个气泡刚欲缩回至内管中),毛细管内的蒸气压与外界压力相等,此时的温度即为该液体的沸点。

三、实验仪器和药品

1. 实验仪器

毛细管(内径 1 mm、4 mm)、提勒管、铁架台、酒精灯、温度计、橡皮圈

2. 实验药品

水、石蜡、乙醇(95%)

四、实验步骤

1. 装入试样

将一端熔封的外管(内径约 4 mm,长度约 7 cm)在酒精灯上预热,迅速将开口处插入待测液体,随着温度的降低,液体会自动进入管内,振动使样品液体流至熔封的一端。

2. 组装装置

待外管装入样品高度约 1 cm,将内管(开口朝下)小心放入外管液体中,然后将外管用小橡皮圈固定在温度计旁,使样品在温度计水银球中部,放入提勒管(石蜡作为浴液),调节温度计水银球在侧管上下两叉口中间处。

3. 测定沸点

将提勒管固定在铁架台上,用酒精灯在其侧管部位加热,直至有一连串小气泡快速逸出(此时温度略高于沸点)时停止加热,使浴温自行下降。在气泡不再冒出、液体刚要进入内管的瞬间(即最后一个气泡刚欲缩回至内管中)记录对应的温度。为校正起见,待温度下降超过 15 ℃以上后再缓慢加热,记录刚出现大量气泡时的温度。两次温度计读数应相差不超过 1 ℃。

重复上述步骤,分别测定纯水、50%乙醇水溶液(体积比)以及 25%乙醇水溶液(体积比)的沸点。每个样品重复 2～3 次,平行数据应相差不超过 1 ℃。

4. 比较纯溶剂与溶液的沸点,验证溶液的依数性。

[**注意事项**]

1. 待测液体量不宜过少,加热速度不宜过快,防止液体全部汽化。
2. 毛细管易断,操作要仔细,不可太用力。

五、实验结果及分析

1. 数据记录及处理

待测样 \ 次数	沸点(℃)		
	第一组	第二组	第三组
纯水			
50%乙醇水溶液(体积比)			
25%乙醇水溶液(体积比)			

2. 实验分析

六、思考题

1. 待测样品不纯、毛细管不够干净会对实验结果产生怎样的影响?
2. 液体的沸点与液体的量是否有关?

实验十二　反应热效应的测定并验证盖斯定律

一、实验目的

1. 熟悉并学会使用热量计。
2. 学会测量酸碱中和反应的热效应。
3. 学会确定若干反应的热效应之间的关系，并用于验证盖斯定律。

二、实验原理

人们发现，自然界中的一切物质均具有能量(内能)，能量可以从一种形式转化成另一种形式，由一个物体传递给另一个物体，在能量转化和传递过程中能量的总量不变，这就是著名的能量守恒定律，即热力学第一定律。此定律亦可表述为：以热和功的形式传递的能量，其值等于体系热力学能的改变值。通常情况下，旧化学键的断裂需要吸收热量，新化学键的生成会释放一定的能量，因此化学反应常常涉及能量的改变，将热力学定律用于研究化学反应的热量变化的学科，即为热化学。

对于一个化学反应，由于各物质的内能不同，当反应发生后，生成物的总内能与反应物的总内能不相等，其差别就以热和功的形式表现出来，进而产生反应热效应。热力学中规定：只做体积功的化学反应体系中，当生成物的温度恢复到反应物的温度时(即定温过程)，化学反应中所吸收或释放的热量称为化学反应热效应，简称反应热。封闭体系中，反应热通常有定容反应热与定压反应热两种。在定压过程中，体系吸收的热量全部用来增加体系的焓(一种组合形式的能量，状态函数)。如不强调说明，反应热都指定压反应热，通常用符号 ΔH(即焓变，kJ/mol)来表示。体系能量升高，ΔH 符号为正；体系能量降低，ΔH 符号为负。反应热可以通过理论计算或实验测定来获得。

1840 年，俄国化学家盖斯(G. H. Hess)总结了大量的实验事实，得到结论：在定压或定容条件下，一个化学反应不论是一步完成还是分数步完成，其热效应是不变的，此即著名的盖斯定律。盖斯定律是热力学第一定律的必然结果，因为只要反应的始态和终态分别相同，总的反应热也就是热力学内能的差值是不变的，这是由热力学内能的状态函数基本特征决定的。盖斯定律的重要意义在于，它使得热化学方程式可以像代数方程式一样进行加减合并运算，通过已知反应的热效应来计算未知反应的反应热。

我们可以通过测定环境温度的改变来获取反应热，因为环境温度改变涉及的热量来自反应的热效应。利用热容 C(比热容 s)、质量 m 以及温度改变 Δt 可直接求出热量。热量计就是基于此原理的一个测量反应热的简易装置。一般地，热量计由两层聚合物以及

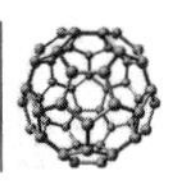

温度计组成。

本次实验通过测定三个不同反应的热效应来验证它们之间是否满足某种规律。具体的反应包括：

1) $NaOH(s) \longrightarrow Na^+(aq) + OH^-(aq)$　　ΔH_1

2) $NaOH(s) + H^+(aq) + Cl^-(aq) \longrightarrow H_2O(l) + Na^+(aq) + Cl^-(aq)$　　ΔH_2

3) $Na^+(aq) + OH^-(aq) + H^+(aq) + Cl^-(aq) \longrightarrow H_2O(l) + Na^+(aq) + Cl^-(aq)$　　ΔH_3

三、实验仪器和药品

1. 实验仪器

烧杯、量筒、天平、温度计、玻璃棒

2. 实验药品

固体 NaOH、NaOH 溶液(1.0 M)、HCl 溶液(1.0 M)

四、实验步骤

1. 测定 NaOH(s)溶解过程的热效应 ΔH_1

借助大烧杯、小烧杯以及泡沫材料搭建 A，盖上盖子 B，同时分别为温度计 C 与搅拌棒 D 预留小孔。将 100.0 mL 蒸馏水(室温)加入热量计，静置待稳定后记录其温度(精确到 0.1 ℃，以下同)。称取 2.0 g 固体 NaOH，将其加入热量计，盖上盖子并搅拌，观察其温度变化，在大约 3 分钟内每 15 秒记录一次，直到体系温度有所下降。将热量计洗净，备用。

2. 测定 HCl(aq)与 NaOH(s)混合反应的热效应 ΔH_2

量取 50.0 mL 1.0 M HCl 溶液加入热量计，额外加入 50.0 mL 蒸馏水以获得100.0 mL 0.50 M HCl 溶液。静置 5 分钟，直到温度稳定记为 ti。称取 2.0 g 固体 NaOH，迅速加入热量计，盖上盖子并搅拌，观察其温度变化，在大约 3 分钟内每 15 秒记录一次，直到体系温度有所下降。将热量计洗净，备用。

3. 测定 HCl(aq)与 NaOH(aq)混合反应的热效应 ΔH_3

量取 50.0 mL 1.0 M HCl 溶液，记录其温度并加入热量计，量取 50.0 mL 1.0 M NaOH 溶液，记录其温度并加入热量计。盖上盖子并搅拌，观察其温度变化，在大约 3 分钟内每 15 秒记录一次，直到体系温度有所下降。

以上三个步骤平行做三次，选择合理的一组数据填入表格进行数据处理。

实验结束以后，将所有用品按要求放好。

［注意事项］

氢氧化钠、盐酸均有一定的腐蚀性，使用时需要多加注意。

五、实验结果及分析

1. 数据记录及处理

表1 测定 NaOH(s)溶解过程的热效应 ΔH_1

<table>
<tr><td>水的温度(℃)</td><td colspan="12"></td></tr>
<tr><td>混合物的温度(℃)</td><td></td><td></td><td></td><td></td><td></td><td></td><td></td><td></td><td></td><td></td><td></td><td></td></tr>
<tr><td>NaOH 的物质的量(mole)</td><td colspan="12"></td></tr>
<tr><td>ΔH_1(kJ/mol)</td><td colspan="12"></td></tr>
</table>

表2 测定 HCl(aq)与 NaOH(s)混合反应的热效应 ΔH_2

<table>
<tr><td>HCl 溶液的温度(℃)</td><td colspan="12"></td></tr>
<tr><td>混合物的温度(℃)</td><td></td><td></td><td></td><td></td><td></td><td></td><td></td><td></td><td></td><td></td><td></td><td></td></tr>
<tr><td>NaOH 的物质的量(mole)</td><td colspan="12"></td></tr>
<tr><td>ΔH_2(kJ/mol)</td><td colspan="12"></td></tr>
</table>

表3 测定 HCl(aq)与 NaOH(aq)混合反应的热效应 ΔH_3

<table>
<tr><td>HCl 溶液的温度(℃)</td><td colspan="12"></td></tr>
<tr><td>NaOH 溶液的温度(℃)</td><td colspan="12"></td></tr>
<tr><td>混合物的温度(℃)</td><td></td><td></td><td></td><td></td><td></td><td></td><td></td><td></td><td></td><td></td><td></td><td></td></tr>
<tr><td>NaOH 的物质的量(mole)</td><td colspan="12"></td></tr>
<tr><td>ΔH_3(kJ/mol)</td><td colspan="12"></td></tr>
</table>

2. 实验分析

六、思考题

1. 假如在实验操作1中使用了两倍的固体 NaOH，反应热会如何？

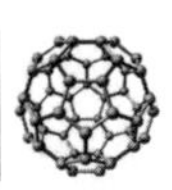

实验十三　磷的吸光光度分析法

一、实验目的

1. 学习钼蓝法测定磷含量的原理和方法。
2. 学习标准曲线的绘制技巧。
3. 熟悉分光光度计的构造和使用方法。

二、实验原理

吸光光度分析法是利用有色溶液对光的选择性吸收，以及对光的吸收程度，来确定物质含量的方法。该方法适用于测量微量组分，测定最低浓度可达 10^{-6}～10^{-5} mol·L^{-1}，而且测定准确度高，操作简便。

微量磷的测定一般采用钼蓝法，可测定土壤、柴油、石膏、水样、果蔬中有机磷农药等物质中磷的含量。在酸性介质中，磷酸盐与钼酸铵作用生成黄色的钼磷酸，其显色反应为：

$$PO_4^{3-}+12MoO_4^{2-}+27H^+ = H_7[P(Mo_2O_7)_6]+10H_2O$$

$H_7[P(Mo_2O_7)_6]$摩尔吸光系数较小，灵敏度较低。因此，在一定酸度下，加入适当的还原剂，将黄色的钼磷酸还原成摩尔吸光系数较大的复杂的磷钼蓝。磷钼蓝溶液呈深蓝色，增加了测定的灵敏度。

最常用的还原剂有 $SnCl_2$ 和抗坏血酸(Vc)。$SnCl_2$ 可迅速显色，但蓝色稳定时间短，对酸度和钼酸铵的浓度要求严格，而抗坏血酸(Vc)显色蓝色稳定时间长，反应要求的酸度范围较宽，Fe^{3+}、As^{2+}等的干扰小，但室温反应速度慢且不完全。可采取先加入少量的抗坏血酸(Vc)，再加入 $SnCl_2$，不但可消除大量的 Fe^{3+} 干扰，增加蓝色稳定时间，并且使显色反应在室温下迅速达到完全，简化反应过程。

三、实验仪器和药品

1. 实验仪器

容量瓶(50 mL，7 个)、吸量管(10 mL，5 mL 各一支)、721(或 722)型分光光度计、洗瓶、胶头滴管

2. 实验药品

4%盐酸钼酸铵溶液、2%抗坏血酸(Vc)溶液、0.5% $SnCl_2$ 溶液、标准磷溶液 20 ppm

的 P_2O_5(即 20 $\mu g \cdot mL^{-1}$的 P_2O_5)、待测磷溶液

四、实验步骤

1. 溶液的配制

取 50 mL 洁净的容量瓶 7 个并编号,用 10 mL 吸量管准确移取 0.00 mL、1.00 mL、3.00 mL、5.00 mL、7.00 mL、9.00 mL 磷标准溶液,分别置于 1~6 号瓶中,用 5 mL 吸量管准确移取 5.00 mL 磷待测溶液置于 7 号瓶中,然后在 7 个容量瓶中依次各加入约 25 mL 蒸馏水、10 滴 2%抗坏血酸(Vc)溶液和 5 mL4%盐酸钼酸铵溶液,放置 5 min 后加入 5 滴 0.5% $SnCl_2$ 溶液,稀释至刻度,摇匀。

2. 吸光度的测定

以 1 号瓶中溶液为空白溶液,选用 650 nm 波长的光为入射光,在 721(或 722)型分光光度计上分别测定 7 个溶液的吸光度,记为 A_1、A_2、A_3、A_4、A_5、A_6、A_7。

3. 标准曲线的绘制

以吸光度 A 为纵坐标,P_2O_5($\mu g \cdot mL^{-1}$)含量为横坐标,用 A_1~A_6 数据绘制标准曲线。

4. 待测磷溶液浓度的测定

用 A_7 从标准曲线上查出相应的稀释待测液含量 $c_{查}$,计算待测原液的磷含量。

$$c_{待测}=10\times c_{查}(\mu g \cdot mL^{-1})$$

[注意事项]

1. 配制溶液时,试剂的加入一定要顺序进行,且 7 个容量瓶中加入试剂的量要相同。
2. 测定吸光度时,以 1 号瓶溶液作空白溶液,进行仪器的校正,测定时按照浓度由低到高的顺序测定。
3. 绘制标准曲线时,所得的是通过圆点的直线。
4. 分光光度计使用时,暗箱盖要轻开轻关。

五、实验结果及分析

1. 数据记录及处理

项目 内容	标准溶液						待测液
	1	2	3	4	5	6	7
V(mL)							

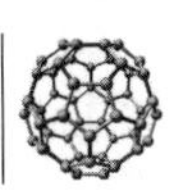

续　表

内容 \ 项目	标准溶液						待测液
	1	2	3	4	5	6	7
$c(\mu g \cdot mL^{-1})$							
A							

2. 实验分析

六、思考题

1. 测定溶液吸光度时,为什么用1号瓶溶液作空白溶液,而不用蒸馏水?若改用蒸馏水,标准曲线是否通过圆点?

2. 配制7个溶液时,为什么加试剂的量、顺序要一致?

3. 空白溶液的配制为什么也要与待测液和标准液等同?

实验十四　铁的吸光光度分析法

一、实验目的

1. 掌握邻二氮菲法测定铁的原理和方法。
2. 掌握分光光度计的使用方法。
3. 了解邻二氮菲法显色反应适宜条件的选择。

二、实验原理

微量铁的测定有邻二氮菲法、硫代甘醇酸法、磺基水杨酸法、硫氰酸盐法等。目前较常用的是邻二氮菲法。此法准确度高，重现性好，Fe^{2+} 与邻二氮菲生成稳定的橙红色配合物（$\lg k_{稳}=21.3$），其显色反应为：

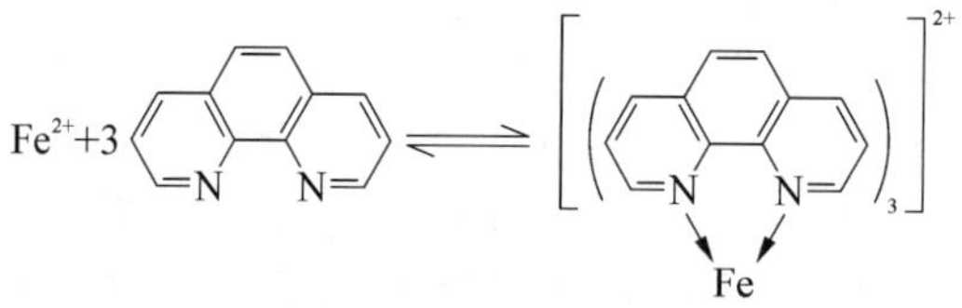

$Fe^{2+}+3$ N N $\rightleftharpoons$ $[($N N$)_3]^{2+}$ Fe

配合物的摩尔吸光系数 $\varepsilon=1.1\times10^4\ L\cdot moL^{-1}\cdot cm^{-1}$，在 pH＝2～9 都能显色，且颜色深度与 pH 无关，为了减少其他离子的影响，通常显色在微酸性（pH＝5）溶液中进行。

Fe^{3+} 也能与邻二氮菲反应生成淡蓝色配合物，因此，在显色前应加入盐酸羟胺将 Fe^{3+} 还原为 Fe^{2+}：

$$2Fe^{3+}+2NH_2OH\cdot HCl = 2Fe^{2+}+N_2\uparrow+2H_2O+4H^{+}+2Cl^{-}$$

此方法选择性高，相当于铁含量 40 倍的 Sn^{2+}、Al^{3+}、Ca^{2+}、Mg^{2+}、Zn^{2+}、SiO_3^{2-}；20 倍的 Cr^{3+}、Mn^{2+}、VO_3^{-}、PO_4^{3-}；5 倍的 Co^{2+}、Cu^{2+} 等均不干扰测定。

三、实验仪器和药品

1. 实验仪器

容量瓶（50 mL，12 个）、吸量管（1 mL，2 mL，5 mL 各一支）、比色杯（1 cm，5 个）、分光光度计一台、洗瓶、胶头滴管、标签纸

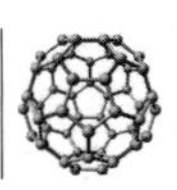

2. 实验药品

(1) 铁标准溶液($100\ \mu g \cdot mL^{-1}$):准确称取 0.702 0 g$(NH_4)_2Fe(SO_4)_2 \cdot 6H_2O$,置于烧杯中,加入 20 mL 6 $mol \cdot L^{-1}$盐酸和少量蒸馏水。溶解后,定量转移到 1 L 容量瓶中,定容,摇匀。

(2) 铁待测溶液:用上述 100 $\mu g \cdot mL^{-1}$铁标准溶液稀释配制。

(3) 盐酸羟胺溶液(10%)(用时临时调配)。

(4) 邻二氮菲溶液(0.15%)(用时临时调配):配置时应先用少量酒精溶解,再用水稀释。

(5) 1 $mol \cdot L^{-1}$醋酸钠溶液。

(6) 6 $mol \cdot L^{-1}$HCl 溶液。

四、实验步骤

1. 标准溶液的配制

取 9 个洁净的 50 mL 容量瓶,分别加入 100 $\mu g \cdot mL^{-1}$铁标准溶液 0.00、0.20、0.40、0.60、0.80、1.00、1.20、1.60、2.00 mL,再各加入 1 mL 10%盐酸羟胺溶液,2 mL 0.15%邻二氮菲溶液,5 mL 1 $mol \cdot L^{-1}$醋酸钠溶液,用水稀释至刻度,摇匀,得一系列标准溶液。

2. 标准溶液吸光度的测定

在选定的波长 510 nm 下,用 1 cm 比色杯,以不含铁的 1 号瓶中溶液为空白溶液(又称参比溶液),用分光光度计分别测定 1 至 9 号溶液的吸光度,记为 A_1、A_2、A_3、A_4、A_5、A_6、A_7、A_8、A_9。

3. Fe 标准曲线的绘制

以铁的浓度为横坐标,相应的吸光度 $A_1 \sim A_9$ 为纵坐标,绘制标准曲线。

4. 待测铁溶液浓度的测定

在 3 个 50 mL 的容量瓶中,各放入 5.00 mL 待测试样溶液,按实验步骤 1 的方法配制溶液,以不含铁的 1 号瓶中溶液为空白溶液,并测定 10、11、12 瓶溶液吸光度 A_{10}、A_{11}、A_{12},从标准曲线上查出待测稀释试液的含铁量,然后根据下式求出待测原液中铁的含量。

$$\begin{aligned} C(\text{Fe 的含量}) &= \text{标准曲线上查得的含量}(\mu g \cdot mL^{-1}) \times \text{试样稀释倍数} \\ &= c_{\text{查平均值}} \times \text{稀释倍数}(\mu g \cdot mL^{-1}) \end{aligned}$$

[注意事项]

1. 测定标准溶液吸光度时,由低浓度到高浓度测定。
2. 将比色杯放入暗箱的比色杯架中,盖上暗箱盖,逐档拉动比色杯架。

3. 实验结束将比色杯取出洗净。

五、实验结果及分析

1. 数据记录及处理

(1) Fe标准溶液吸光度的测定

项目 内容	标准溶液								
	1	2	3	4	5	6	7	8	9
V(mL)									
$c(\mu g \cdot mL^{-1})$									
A									

(2) 待测Fe溶液吸光度的测定

项目 内容	待测溶液		
	10	11	12
V(mL)			
稀释倍数			
A			
$c_{查}(\mu g \cdot mL^{-1})$			
$c_{查平均值}(\mu g \cdot mL^{-1})$			

2. Fe标准曲线的绘制

3. 实验分析

六、思考题

1. 在本实验中，如果不用空白试剂作参比溶液，而用蒸馏水作参比溶液，那么工作曲线是否也通过原点？

2. 显色时，加入盐酸羟胺、邻二氮菲、醋酸钠的顺序可否颠倒？为什么？

3. 本实验中哪些试剂需准确配制和准确加入？哪些试剂不需准确配制，但需准确加入？

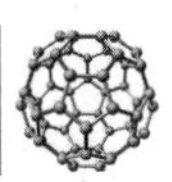

实验十五 粗硫酸铜的提纯

一、实验目的

1. 学习固体无机物提纯的原理和一般方法。
2. 掌握无机物溶解、过滤、蒸发和结晶等基本操作技术。

二、实验原理

重结晶是提纯固体物质的重要方法之一。固体物质在溶剂中的溶解度与温度有密切的关系,通常温度升高,溶解度增加。利用被提纯物质与杂质在溶剂中的溶解度的不同,达到提纯的目的,重结晶须具备下列条件:

(1) 溶剂不与被提纯物质起反应。

(2) 被提纯物质的溶解度随温度的变化有明显的差异。

(3) 杂质的溶解度很大结晶时留在母液中或很小趁热过滤除去。

粗 $CuSO_4 \cdot 5H_2O$ 中可溶性杂质主要是 Fe^{2+} 和 Fe^{3+} 的硫酸盐。实验中将被提纯的试样溶于水中,用 H_2O_2 将其中含有的杂质 Fe^{2+} 氧化成 Fe^{3+},再用 NaOH 调节溶液 pH,使 Fe^{3+} 水解为 $Fe(OH)_3$ 沉淀过滤除去。有关反应如下:

$$2Fe^{2+} + 2H^+ + H_2O_2 = 2Fe^{3+} + 2H_2O$$

$$Fe^{3+} + 3H_2O = Fe(OH)_3 \downarrow + 3H^+ (pH=4)$$

用 KSCN 检验溶液中杂质 Fe^{3+} 是否除净,若溶液中滴加 KSCN 后呈红色,说明没有除净。

$$Fe^{3+} + nSCN^- = Fe(SCN)_n^{3-n} (n=1 \sim 6)$$

将滤液加热蒸发,硫酸铜在有适量溶剂的情况下结晶析出,过滤,得纯化硫酸铜。

三、实验仪器和药品

1. 实验仪器

托盘天平、烧杯(100 mL)、量筒(50 mL)、酒精灯、石棉网、胶头滴管、试管、短颈玻璃漏斗、蒸发皿、减压过滤装置一套、洗瓶、滤纸、玻璃棒

2. 实验药品

粗 $CuSO_4 \cdot 5H_2O$、H_2O_2(3%)、NaOH(0.5 $mol \cdot L^{-1}$)、KSCN(0.1 $mol \cdot L^{-1}$)、

H_2SO_4(1 mol·L^{-1})、pH 试纸、去离子水

四、实验步骤

1. 饱和溶液的制备

用托盘天平称取 5.0 g 粗硫酸铜试样,置于洁净的 100 mL 烧杯中,加入 50 mL 去离子水,在石棉网上加热,使试样完全溶解后,停止加热。

2. 除杂质 Fe^{2+} 和 Fe^{3+}

溶液冷却后,加入 1 mL 3% H_2O_2,搅拌片刻,滴加 0.5 mol·L^{-1} NaOH,用 pH 试纸检验,使溶液 pH=4。用洁净胶头滴管取少许溶液于试管中,滴加一滴 0.1 mol·L^{-1} KSCN,若试管中溶液颜色无变化,说明铁离子已除净,若溶液呈红色,说明 Fe^{3+} 未沉淀完全,需继续往烧杯滴加 NaOH 溶液。当 Fe^{3+} 沉淀完全后,加热煮沸,静置。

3. 洗涤

$Fe(OH)_3$ 固体沉淀后,将烧杯中的上层清液用玻璃漏斗过滤,滤液用干净的蒸发皿承接。残存在烧杯内的沉淀用少量去离子水洗涤一次,将洗涤液倒入漏斗中一并过滤。

4. 硫酸铜的冷却结晶

向滤液中滴加 1 mol·L^{-1} H_2SO_4 溶液,用 pH 试纸检验,使溶液 pH=1,然后置于石棉网上小火加热,不断搅拌,当溶液表面出现结晶膜时停止加热,冷却至室温,得 $CuSO_4 \cdot 5H_2O$ 晶体与少量母液共存物。

5. 减压过滤

将蒸发皿中的晶体和母液一起全部倒在布氏漏斗内的滤纸上,减压过滤,用玻璃棒轻轻按压漏斗中的晶体,尽量抽干。取出漏斗中的晶体,置于干燥滤纸上,轻轻按压滤纸吸干水分,称重,计算产率。

[**注意事项**]

1. 用 KSCN 检验 Fe^{3+} 是否除净,勿将 KSCN 溶液直接滴入烧杯中,而且从烧杯中取用硫酸铜溶液量要少,否则会使硫酸铜损失过多。

2. 调节溶液 pH 时,用玻璃棒粘少许溶液,点在 pH 试纸上,勿将试纸浸入溶液中。

3. 当 Fe^{3+} 沉淀完全后,一定要将溶液加热煮沸,使 $Fe(OH)_3$ 转化成大块的絮状,完全沉淀下来。

4. 在减压过滤时,残留在玻璃棒、蒸发皿上的硫酸铜,不能用去离子水润洗后,倒入布氏漏斗过滤。

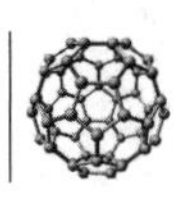

5. 硫酸铜晶体干燥，可在室温下晾干，或用干燥滤纸吸干晶体上的溶液，不能用干燥箱烘干。

五、实验结果及分析

1. 数据记录及处理

粗硫酸铜质量 m_1＝________________g

纯硫酸铜质量 m_2＝________________g

产率 $\omega\%=(m_2/m_1)\times100\%=$______

2. 实验分析

六、思考题

1. 减压抽滤后得到的硫酸铜晶体为什么不能用干燥箱烘干？

2. 硫酸铜溶液加热浓缩时为什么不可蒸干？

3. 粗硫酸铜溶液中的 Fe^{2+} 为什么要氧化成 Fe^{3+}？加氢氧化钠除去 Fe^{3+} 时为什么溶液的 pH 要调到 4？

实验十六　三草酸合铁(Ⅲ)酸钾的合成

一、实验目的

1. 学习无机物制备实验的基本操作技能。
2. 学习沉淀反应、氧化还原反应、配位反应等化学原理制备三草酸合铁(Ⅲ)酸钾。
3. 了解冷却结晶应注意的事项。

二、实验原理

本实验以绿矾(硫酸亚铁 $FeSO_4 \cdot 7H_2O$)为原料，依次通过沉淀反应、氧化还原反应和配位反应，与草酸制得三草酸合铁(Ⅲ)酸钾($K_3[Fe(C_2O_4)_3] \cdot 3H_2O$)。

首先，绿矾在酸性溶液中与草酸反应制得黄色草酸亚铁沉淀，反应为：

$$FeSO_4 + H_2C_2O_4 + 2H_2O = FeC_2O_4 \cdot 2H_2O \downarrow + H_2SO_4$$

其次，在草酸钾存在下，以过氧化氢为氧化剂，部分草酸亚铁转化为三草酸合铁(Ⅲ)酸钾，反应为：

$$6FeC_2O_4 \cdot 2H_2O + 3H_2O_2 + 6K_2C_2O_4 = 4K_3[Fe(C_2O_4)_3] + 2Fe(OH)_3 \downarrow + 12\ H_2O$$

最后，草酸和草酸钾继续与氢氧化铁反应，该部分铁也转化为三草酸合铁(Ⅲ)酸钾。

$$2Fe(OH)_3 + 3H_2C_2O_4 + 3K_2C_2O_4 = 2K_3[Fe(C_2O_4)_3] + 6\ H_2O$$

三草酸合铁(Ⅲ)酸钾是一种翠绿色的单斜晶体，光照易分解，溶于水而难溶于乙醇。它既是一些有机反应很好的催化剂，也是制备负载型活性铁催化剂的主要原料，因而在工业生产中具有应用价值。

三、实验仪器和药品

1. 实验仪器

托盘天平、烧杯(100 mL)、量筒(50 mL、10 mL)、酒精灯、玻璃棒、洗瓶、胶头滴管、温度计、减压抽滤装置一套

2. 实验药品

$FeSO_4 \cdot 7H_2O$ 固体、H_2SO_4($3\ mol \cdot L^{-1}$)、蒸馏水、pH 试纸、$H_2C_2O_4$(饱和溶液)、

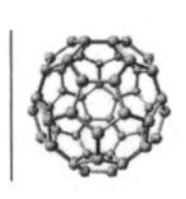

$K_2C_2O_4$(饱和溶液)、H_2O_2(3%)、乙醇(95%)

四、实验步骤

1. 草酸亚铁($FeC_2O_4 \cdot 2H_2O$)的制备

用托盘天平称取 4 g 硫酸亚铁($FeSO_4 \cdot 7H_2O$)固体，置于 100 mL 烧杯中，然后加入 15 mL 蒸馏水和 3～5 滴 3 mol·L^{-1} H_2SO_4 酸化，加热溶解后，再加入 20 mL 饱和草酸溶液，加热且不断搅拌至沸腾后，停止加热，静置。

当黄色 $FeC_2O_4 \cdot 2H_2O$ 晶体沉淀后，倾析弃去上层清液，晶体用少量蒸馏水(每次约 5 mL)洗涤 2～3 次，静置后弃去上层清液，即得草酸亚铁晶体。

2. 三草酸合铁(Ⅲ)酸钾的制备

向盛有黄色草酸亚铁沉淀的烧杯中，一次性加入 10 mL 饱和 $K_2C_2O_4$ 溶液，加热至 40 ℃左右，边搅拌边慢慢滴加 3%的 H_2O_2 溶液 20 mL，黄色草酸亚铁沉淀转化为深棕色溶液。H_2O_2 加完后将溶液加热至沸片刻，除去过量的 H_2O_2，然后将 8～9 mL 饱和草酸溶液分两次加入烧杯中，第一次加入 7 mL，第二次将剩余的 1～2 mL 饱和草酸慢慢滴入烧杯中，至沉淀溶解，溶液转为透明的绿色，停止滴加饱和草酸，用 H_2SO_4 调节溶液 pH 至 2～3。

3. 浓缩结晶

将绿色溶液加热浓缩至体积为 20 mL 左右，静置，冷却至室温，将有翠绿色三草酸合铁(Ⅲ)酸钾 $K_3[Fe(C_2O_4)_3] \cdot 3H_2O$ 晶体析出。若冷却无晶体析出，可加 5 mL 95%乙醇，促使晶体析出。

4. 减压过滤

将烧杯中的晶体和母液一起全部倒在布氏漏斗内的滤纸上，减压过滤，尽量抽干。取出漏斗中的晶体，置于干燥滤纸上，轻轻按压滤纸吸干水分，称重，计算产率，将产物避光保存。

[注意事项]

1. 用倾析法除去烧杯中黄色 $FeC_2O_4 \cdot 2H_2O$ 晶体沉淀上层清液时，因固体颗粒小而轻，动作一定要轻，慢慢倒出清液，防止损失。

2. 最后加入的 8～9 mL 饱和草酸溶液，第二次加入剩余的 1～2 mL 饱和草酸溶液，要慢慢滴加，每加入一滴后都要充分搅拌，然后再加第二滴，至沉淀全部溶解，停止滴加，防止草酸过量，以降低产品中含有草酸杂质含量。

3. 三草酸合铁(Ⅲ)酸钾 $K_3[Fe(C_2O_4)_3] \cdot 3H_2O$ 晶体析出时，不要晃动烧杯，即会有翠绿色柏叶状晶体析出，否则得到的是颗粒细小的晶体。将溶液放置一天以上，会有翠绿色的块状单斜晶体析出。

五、实验结果及分析

1. 数据记录及处理

硫酸亚铁 $FeSO_4 \cdot 7H_2O$ 质量______________g

$K_3[Fe(C_2O_4)_3] \cdot 3H_2O$ 理论产量 m_1 =______g

$K_3[Fe(C_2O_4)_3] \cdot 3H_2O$ 实际产量 m_2 =______g

产率 $\omega\% = (m_2/m_1) \times 100\% =$______________

2. 实验分析

六、思考题

1. 为什么要加热除去过量的双氧水？若不除净会有何影响？
2. 草酸亚铁转化为深棕色溶液时是何种成分？
3. 制得的三草酸合铁(Ⅲ)酸钾应如何保存？

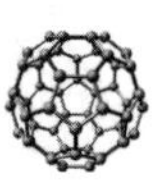

实验十七　绿色叶子中色素的薄层层析

一、实验目的

1. 学习薄层色谱的原理和操作技术。
2. 了解应用薄层层析法分离和鉴定绿色叶子的色素的方法。
3. 学习薄板的制备方法。

二、实验原理

薄层色谱(TLC)是一种快速、微量且简单的色谱法。它经常用来分离和鉴定混合物中的各组分,精制化合物,寻找柱色谱的最佳分离条件等,吸附薄层色谱法已广泛应用于分离和分析方面,尤其适用于小量试样(几十微克到几微克,甚至0.01微克)的分离分析。

通常在玻璃板上均匀铺上一薄层吸附剂制成薄层板,用毛细管将样品点在起点处,把薄层板置于盛有展开剂的容器中展开,当溶液到达前沿线后取出,晾干,显色,测定斑点的位置,计算比移值 R_f,即

$$R_f=\frac{d_{\text{样品中某组分移动离开原点的距离}}}{L_{\text{展开剂前沿线距原点中心的距离}}}$$

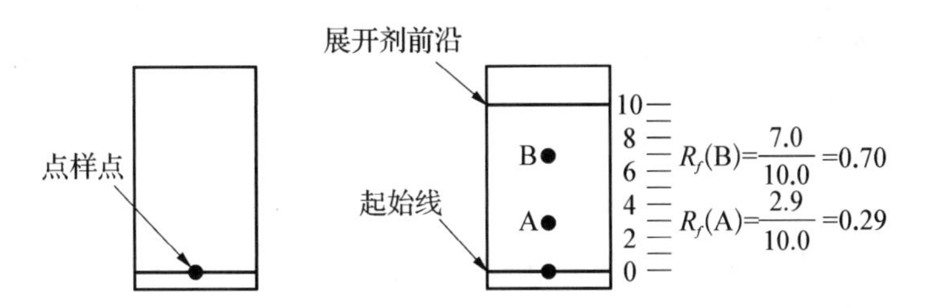

图 4-8　二组分混合物的薄层色谱

植物中叶绿体色素有叶绿素和胡萝卜素两类,主要包括叶绿素a、叶绿素b、β-胡萝卜素和叶黄素四类。根据绿色叶子中各种色素吸附能力的不同,在硅胶薄板上用展开剂展开,可将不同的色素分开,并计算各色素斑点的 R_f 值。

三、实验仪器和药品

1. 实验仪器

托盘天平、玻璃板(7×15 cm)、烧杯(50 mL)、量筒(10 mL、50 mL)、研钵、毛细管、层

析缸、玻璃棒、剪刀、药勺、铅笔、直尺

2. 实验药品

硅胶 G（色谱用 180～200 目）、0.5%～1%羧甲基纤维素纳水溶液、丙酮、乙醇（95%）、展开剂(丙酮：石油醚=2：3)

四、实验步骤

1. 薄层板的制备

(1) 取 7×15 cm 玻璃板一块，洗净，用蒸馏水淋洗 2～3 次，放入烘箱中烘干。干燥的玻璃板表面无斑痕和手印。

(2) 称取 2g 硅胶 G 于 50 mL 烧杯中，加入 5 mL 羧甲基纤维素纳水溶液，调成糊状后，倒在洁净干燥的玻璃板上，用手轻轻振荡，铺平，铺匀，在空气中晾干，然后在 110 ℃干燥箱中活化 0.5 h，取出放凉后使用。

2. 绿色叶子色素的提取

取几片绿色植物的叶子，用剪刀剪碎后置于研钵中，加入 3 mL 丙酮和 3 mL 95%的乙醇混合液，研碎叶子，得溶有绿色叶子色素的溶液。

3. 点样

在冷却的薄层板一端 1.5～2 cm 处，用铅笔轻轻划一直线(起始线)，然后用毛细管吸取溶有绿色叶子色素的溶液，轻轻点在起始线上，点两个点，每个点重复 5 次以上，样品斑点直径不超过 2 mm。

4. 展开

将 20 mL 展开剂倒入层析缸中，盖上层析缸盖子，10 min 后，将点好样的薄层板置于层析缸中(点样端在下，另一端靠在缸壁上)，置于展开剂中展开，当展开剂前沿线上升到离上端 1.5～2 cm 处时，取出薄板，立即用铅笔画出前沿线位置，晾干。

5. 计算比移值 R_f

用直尺量出样品中各组分移动离开点样点的距离 d 和展开剂前沿线距点样点的距离 L，计算比移值 R_f。

[注意事项]

1. 洗净的玻璃薄板，不能有斑点和指纹，不能用纸巾等擦拭，防止纤维留在玻璃板上，影响薄板的制备效果。

2. 用铅笔画起始线时，一定要轻，切忌将吸附剂划通。

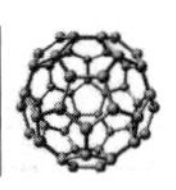

3. 点样时，样点间距应在 1～1.5 cm，每点一次用冷风吹干后再点下一次，防止样点过大，造成拖尾、扩散现象。

4. 样点不能浸入展开剂中。

五、实验结果及分析

1. 数据记录及处理

展开时间：________～________

项目 \ 长度		颜色	色素种类	L(cm)	d(cm)	R_f
从上至下	斑点 1					
	斑点 2					
	斑点 3					

2. 实验分析

六、思考题

1. 点样前为什么先将薄板在 110 ℃温度下活化 0.5 h？活化的含义是什么？

2. 比移值 R_f 有何用途？

实验十八　纸色谱分离氨基酸

一、实验目的

1. 学习纸色谱原理和操作技术。
2. 了解氨基酸在纸色谱中的分离行为及优缺点。

二、实验原理

纸色谱是分配色谱的一种，它对样品的分离是以滤纸为惰性载体，以吸附在滤纸上的水或有机溶剂作为固定相，流动相（展开剂）是被水饱和过的有机溶剂，根据样品各成分在两相溶剂中的分配系数的不同而分离的。

纸色谱优点是操作简单、分离效果高、所用仪器设备简单易得，因此在分析化学、有机化学、生物化学等领域有广泛的应用，可分离和鉴定糖、酚、氨基酸等亲水性较强的化合物。缺点是随着展开的进行，展开剂随上升高度的增加而减慢，导致分离时间长。

三、实验仪器和药品

1. 实验仪器

层析缸（或白色广口瓶 1 个）、4.5 cm×13.5 cm 新华 1 号滤纸（层析纸）、铅笔、直尺、剪刀、毛细管、干燥箱（或电吹风）

2. 实验药品

展开剂：0.5%茚三酮的正丁醇：甲酸（80%～88%）：水＝15：3：2
氨基酸标准溶液（0.2%）：L-谷氨酸，L-异亮氨酸
未知待测液：氨基酸混合试液（将以上氨基酸等体积混合均匀）

四、实验步骤

1. 展开剂的准备

将 20 mL 展开剂倒入层析缸内，盖上盖子，放置半小时以上，使缸内形成饱和蒸汽。

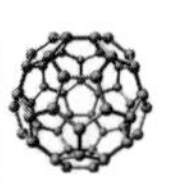

2. 层析纸的准备

取一张 4.5×13.5 cm 的层析纸(滤纸),在滤纸下端 2.0 cm 处,用铅笔画一横线,作为点样起始线。将滤纸裁成 1.5 cm 宽的三条(注意上端留 2 cm 不要裁开),在每一条铅笔线的中间位置用铅笔点一个圆点,作为点样标记,并分别写上 L-谷氨酸、L-异亮氨酸和未知液。

3. 点样

用三根毛细管分别吸取 L-谷氨酸、L-异亮氨酸和未知液,轻轻点在点样标记处,每点一次,用电吹风吹干后,再在同一位置点第二次,每个点重复 5 次以上,样品斑点直径不超过 2 mm。

4. 展开分离

将点好样的滤纸固定在层析缸盖的勾上,纸条应挂得平直,下端浸入展开剂中,点样部位不得被展开剂浸没,点样点距展开剂液面 1 cm 左右为宜。记录展开时间,展开剂在滤纸上上升,样品中的各组分逐渐展开。待展开剂上升至距离滤纸上端 1～2 cm 处时,小心取出,迅速用铅笔画出展开剂上升的前沿线位置,记下展开停止时间,将滤纸晾干或用电吹风吹干。

5. 显色

将晾干的层析滤纸放入 100 ℃的干燥箱中烘干 3～5 min(或用电吹风高温档吹),即可显出各个斑点,用铅笔画出各层析斑点的轮廓。

6. 计算

用直尺量出各组分移动离开点样点的距离 d 和展开剂前沿线距点样点的距离 L,计算比移值 R_f 和 ΔR_f 值。

$$R_f = \frac{d}{L}$$

$$\Delta R_f = |R_{f已知} - R_{f未知}|$$

[注意事项]

1. 三根点样毛细管,吸取氨基酸试样时,同种试样用同一根毛细管,勿到其他瓶中吸取试样。

2. 滤纸条应在层析缸中挂得平直,且各个纸条不能有重叠。

3. 取各层析斑点的轮廓的中间位置,量出各组分移动离开原点的距离 d 和展开剂前沿线距原点的距离 L。

4. 画起始线、前沿线和标记点样点时,只能用铅笔,不能用钢笔或圆珠笔。

五、实验结果及分析

1. 数据记录及处理

展开时间：________～________

项目 \ 长度	L(cm)	d(cm)	R_f
L-谷氨酸			
L-异亮氨酸			
未知样 1			
未知样 2			
ΔR_{f1}			
ΔR_{f2}			

2. 实验分析

六、思考题

1. 本实验为什么用标准氨基酸作对照？
2. 纸色谱为什么要在密闭的容器中进行？
3. 为什么点样点不能浸入展开剂中？

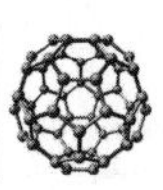

实验十九　乙酰苯胺的重结晶

一、实验目的

1. 了解重结晶法提纯固态有机化合物的原理及意义。
2. 学习重结晶操作技术。
3. 掌握常压热过滤和减压抽滤的操作技能。

二、实验原理

重结晶法是提纯固体有机化合物常用的方法之一。固体物质在溶剂中的溶解度与其溶解温度有关，一般来说，升高温度溶解度增大；反之，则溶解度降低。

重结晶法就是利用溶剂对被提纯化合物及其杂质的溶解度不同，溶解度小的物质先结晶析出，来达到分离提纯的目的。重结晶法具体操作步骤包括：

配制热的饱和溶液⟶脱色⟶热过滤⟶冷却结晶⟶抽滤⟶干燥⟶称重

如果把固体有机化合物溶解在热的溶剂中形成饱和溶液，冷却时由于溶解度的降低，溶液变成过饱和溶液使物质结晶析出，而杂质全部或绝大部分留在溶液中(或者被过滤除去)。一般重结晶法只适用于提纯杂质含量在5%以下的固体有机化合物，因而在有机合成制备的粗产品一般需经过蒸馏、萃取等初步提纯后再进行重结晶提纯。

乙酰苯胺熔点为114 ℃，用水作溶剂重结晶时，加热到83 ℃就会熔化成油状物，因此用水重结晶时，乙酰苯胺应在低于83 ℃时溶解，也可配制稀的热溶液(这会使产率下降)。

三、实验仪器和药品

1. 实验仪器

减压抽滤装置(吸滤瓶、安全瓶、布氏漏斗、循环水泵)、烧杯(200 mL、100 mL各1个)、玻璃棒、台秤、滤纸、酒精灯(电炉、电热套)、表面皿、短颈漏斗、干燥箱

2. 实验药品

粗乙酰苯胺、活性炭

四、实验装置

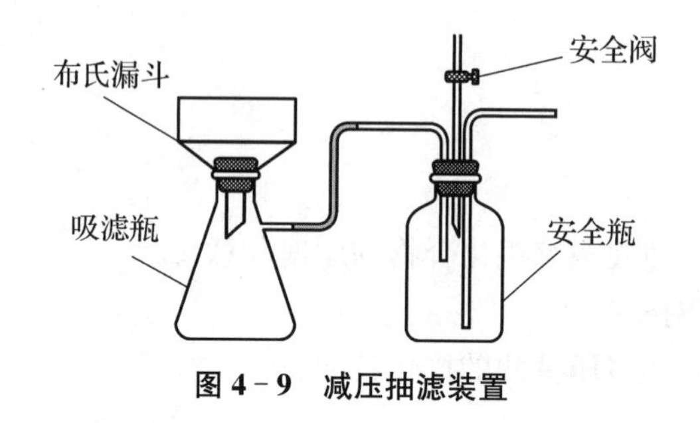

图 4-9　减压抽滤装置

五、实验步骤

1. 用台秤称取 2.0 g 粗乙酰苯胺，放在 200 mL 的烧杯中，加入少量蒸馏水（约 50 mL），搅拌加热呈沸腾，若仍不完全溶解，再加入少量水，直到完全溶解后，再多加 2～3 毫升水（总量约 90 mL）。

2. 待溶液稍冷却后，加入少许活性炭，煮沸，趁热用折叠式滤纸过滤，用 100 mL 的烧杯收集滤液。

3. 滤液放置冷却后，有乙酰苯胺结晶析出，当乙酰苯胺全部析出后，减压过滤，并用少量水在漏斗上洗涤，压紧，抽干，把产品放在表面皿（先称重的）上干燥（晾干，或在 100 ℃ 以下烘干），称重。

[注意事项]

1. 在溶解乙酰苯胺的过程中，溶剂水要分次加入，直至完全溶解。

2. 活性炭加入的量要少，且应在溶液稍冷却后再加入，以防止爆沸。

3. 趁热过滤本实验采用被过滤溶液小火保温的方式进行，若可采用保温漏斗，效果会更好。

六、实验结果及分析

1. 数据记录及处理

粗乙酰苯胺质量 m_1=________________g

纯化乙酰苯胺质量 m_2=________________g

产率 $\omega\%=(m_2/m_1)\times100\%$=________

2. 实验分析

七、思考题

1. 为除去结晶中非本身带有的颜色,需加入活性炭脱色,加入活性炭应注意哪些问题?

2. 趁热过滤会遇到哪些困难,如何解决?

3. 乙酰苯胺重结晶时可能会出现油珠问题,其原因是什么?如何处理?

实验二十　从茶叶中提取咖啡因——萃取

一、实验目的

1. 通过从茶叶中提取咖啡因学习固一液萃取的原理及方法。
2. 掌握索氏提取器萃取的原理及其操作技术。

二、实验原理

萃取是一种常用的物质提纯方法，利用萃取可从固体或液体混合物中分离所需的化合物。通常在欲分离的混合物中加入一种与其不溶或部分互溶的液体溶剂，利用混合物中各组分在两相中溶解度的不同，易溶组分较多的进入溶剂相，从而实现混合物的分离。

咖啡因可由人工法合成或提取法获得。常用的萃取方法有液－液萃取和液－固萃取，液一固萃取又分为浸取法和连续抽提法。从茶叶中提取咖啡因属于液－固萃取法。本实验利用萃取法从茶叶中提取咖啡因，同时采用了浸取和连续抽提两种方法。利用咖啡因易溶于乙醇的特点，以95%乙醇为溶剂，通过索氏提取器的回流装置，使茶叶包在索氏提取器(saxhlet)的抽提筒中浸取和索氏提取器的回流及虹吸，使茶叶经过多次纯溶剂的浸泡和连续抽提，提高萃取效率，获得咖啡因的乙醇溶液。

咖啡因和儿茶素是茶叶中的两类重要天然有效成分，其中的咖啡因含嘌呤环，是茶叶中的主要生物碱，易溶于热水、乙醇、氯仿等溶剂中。咖啡因的结构式为：

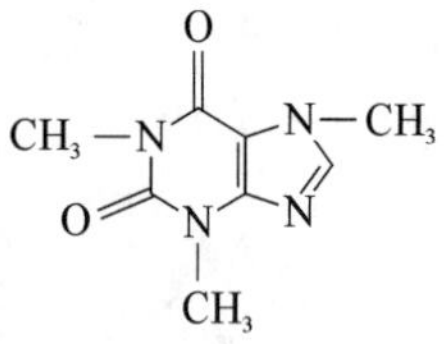

咖啡因 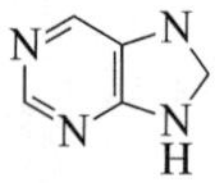　　　　嘌呤

三、实验仪器和药品

1. 实验仪器

茶叶包(或细绳和11 cm×15 cm的滤纸)、短颈圆底烧瓶、索氏提取器、冷凝管、乳胶管、500 mL烧杯、酒精灯、125 mL试剂瓶

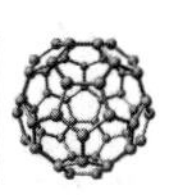

2. 实验药品

沸石、95%乙醇(80 mL)、茶叶(8.0 g)

四、实验装置

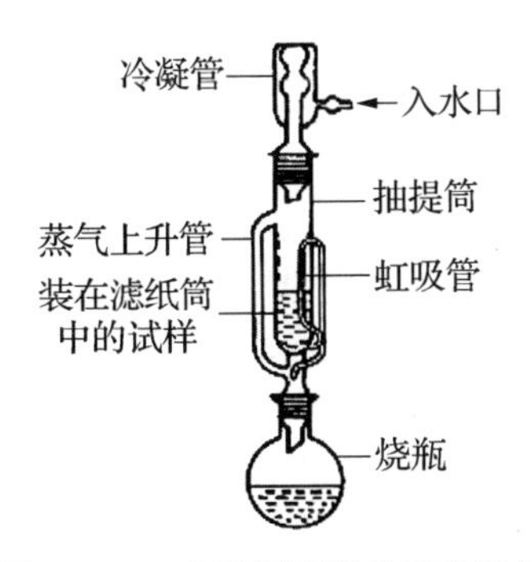

图 4-10　索氏提取器的回流装置

五、实验步骤

在圆底烧瓶中加入 50 mL 95%乙醇和几粒沸石，将其安装成索氏提取的回流装置。称取 8.0 g 茶叶，研碎，装入滤纸包中。将装好的茶叶包放入索氏提取器的抽提筒里，在抽提筒中慢慢加入 30 mL 95%乙醇浸泡，水浴加热，回流提取，直到提取液颜色(索氏提取器中溶液)很浅，接近无色，回流提取约 2.5 h，等冷凝液刚刚虹吸下去停止加热，收集咖啡因乙醇溶液。

[**注意事项**]

1. 茶叶包放入索氏提取器的抽提筒时，茶叶包不要堵住蒸汽上升管的上支口。
2. 向抽提筒中慢慢加入 30 mL 95%乙醇，要分几次慢慢加入，使茶叶包得到浸泡，且倒乙醇时，抽提筒下端要与烧瓶连接。
3. 停止加热，收集溶液时，继续通冷凝水，等烧瓶冷却，乙醇全部冷凝，再收集。
4. 不要将热的烧瓶放在实验台上，或用水冲洗，防止炸裂。

六、实验结果及分析

1. 数据记录及处理

得咖啡因的酒精溶液 $V=$________mL

2. 实验分析

七、思考题

1. 本实验可否用分液漏斗代替索氏提取器进行萃取？为什么？
2. 浸取法和连续抽提法哪种固一液萃取效果好？为什么？

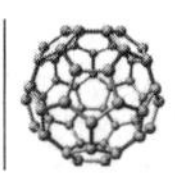

实验二十一　从茶叶中提取咖啡因——升华

一、实验目的

1. 学习简单蒸馏的原理及操作技能。
2. 掌握升华法提纯有机化合物的原理和操作方法。

二、实验原理

升华是利用固体混合物中各组分的蒸汽压或挥发度不同，将不纯净的固体化合物在熔点温度以下加热，利用产物蒸汽压高，杂质蒸气压低的特点，使产物不经过液化过程而直接汽化，遇冷后固化，而杂质则不发生这一过程，来达到分离固体混合物的目的。

咖啡因具有易升华的特点，将95%的咖啡因乙醇溶液进行浓缩、焙炒而得粗制咖啡因，再通过升华提取得到纯净的咖啡因。

咖啡因能溶于水、乙醇、氯仿等，微溶于石油醚。在100 ℃时失去结晶水，开始升华，120 ℃升华显著，178 ℃以上升华加快。无水咖啡因的熔点是238 ℃。在植物中，咖啡因常与有机酸、丹宁等结合，呈盐的形式而存在。

咖啡因在茶叶中含量1%～5%，具有刺激中枢神经系统、止痛、利尿等作用。咖啡因味苦，含有结晶水的为白色针状结晶，失去结晶水呈白色粉末状。

三、实验仪器和药品

1. 实验仪器

常压蒸馏装一套(圆底烧瓶、蒸馏头、温度计套管、冷凝管、接引管、锥形瓶、胶管两根)、酒精灯、蒸发皿、玻璃棒、滤纸、长颈玻璃漏斗、图钉、试管夹、电子天平、熔点仪

2. 实验药品

咖啡因的酒精溶液(________mL)、沸石、生石灰

四、实验装置

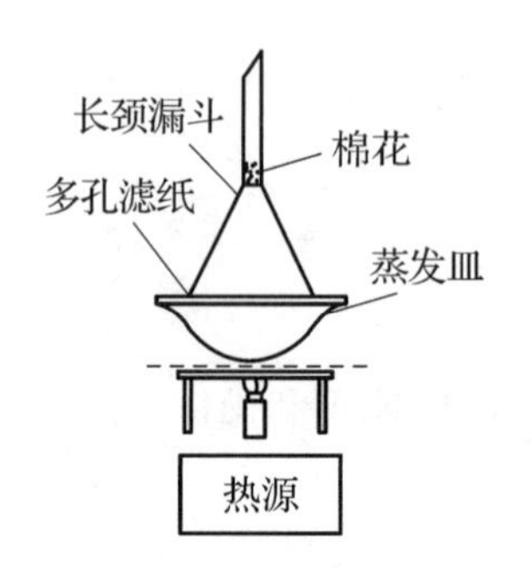

图 4-11　简易常压升华装置

五、实验步骤

1. 蒸馏浓缩

将________mL 咖啡因的酒精溶液倒入圆底烧瓶中，加入几粒沸石，组装成蒸馏装置进行水浴蒸馏，待蒸出________mL 乙醇时(瓶内剩余约 5 mL)，停止蒸馏，得浓缩的咖啡因溶液(回收蒸馏出来的乙醇)。

2. 焙炒

把烧瓶中浓缩的约 5 mL 液体趁热倒入盛有 3～4 g 生石灰的蒸发皿中，并用少量蒸出的乙醇洗涤烧瓶，将洗涤液一并倒入蒸发皿中。将蒸发皿中的物质搅拌成糊状，然后放在石棉网(或水蒸气)上小火加热成粉状。(不断搅拌，压碎块状物，注意不要着火!)

3. 升华

擦去蒸发皿边沿的粉末(以防止升华时污染产品)，蒸发皿上盖一张刺有许多小孔的滤纸(扎刺向上)，再在滤纸上罩一长颈玻璃漏斗，漏斗颈部塞一团疏松的棉花，用小火加热升华，控制温度在 220 ℃左右(如果温度太高，会使产物冒烟碳化)。当滤纸上出现白色针状结晶时，小心取出滤纸，将附在上面的咖啡因刮下，如果残渣仍为绿色，搅拌残渣，再次升华，直到变为灰白色，冷却，待全部凝华后，刮下咖啡因，称重，测定其熔点。

[注意事项]

1. 蒸馏浓缩时要进行水浴加热，防止发生爆沸。
2. 被炒时一定要不断搅拌至物质呈块状，以防爆沸。
3. 滤纸的直径要大于蒸发皿的直径，其被玻璃漏斗罩住的部分要扎满小孔，小孔孔径略大一些,且毛刺朝上。

4. 停止升华时,先撤掉酒精灯,待蒸发皿和漏斗冷却后再轻轻打开倒置的漏斗。

六、实验结果及分析

1. 数据记录及处理

8 g 茶叶中提取咖啡因质量 $m=$________________g

纯咖啡因颜色状态________________________

纯咖啡因的熔程________________________

2. 实验分析

七、思考题

1. 在升华操作中,如何减少产品的损失?
2. 在升华操作中,使用多孔滤纸应注意哪些事项?

实验二十二　溴乙烷的制备

一、实验目的

1. 学习乙醇为原料制备卤代烃的基本原理和实验方法。
2. 掌握常压蒸馏的操作技术。
3. 学习分液漏斗的使用方法。

二、实验原理

卤代烃的制备通常有以下三种方法，一种是烷烃的卤代，即在高温或光照作用下，烷烃直接与卤素发生卤代反应，如甲烷的氯代；第二种是不饱和烃与卤化氢或卤素的加成；第三种是从醇制备卤代烃。本实验采用醇与卤化氢作用制备卤代烃。

主反应：$NaBr + H_2SO_4 \longrightarrow HBr + NaHSO_4$

$CH_3CH_2OH + HBr \longrightarrow CH_3CH_2Br + H_2O$

副反应：$2CH_3CH_2OH \xrightarrow[140\ ^\circ C]{\text{浓硫酸}} CH_3CH_2OCH_2CH_3 + H_2O$

$CH_3CH_2OH \xrightarrow[170\ ^\circ C]{\text{浓硫酸}} CH_2{=}CH_2 + H_2O$

$2HBr + H_2SO_4(\text{浓}) = Br_2 + SO_2 + 2H_2O$

三、实验仪器和药品

1. 实验仪器

常压蒸馏装置一套（圆底烧瓶、蒸馏头、温度计套管、冷凝管、接引管、胶管两根）、100 ℃温度计、分液漏斗（125 mL，2 个）、烧杯（300 mL）、锥形瓶（100 mL，50 mL）、托盘天平

2. 实验药品

溴化钠（7.5 g）、95%乙醇（7 mL）、浓 H_2SO_4（10 mL）、沸石（几粒）

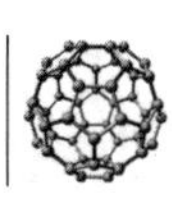

四、实验装置

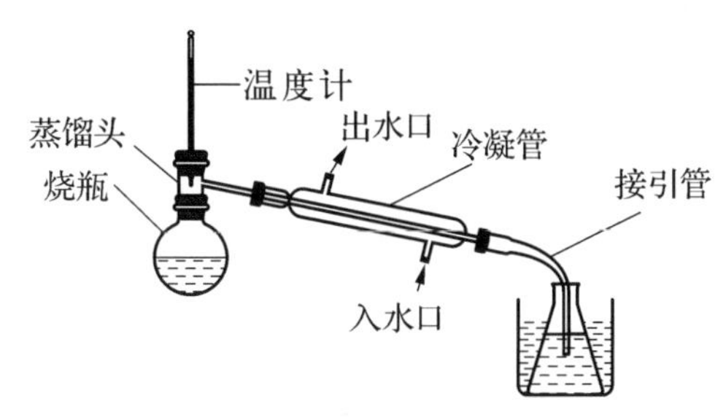

图 4-12 常压蒸馏装置

五、实验步骤

1. 先按图安装好仪器。

2. 制备

将烧瓶从装置上拆卸下来，再在烧瓶中加入 7 mL 95%乙醇及 5 mL 水，将烧瓶在不断震荡和冷水冷却下慢慢加入 10 mL 浓 H_2SO_4，振摇下加入 7.5 g 研细的溴化钠及几粒沸石后，迅速将烧瓶安装在装置上。

用石棉网小火加热烧瓶，先小火后大火，直到无油状物馏出。

3. 处理

蒸馏结束后，先折下锥形瓶，再停止加热，将锥形瓶中的馏出物倒入分液漏斗中，分出有机层，称出溴乙烷的质量。

4. 精制

分出的有机层置于 50 mL 干燥锥形瓶中，在冰水浴中边震荡边滴加 H_2SO_4，直到锥形瓶底分出 H_2SO_4 层。用干燥的分液漏斗分去 H_2SO_4 液，将粗 CH_3CH_2Br 产品倒入干燥的蒸馏瓶中，用水浴加热蒸馏，接收器外用冰水冷却，收集 37～40 ℃的馏分，得纯净溴乙烷。

纯 CH_3CH_2Br 是无色液体，bp 38.4 ℃。

[**注意事项**]

1. 反应装置要严密，防止漏气。

2. 加浓硫酸时要边加边摇边冷却，充分冷却后再加入溴化钠，以防止反应放热冲出烧瓶。

3. 本反应是放热反应，所以要先组装好实验装置，烧瓶中加好反应物后，安装烧瓶到装置上要快。

4. 加热过程密切观察，发现倒吸现象及时处理。
5. 制备开始反应时，要小火加热，以避免溴化氢逸出。
6. 实验过程进行两次分液，分清无机层和有机层，便于保留产品。
7. 反应结束后，烧瓶中的残液要趁热倒掉，防止冷却后结块，不利于仪器清洗。

六、实验结果及分析

1. 数据记录及处理

溴乙烷理论产量 m_1=________________g
溴乙烷实际产量 m_2=________________g
产率 $\omega\%=(m_2/m_1)\times100\%$=________

2. 实验分析

七、思考题

1. 在本实验中哪种原料是过量的？为什么反应物间的配比不是 1∶1？在计算产率时，以何种原料作为依据？
2. 精制时为什么用浓硫酸洗涤？
3. 为减少溴乙烷的挥发损失，应采取哪些措施？
4. 加完硫酸后为什么一定要冷却到室温再向烧瓶中加入溴化钠？

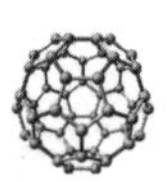

实验二十三　乙酸乙酯的制备

一、实验目的

1. 学习酯的制备原理和羧酸合成酯的方法。
2. 学习乙酸乙酯分离提纯的原理和操作。
3. 学习分液漏斗的洗涤操作和干燥剂的使用。

二、实验原理

酯可由醇和羧酸在无机酸作催化剂的条件下进行酯化反应制得，在酸作催化剂下的酯化反应是可逆反应。乙醇和乙酸在浓 H_2SO_4 催化作用下发生下列反应：

$$\text{主反应：}CH_3CH_2OH + CH_3COOH \underset{\triangle}{\overset{\text{浓硫酸}}{\rightleftharpoons}} CH_3COOCH_2CH_3 + H_2O$$

$$\text{副反应：}2\ CH_3CH_2OH \xrightarrow[140\ ℃]{\text{浓硫酸}} CH_3CH_2OCH_2CH_3 + H_2O$$

$$CH_3CH_2OH \xrightarrow[170\ ℃]{\text{浓硫酸}} CH_2{=}CH_2 + H_2O$$

本实验采用乙醇过量，并将生成的乙酸乙酯立即蒸出，提高反应速率。

三、实验仪器和药品

1. 实验仪器

常压蒸馏装置一套(三口烧瓶、蒸馏头、温度计套管、冷凝管、接引管、胶管两根)、150 ℃温度计、滴液漏斗、分液漏斗(250 mL)、干燥锥形瓶(100 mL，2 个)、量筒(50 mL，10 mL)、烧杯、玻璃棒、酒精灯

2. 实验药品

95%乙醇、冰醋酸(乙酸)、浓硫酸、饱和 Na_2CO_3、饱和 NaCl、饱和 $CaCl_2$、无水 Na_2CO_3，pH 试纸

四、实验装置

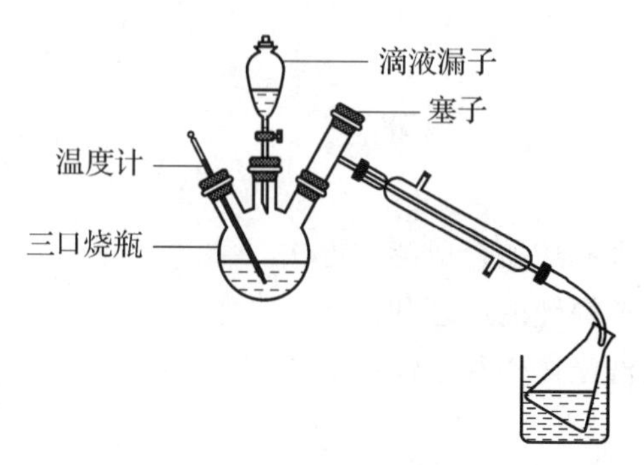

图 4－13　常压蒸馏装置

五、实验步骤

1. 加料

在三口烧瓶中加入 4 mL 95％乙醇，然后一边摇动一边慢慢加入 3 mL 浓硫酸，混合均匀，加几粒沸石。从三口烧瓶一侧口插入温度计到液面下，温度计水银球距瓶底 0.1～1 cm，中间口安装滴液漏斗，另一侧口连接冷凝装置，按图组装仪器。

2. 合成

组装好仪器后，将 12 mL 95％乙醇和 8 mL 冰醋酸组成的混合液加入滴液漏斗中，先从滴液漏斗向三口烧瓶内滴加 3～4 mL 混合液，然后在石棉网上用小火加热，当三口瓶内温度升到 110～120 ℃时，开始慢慢滴加滴液漏斗中剩余的混合液。控制好混合液滴入的速度，使之与馏出液的速度尽可能相同，并始终保持反应液温度在 110～120 ℃。滴加完毕后，继续加热数分钟后，升温至温度 120 ℃～130 ℃的条件下，再加热 10 min 且不再有液体馏出为止，得到的馏出液即为粗乙酸乙酯。

3. 粗产品的洗涤和干燥

取出接收馏出液的锥形瓶，往馏出液中慢慢加入饱和碳酸钠溶液（约 5 mL），直至不再有 CO_2 气体产生。将混合液倒入分液漏斗中，静置分层，放出下层水层，并继续用饱和的碳酸钠溶液洗至酯层显中性（用 pH 试纸）为止。然后向分液漏斗的酯层中加入 5 mL 饱和 NaCl 溶液，震荡洗涤，放出下层水层。最后用 5 mL 饱和 $CaCl_2$ 溶液洗涤 2 次。注意每次洗涤后都应放出下层废液。

洗涤完毕，将乙酸乙酯从分液漏斗的上口倒入干燥的 50 mL 锥形瓶中，加入无水碳酸钠干燥 30 min，干燥过程中要间歇震荡，待澄清后，小心将瓶中上层清液倒出，此为干燥后

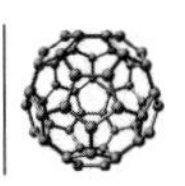

的粗乙酸乙酯，称重。

4. 精制

将干燥后的粗乙酸乙酯倒入干燥的蒸馏瓶中，装配好蒸馏装置，在水浴上加热蒸馏，用一个干燥洁净的锥形瓶收集 73～78 ℃的分馏，得较纯的乙酸乙酯产品。

［注意事项］

1. 滴液漏斗中的反应物乙醇和乙酸要混合好，利于滴入原料均匀，否则影响产率。

2. 本实验反应温度不宜太高，否则会增加副产物乙醚的含量；滴液漏斗中反应物的滴加速度不宜太快，否则会使反应物来不及反应而蒸馏出去。

3. 产物中含有乙酸乙酯、副产物乙醚、水以及未反应的少量乙酸和乙醇。

4. 用分液漏斗洗涤产物中的水、乙酸和乙醇时，一定按照饱和碳酸钠溶液⟶饱和 NaCl 溶液⟶饱和 $CaCl_2$ 溶液的顺序洗涤。

5. 碳酸钠必须用饱和氯化钠溶液洗去，否则下一步用饱和氯化钙溶液洗涤时，会产生絮状的碳酸钙的沉淀造成分离困难。

6. 乙酸乙酯及水或乙醇可形成二元共沸物及三元共沸物，其组成(%)及沸点如下：

混合物的组分	101.325 kPa 时的沸点/℃		质量分数/(%)		
	单组分沸点	共沸物沸点	第一组分	第二组分	第三组分
水	100				
乙醇	78.4	78.1	4.5(水)	95.5	
乙酸乙酯	77.1	70.4	8.2(水)	91.8	
	77.1	70.3	7.8(水)	9.0(乙醇)	83.2

所以，粗乙酸乙酯必须除去乙醇和少量水后才能进行蒸馏，以免影响产率。

六、实验结果及分析

1. 数据记录及处理

乙酸乙酯理论产量 m_1＝________g

乙酸乙酯实际产量 m_2＝________g

产率 $\omega\%=(m_2/m_1)\times100\%=$________

2. 实验分析

七、思考题

1. 酯化反应有何特点？如何增加酯化反应的产率？

2. 蒸馏系统能否封闭？应如何组装仪器？
3. 在装置中，若把温度计水银球插至三口烧瓶的液面上，是否正确？为什么？
4. 蒸馏时，加热后才发现没有加入沸石，应如何处理才安全？

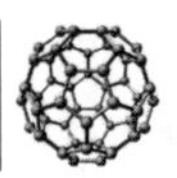

实验二十四　熔点的测定

一、实验目的

1. 了解熔点测定原理。
2. 掌握毛细管法测定熔点的操作方法。
3. 学会使用全自动熔点仪测定物质熔点的方法。

二、实验原理

熔点是固体化合物最重要的物理常数之一,常以 m.p(melting point)表示。物质的熔点是指该物质的固液两相在大气压力下达到平衡时的温度,纯净的固体化合物一般都有固定的熔点,在一定压力下,固液两相之间的变化是非常敏锐的,自初熔至全熔(称为熔程)温度不超过 0.5～1 ℃。若混有杂质时,则熔点下降,且熔程也较长。利用这一性质,对有机化合物进行定性鉴定、纯度鉴定以及判断熔点相同的两个化合物是否为同一物质具有一定的意义。

熔点的测定方法分为毛细管法和显微熔点测定法。本实验既学习毛细管法—提勒管(Thiele)(又称 b 形管)测定物质的熔点,又学习显微熔点测定法—显微熔点测定仪测定物质熔点的方法。

加热至熔点前化合物以固相存在,随着加热温度的升高,达到熔点时开始有少量液体出现(初熔),之后达固液相平衡。继续加热,温度不再发生变化,此时加热所提供的热量使固相不断转变为液相,两相间仍为平衡,最后固体全部熔化(全熔),继续加热则温度线性上升。因此在接近熔点时,加热速度一定要慢,每分钟温度升高不能超过 2 ℃,这样使整个熔化过程越接近于两相平衡,测得的熔点也越精确。

加热纯净有机化合物,当温度接近熔点范围时,升温速度随时间变化如下图:

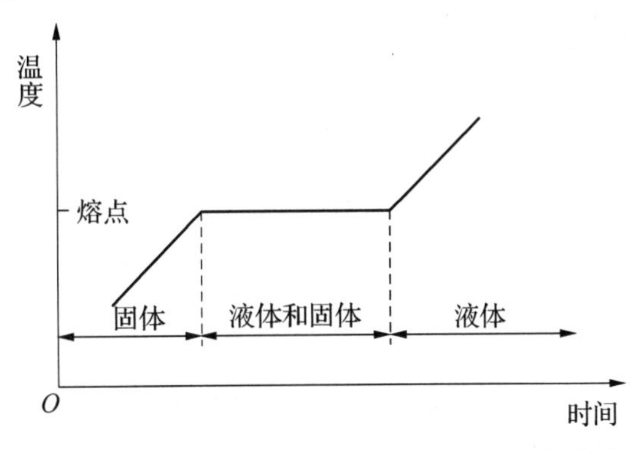

图 4-14　纯净物质加热时体系温度随时间的变化

三、实验仪器和药品

1. 实验仪器

水银温度计、表面皿(2个)、提勒管(又称b形管)、玻璃管、熔点管(内径约1 mm,长约8 cm)、酒精灯、全自动熔点仪

2. 实验药品

纯萘、水

四、实验装置

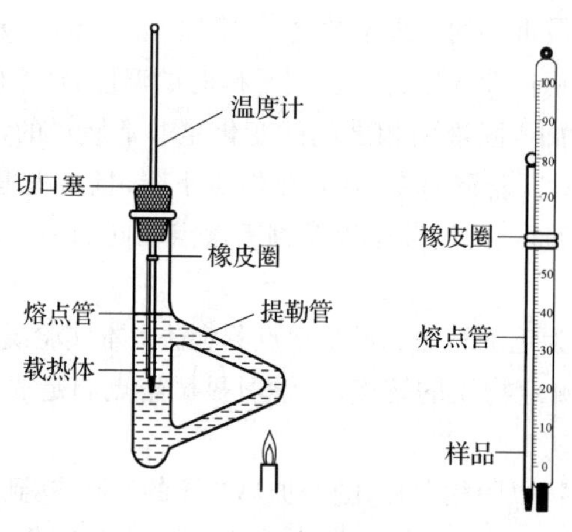

图4-15 熔点测定装置

五、实验步骤

1. 毛细管法测定熔点

(1) 熔点管的准备

准备内径约1 mm,长约8 cm,熔点管数根,备用(若为毛细管,可将一端用小火封闭,直至毛细管封闭端的内径有两条相交的细线或无毛细现象)。

(2) 试样的装入

取少许(约0.1 g)干燥研细的待测样品于干净的表面皿上,用玻璃棒将其集成一小堆。将熔点管开口端向下插入粉末中,装取少量样品。然后把熔点管竖起来,在桌面上敲

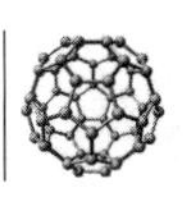

几下,使样品落入管底,重复几次,最后取一支长 30～40 cm 的玻璃管垂直于一干净的表面皿上,将熔点管(开口向上)从玻璃管上端自由落下 3～5 次,使样品装得均匀、紧密,直至熔点管内装入 3～4 mm 紧密结实的样品。

(3) 仪器装置的组装

将 b 形管固定于铁架台上,倒入自来水作为浴液,水的用量略高于 b 形管的侧管上口。将装有样品的熔点管外壁擦净,用橡皮圈固定于温度计的下端,使熔点管的样品部分位于水银球的中部,然后将该带有熔点管的温度计通过有缺口的橡胶塞小心地插入 b 形管内,调节水银球在侧管上下两叉口中间处。

(4) 熔点的测定

在 b 形管的弯管处以小火加热。开始升温可快些,当接近熔点约 15 ℃时,应调整火焰使每分钟上升 1～2 ℃,愈接近熔点,升温速度应愈慢,每分钟 0.2～0.3 ℃。在测定未知熔点样品时,应先粗测熔点范围,记下样品初熔(样品开始塌落并有液珠出现)和全熔(固体完全消失)时的温度,所得数据即为该化合物的熔程,再以上述方法精确测量(粗测一次,精测两次)。

3. 全自动熔点仪测定法

(1) 按毛细管法测定熔点的试样装入方式装样。

(2) 将全自动熔点仪接通电源后按以下顺序测样品熔点:

接通电源⟶按“测试”⟶设置参数:① 预热温度　② 升温速度⟶按“确定”后显示“熔点测定”⟶按“预热”⟶温度稳定⟶放样品毛细管⟶按“升温”⟶等数据出现① 初熔温度　② 终熔温度⟶记录数据。

(3) 测定下一个样品时按以下顺序:

按“返回”⟶测试⟶确定⟶预热⟶温度稳定⟶放样⟶升温⟶等数据⟶记录数据。

(4) 仪器使用完毕,取出被测的样品管,关掉电源,等仪器冷却后罩上罩子。

六、实验结果及分析

1. 数据记录及处理

<table>
<tr><th colspan="3" rowspan="2">项目 / 次数</th><th colspan="2">熔程</th><th rowspan="2">熔距(℃)
t_2-t_1</th></tr>
<tr><th>初熔 t_1(℃)</th><th>终熔 t_2(℃)</th></tr>
<tr><td rowspan="3">毛细管法</td><td colspan="2">粗测</td><td></td><td></td><td></td></tr>
<tr><td rowspan="2">精测</td><td>Ⅰ</td><td></td><td></td><td></td></tr>
<tr><td>Ⅱ</td><td></td><td></td><td></td></tr>
<tr><td colspan="3">全自动熔点仪法</td><td></td><td></td><td></td></tr>
</table>

2. 实验分析

[注意事项]

1. 熔点管必须洁净干燥，一根熔点管只能使用一次。

2. 样品一定要细，熔点管要装实、装严，否则产生空隙，不易传热，造成熔程变大。

3. 熔点管中装入的样品量太少不便观察，造成熔点偏低；样品装的太多会造成熔程变大，熔点偏高。

4. 重复测定时，浴液温度或加热台的温度要比样品熔点低 30～40 ℃，才可重新测样。

5. 粘附在熔点管外壁的样品必须擦净，以免污染浴液。

6. 实验结束后，待浴液（如浓硫酸、甘油、硅油等）冷却后，倒回原瓶回收。

七、思考题

1. 用 b 形管测熔点时，温度计的水银球及熔点管应处于什么位置？为什么？

2. 盛放样品的表面皿、熔点管若不够清洁、干燥，对所测熔点会产生什么影响？

3. 加热速度对熔点测定有什么影响？

4. 在填装熔点管前，为什么不能在滤纸上研细样品？

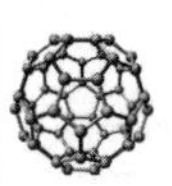

实验二十五　乙酰水杨酸(阿司匹林)的合成

一、实验目的

1. 了解酚羟基酰化反应的原理。
2. 学习用水杨酸制备乙酰水杨酸的操作方法。

二、实验原理

在18世纪,人们从柳树皮和绣线菊植物的花中提取出的水杨酸,具有镇痛、退热、抗炎和抗风湿等方面的药效。水杨酸化学名为邻羟基苯甲酸,酸性较强。受到酸性的限制,该物质严重刺激口腔、食道和胃壁黏膜。人们一直努力克服这一问题,直到接近19世纪初期才出现大的突破,德国拜耳分公司的化学师发明了以水杨酸为原料合成具有与水杨酸同等医药价值的乙酰水杨酸,并把乙酰水杨酸命名为阿司匹林。

阿司匹林是现代生活中最大众化的万用药之一,具有治疗感冒、解热镇痛和软化血管的功效。阿司匹林药片是由乙酰水杨酸与少量淀粉混合并压紧制成,阿司匹林药片中通常加入碱性缓冲剂,以减少其酸性带来的刺激,刺激性虽然减小,但使用过量仍会导致内出血。

制备乙酰水杨酸最常用的方法是将水杨酸与乙酸酐作用,通过酰基化反应,使水杨酸分子中酚羟基上的氢原子被乙酰基取代,生成乙酰水杨酸。为了加速反应的进行,通常加入少量浓硫酸或磷酸作催化剂,从而使酰化作用较易完成。其反应式如下:

$$\text{(邻-HOC}_6\text{H}_4\text{COOH)} + (CH_3CO)_2O \xrightarrow[85^\circ\sim90^\circ]{\text{浓}H_2SO_4} \text{(邻-COOH-C}_6\text{H}_4\text{)}-O-\overset{\displaystyle O}{\overset{\|}{C}}-CH_3 + CH_3COOH$$

以上制得的是粗乙酰水杨酸,混有反应副产物和尚未作用的原料、催化剂等,必须经过纯化处理才能得到纯品。

粗制的乙酰水杨酸常采用乙醇—水混合溶剂进行重结晶。乙酰水杨酸为白色针状结晶,熔点为135～138 ℃,微溶于水,易溶于乙醇等有机溶剂中。

三、实验仪器和药品

1. 实验仪器

托盘天平、锥形瓶(100 mL、200 mL)、量筒(50 mL、10 mL)、水浴锅、抽滤装置一套、

烧杯(200 mL)、玻璃漏斗、抽滤装置一套、试管、滴管、玻璃棒、滤纸、洗瓶、熔点仪

2. 实验药品

水杨酸、醋酸酐、磷酸(85%)、饱和碳酸氢钠溶液、盐酸溶液(浓盐酸与水 1∶1 体积比)、三氯化铁(1%)、蒸馏水、冰块

四、实验步骤

1. 粗乙酰水杨酸的合成

用托盘天平称取 2 g 水杨酸放入干燥洁净的 100 mL 锥形瓶中,加入 5 mL 醋酸酐,随后用滴管加 6 滴 85%磷酸,摇动锥形瓶使水杨酸全部溶解后,水浴(85～90 ℃)加热 5～10 min,冷却至室温,即有乙酰水杨酸结晶析出。如无结晶析出,可用玻璃棒摩擦锥形瓶内壁促使结晶析出。当有晶体析出后,加入 50 mL 蒸馏水,在冰水中冷却,直至结晶全部析出。

将结晶析出的乙酰水杨酸,倒入布氏漏斗中,减压过滤,用少量水洗涤,继续抽滤,将溶剂尽量抽干。然后把结晶放在表面皿上,晾干,称重,得粗产品,计算产率。

2. 提纯

将上述制得的乙酰水杨酸粗产品,放入 200 mL 烧杯中,边搅拌边滴加饱和碳酸氢钠溶液,直到无气泡放出,用玻璃漏斗过滤。将滤液倒入盛有 20 mL 盐酸溶液中,搅拌,即有乙酰水杨酸结晶析出。

在冰水中冷却,至晶体全部析出后,减压过滤,晾干,称重,得相对较纯的产品,计算纯化后产率。用熔点仪测定乙酰水杨酸熔点。

3. 产品检验

为了检验产品的纯度,可取少量结晶加入 1%三氯化铁溶液中,观察有无颜色反应,若无紫色出现,说明水杨酸全部反应。

[注意事项]

1. 盛装和取用反应物的烧杯、量筒必须干燥。

2. 由于水杨酸分子内可形成氢键,与醋酸酐直接反应需在 150～160 ℃才能进行,生成乙酰水杨酸。加入浓硫酸或磷酸的作用是破坏水杨酸分子中羧基与酚羟基间形成的氢键,使反应在较低的温度下(90 ℃)即可进行。

3. 产品受热易分解,因此采用晾干的方法,若烘干,要求温度低时间短。

4. 用盐酸溶液纯化后,还可用苯或石油醚进一步重结晶。

五、实验结果及分析

1. 数据记录及处理

乙酰水杨酸理论产量 m_1＝________________g
粗乙酰水杨酸产量 m_2＝__________________g
粗产率 $\omega\%=(m_2/m_1)\times100\%=$__________
纯化乙酰水杨酸产量 m_3＝________________g
纯化产率 $\omega\%=(m_3/m_1)\times100\%=$________
乙酰水杨酸熔点_________________________

2. 实验分析

六、思考题

1. 在制备乙酰水杨酸过程中,应注意哪些问题才能保证有较高的产率?
2. 在进行水杨酸的乙酰化反应时,加入磷酸的目的是什么?
3. 制备乙酰水杨酸时,会有哪些副产物?

实验二十六 苯甲酸的制备

一、实验目的

1. 学习由甲苯制备苯甲酸的原理和方法。
2. 学习回流的基本操作技能。
3. 学习制备苯甲酸的后处理方法。

二、实验原理

含 α-H 的烷基苯在 $KMnO_4$、$K_2Cr_2O_7$ 等氧化剂作用下，可使苯环侧链发生氧化，氧化反应发生在 α-氢位置，不管侧链多长，氧化终产物都是苯甲酸。主反应为：

$$C_6H_5-CH_3 \xrightarrow{KMnO_4/H^+} C_6H_5-COOH + MnO_2$$

苯甲酸俗称安息香酸，存在于安息香胶及其他一些树脂中。纯品苯甲酸为无色针状晶体，熔点 122.4 ℃，受热能升华，难溶于冷水，易溶于热水、乙醇、乙醚和氯仿中，可作药品和防腐剂。

三、实验仪器和药品

1. 实验仪器

圆底烧瓶(250 mL)、量筒(50 mL、10 mL)、冷凝管、乳胶管、减压过滤装置一套、烧杯(250 mL)、酒精灯、托盘天平

2. 实验药品

甲苯(1.5 mL)、高锰酸钾(5.3 g)、浓盐酸(10～15 mL)、饱和的 $NaHSO_3$ 溶液、刚果红试纸

四、实验步骤

1. 苯甲酸的制备

在 250 mL 圆底烧瓶中放入 1.5 mL 甲苯和 50 mL 水，组装成回流冷凝装置，在石棉

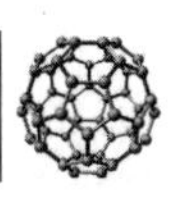

网上加热至沸腾，然后从冷凝管口上口分 3～4 次加入 5.3 g $KMnO_4$，最后用 20 mL 水冲洗冷凝管，使高锰酸钾全部冲入烧瓶内。继续煮沸并间歇摇动烧瓶，直到甲苯层几乎消失、回流液不再出现油珠，停止加热。

2. 产品后处理

将烧瓶中的混合物趁热减压过滤，用少量热水洗涤滤渣二氧化锰，合并滤液和洗涤液于烧杯中，放在冷(冰)水浴中冷却，滴加饱和的 $NaHSO_3$ 处理为紫色完全消失后，然后加入 10～15 mL 浓盐酸酸化至酸性，用刚果红试纸检验。酸化后生成大量白色苯甲酸沉淀，冷却至室温，减压过滤，用少量水洗涤，得到白色粗苯甲酸。将制得的粗苯甲酸在沸水浴上干燥(或晾干)，称重。

[**注意事项**]

1. 在制备苯甲酸，加热过程中，实验必须加热 1h 以上，且不断摇动烧瓶。
2. 制备的混合物，热过滤时动作要快，防止提前结晶析出。
3. 第一次过滤溶液会有紫色，第二次过滤应为无色透明的澄清溶液，否则最后的粗苯甲酸不是白色的。

五、实验结果及分析

1. 数据记录及处理

苯甲酸理论产量 m_1=________________g

粗苯甲酸实际产量 m_2=______________g

粗产率 $\omega\%=(m_2/m_1)\times100\%$=______

2. 实验分析

六、思考题

1. 为什么烧瓶中的混合产物要趁热过滤?
2. 制备苯甲酸时，不断摇动烧瓶的原因是什么?

实验二十七　醛、酮的性质

一、实验目的

1. 验证理论课上学习的醛、酮化学性质。
2. 掌握醛、酮的鉴定方法。

二、实验仪器和药品

1. 实验仪器

试管(干燥,10 支)、水浴锅、滴管、洗瓶 、玻璃棒、冰柜

2. 实验药品

(1) 试样

正丁醛、苯甲醛、丙酮、3-戊酮、苯丙酮、甲醛、乙醛(40%)、正丁醇、仲丁醇

(2) 试剂

饱和亚硫酸氢钠溶液、2,4-二硝基苯肼溶液、I_2-KI 溶液、NaOH(40%)、NaOH(10%)、NaOH(5%)、硝酸银溶液(2%)、$NH_3 \cdot H_2O$(2%)、斐林试剂(Ⅰ、Ⅱ)、$KMnO_4$(0.02 $mol \cdot L^{-1}$)

三、实验步骤

1. 羰基的亲核加成反应

(1) 与饱和的亚硫酸氢钠反应

取 5 支干燥洁净的试管,各加入 2 mL 新配制的饱和的亚硫酸氢钠溶液后,分别滴加 10 滴正丁醛、苯甲醛、丙酮、3-戊酮、苯丙酮,振荡使混合均匀,然后置于冰水浴中冷却,观察沉淀析出情况,并记录沉淀析出的现象和时间。

(2) 与 2,4-二硝基苯肼反应

取 5 支洁净的试管,各加入 2 mL 2,4-二硝基苯肼后,分别滴加 3 滴正丁醛、苯甲醛、

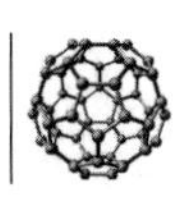

丙酮、2-戊酮、苯丙酮，用力振荡使混合均匀，观察沉淀析出情况，如无沉淀，静置片刻再观察，若还没有沉淀析出，可 40 ℃水浴加热 1 min，冷却观察。记录沉淀析出的现象和各物质沉淀析出的时间。

2. 碘仿反应(甲基酮结构和甲基醇结构)

取 5 支洁净的试管，各加入 1 mL I_2-KI 溶液后，分别滴加 5 滴 40%乙醛、丙酮、3-戊酮、正丁醇、仲丁醇，用力振荡使混合均匀，然后边振荡边滴加 10%的 NaOH 溶液，至碘的颜色将消失，溶液呈淡黄色，观察是否有黄色的碘仿生成。若无沉淀，可在 60～65 ℃水浴加热 3 min，冷却后观察现象。记录各试管中的现象。

3. 氧化反应

(1) 与 $KMnO_4$ 的反应

在 2 支洁净的试管中，分别加入 1 mL 乙醛溶液和丙酮溶液，各滴加 2～3 滴 $KMnO_4$ 溶液，振荡，观察现象。高锰酸钾紫红色褪去的是乙醛。

(2) 银镜反应

在一洁净的试管中，加入 4 mL 2%硝酸银溶液和 2 滴 5%氢氧化钠溶液，混合均匀后，边滴加 2%的氨水边振荡，至生成的 Ag_2O 沉淀刚好溶解，此即托伦试剂。

将该托伦试剂平均置于 4 支洁净的试管中，分别滴加 4 滴甲醛、乙醛、丙酮、苯甲醛，振荡使混合均匀，静置观察，若无现象，可在 40～50 ℃水浴加热 3 min，有银镜反应，说明该物质为醛。

(3) 与斐林试剂的反应

将斐林试剂Ⅰ和斐林试剂Ⅱ各 4 mL 加入洁净试管中混合均匀，然后平均置于 4 支洁净的试管中，分别滴加 10 滴甲醛、乙醛、丙酮、苯甲醛，振荡使混合均匀，置于沸水浴中加热 3～5 min，观察实验现象。

[**注意事项**]

1. 同一组鉴定，要将使用的试管编号，在对应的试管中加入检测的各类试剂。
2. 碘仿反应时，10% NaOH 溶液不要滴加过量。
3. 银镜反应试管必须非常洁净，且水浴加热时不能振荡试管，否则生成的是黑色的单质银，也不能用酒精灯火焰直接加热。

四、实验现象记录及结果分析

内容 \ 项目			现象(及时间)	结论
亲核加成	饱和的亚硫酸氢钠	正丁醛		
		苯甲醛		
		丙酮		
		3-戊酮		
		苯丙酮		
	2,4-二硝基苯肼	正丁醛		
		苯甲醛		
		丙酮		
		2-戊酮		
		苯丙酮		
碘仿反应		乙醛		
		丙酮		
		3-戊酮		
		正丁醇		
		仲丁醇		
氧化反应	$KMnO_4$	乙醛		
		丙酮		
	银镜反应	甲醛		
		乙醛		
		丙酮		
		苯甲醛		
	斐林试剂	甲醛		
		乙醛		
		丙酮		
		苯甲醛		

五、思考题

1. 与醛、酮反应的亚硫酸氢钠溶液为什么要用饱和且新制的?
2. 如何区分醛和酮、脂肪醛和芳香醛、甲基酮和非甲基酮?

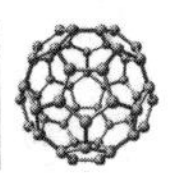

实验二十八　分子模拟

一、实验目的

1. 学习分子模拟软件 ChemDraw 和 GaussView。
2. 掌握分子结构的画法，并利用软件观察分子的构象异构。

二、实验原理

ChemDraw 软件是目前国内外最流行、最受欢迎的化学绘图软件。它是美国 CambridgeSoft 公司开发的 ChemOffice 系列软件中最重要的一员。其强大的绘制和图形显示功能使其成为众多科学家的热门工具。它不仅使用简便，输出质量高，还结合了强大的化学智能技术。ChemDraw 软件功能十分强大，可编辑、绘制与化学有关的一切图形。例如，建立和编辑各类分子式、方程式、结构式、立体图形、对称图形、轨道等，并能对图形进行编辑、翻转、旋转、缩放、存储、复制、粘贴等多种操作。该工具绘制的图形可以直接复制粘贴到 word 文档中使用。ChemDraw 为化学家提供了一套完整易用的绘图解决方案，包括绘制化学结构及反应方程式，并且可以获得相应的属性数据、系统命名等。

ChemDraw 软件的操作简介：

打开 ChemDraw 软件将看到下面的界面，界面的介绍如下：

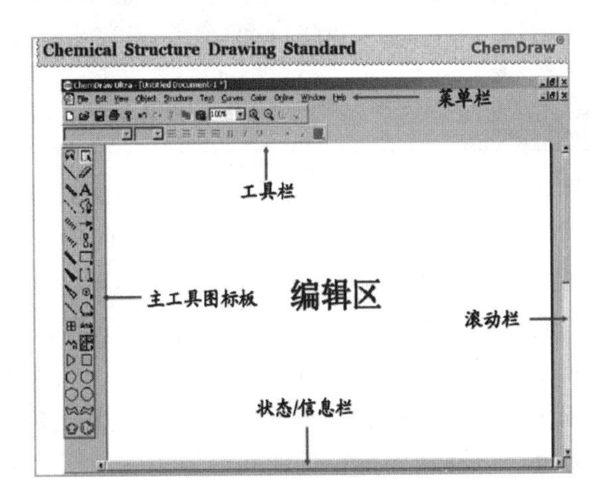

其中主工具图标板是结构绘制的主要工具区，介绍如下：

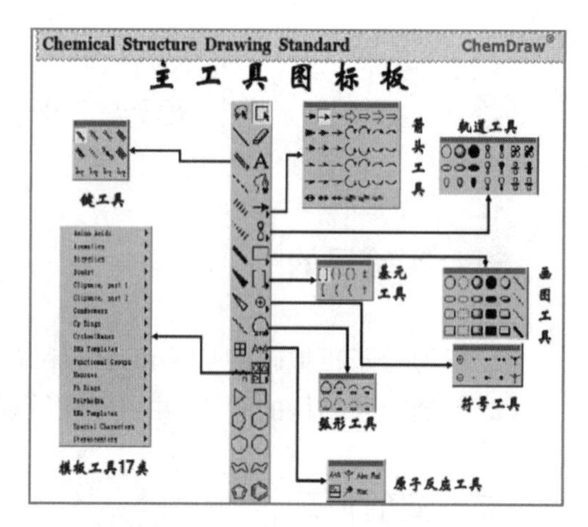

主工具中的模板工具有 17 类，包括氨基酸模板工具、芳香化合物模板工具、生物模板工具、双环模板工具、环戊二烯模板工具、玻璃仪器模板工具(Ⅰ)、玻璃仪器模板工具(Ⅱ)、构象异构模板工具、DNA 模板工具、脂环模板工具、官能团模板工具、己糖模板工具、苯环模板工具、多面体模板工具、RNA 模板工具、立体中心模板工具、超分子模板工具。下图为构象异构工具。

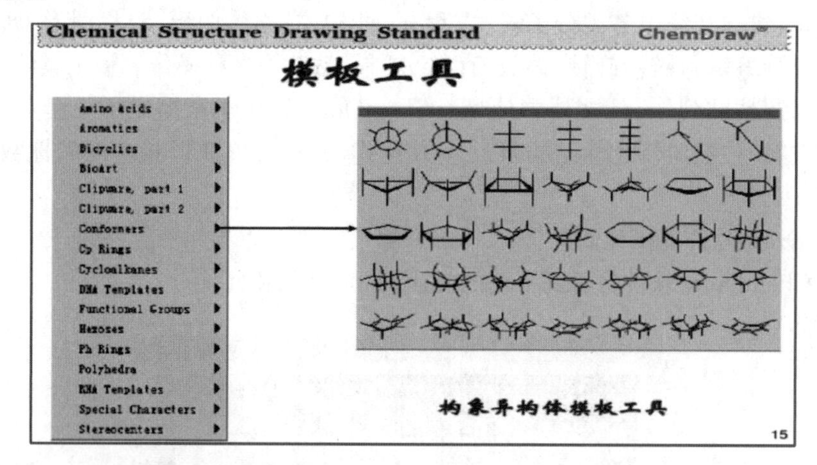

GaussView 是计算化学常用软件之一，利用 GaussView 可以构建 Gauss 的输入文件和绘制一些结构复杂的化合物，并进行一些物理上和化学上的理论分析。

通过 GaussView 的可视化工具，快速绘制分子模型图，然后对这些分子进行简单的旋转、平移或缩放操作，输出像 PDB 这类标准格式的文件。图形界面中为了清晰显示，使用各种球棒模型来表示原子和化学键，用棒的多少表示键级。真实的体系中只存在很小的原子核和它们周围相互重叠的电子云，建模时，可以给离得很远的两个原子之间定义化学键，使它们一起移动，也可以移除离得很近的两个原子之间定义的化学键来调整相对位置。

打开 GaussView 界面如下图所示：

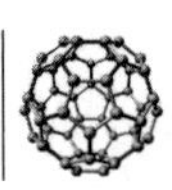

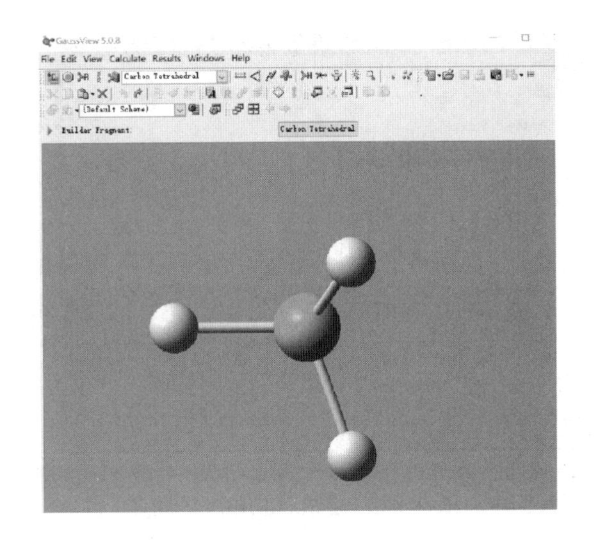

图中第一行为菜单栏：

File　Edit　View　Calculate　Results　Windows　Help

File：主要功能是建立、打开、保存和打印当前文件。Edit：主要功能是完成对分子的剪贴、拷贝、删除和抓图。View：选项都是与分子显示有关，如显示氢原子、显示键、显示元素符合、显示坐标轴等。Result：显示计算结果。

点击左上角的 File，选择 new 建立一个新的文件，可以看到屏幕出现一个深蓝色的小底框，这就是画图的底框，以后画图就在这上面完成。

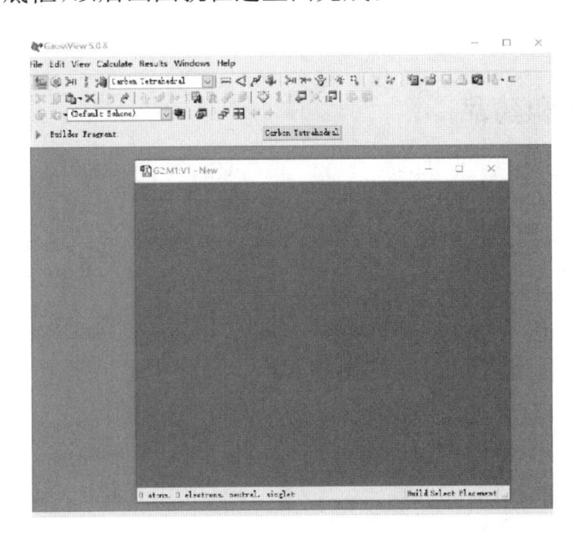

点击 View 菜单中的 Builder 即可调出独立的 Builder 面板，该面板是一个前置的面板，即始终显示在其他面板/窗口的上方，便于全屏幕搭建分子时使用。

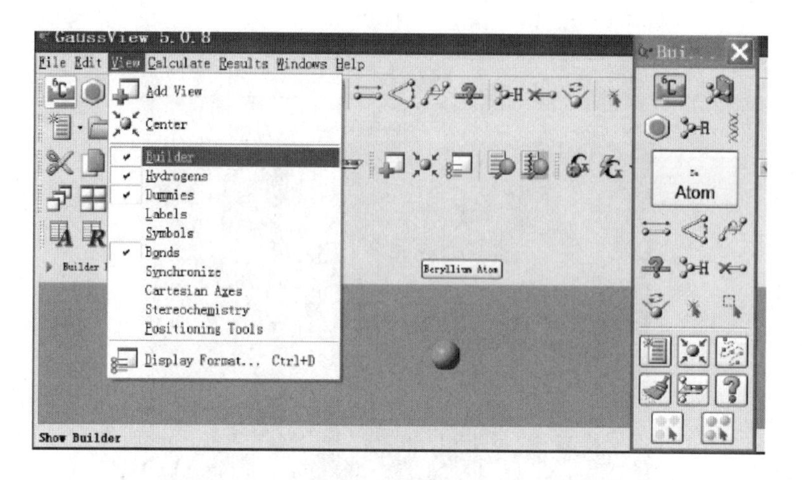

下图中是三个变形工具键依次称为键长、键角和二面角。

GaussView 中在窗口内任意位置点击鼠标左键并按住,此时移动鼠标,窗口内所有分子跟随转动。在窗口内任意位置点击鼠标右键并按住上下移动鼠标,分子会放大缩小;左右移动鼠标:分子沿垂直屏幕的轴转动。在窗口内任意位置点击鼠标中键(或者滚轮)并按住,此时移动鼠标,屏幕内的所有分子将跟随平移。使用滚轮前后滚动,当前窗口内分子放大缩小。

三、实验仪器和药品

电脑,ChemDraw,GaussView

四、实验步骤

1. 用 ChemDraw 画出下列分子的结构式
(1) 乙烷分子
(2) 正丁烷分子
(3) 环己烷分子
(4) 乙醇分子
2. 用 GaussView 构造下列分子的构象
(1) 构造乙烷分子的重叠式,转动二面角将重叠式构象转成交叉式构象。
(2) 构造正丁烷分子的全重叠式构象,转动二面角将全重叠式构象转成全交叉式构象。

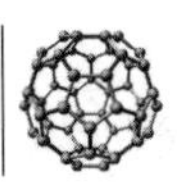

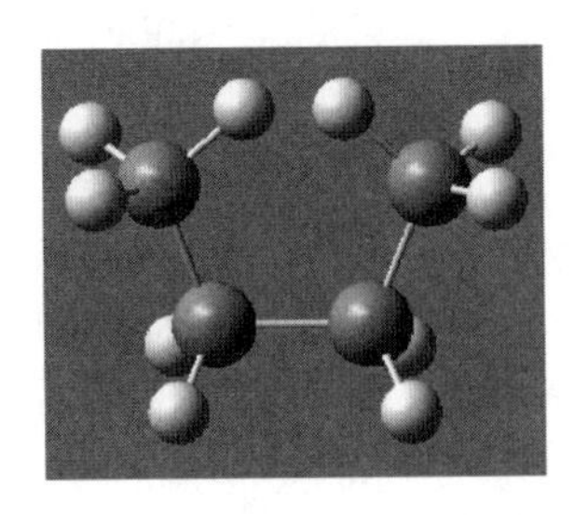
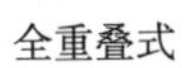
全重叠式

对位交叉式

(3) 构造环己烷分子的椅式构象。

(4) 构造乙醇分子的球棍模型。

五、思考题

1. 乙烷、丁烷和环己烷的构象异构形成的原因是什么?

2. 乙烷、丁烷和环己烷的构象异构有多少种? 典型构象有哪些?

实验二十九　电导法测难溶盐的溶度积

一、实验目的

1. 掌握电导测定的原理和电导仪的使用方法。
2. 通过实验验证电解质溶液电导与浓度的关系。
3. 掌握电导法测定 $BaSO_4$ 的溶度积的原理和方法。

二、实验原理

导体导电能力的大小常以电阻的倒数去表示，即有

$$G=\frac{1}{R}$$

式中 G 称为电导，单位是西门子 S。

导体的电阻与其长度成正比，与其截面积成反比，即：

$$R=\rho\frac{l}{A}$$

ρ 是比例常数，称为电阻率或比电阻。根据电导与电阻的关系则有：

$$G=\kappa\left(\frac{A}{l}\right)$$

κ 称为电导率或比电导

$$\kappa=\frac{1}{\rho}$$

对于电解质溶液，浓度不同则其电导亦不同。如取 1 mol 电解质溶液来量度，即可在给定条件下就不同电解质溶液来进行比较。1 mol 电解质溶液全部置于相距为 1 m 的两个平行电极之间溶液的电导称之为摩尔电导，以 λ 表示。如溶液的摩尔浓度以 c 表示，则摩尔电导可表示为

$$\lambda=\frac{\kappa}{1\,000c}$$

式中 λ 的单位是 $S\cdot m^2\cdot mol^{-1}$，c 的单位是 $mol\cdot L^{-1}$。λ 的数值常通过溶液的电导率 κ 式计算得到。

$$\kappa=\frac{l}{A}G\quad 或\quad \kappa=\frac{l}{A}\cdot\frac{1}{R}$$

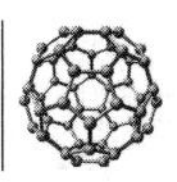

对于确定的电导池来说 l/A 是常数,称为电导池常数。电导池常数可通过测定已知电导率的电解质溶液的电导(或电阻)来确定。

在测定电导率时,一般使用电导率仪。电导电极置于被测体系中,体系的电导值通过电子线路处理后,通过表头或数字显示。每支电极的电导池常数一般出厂时已经标出,如果时间太长,对于精密的测量,也需进行电导池常数校正。仪器输出的值为电导率,有的电导仪有信号输出,一般为 0～10 mV 的电压信号。

在测定难溶盐 $BaSO_4$ 的溶度积时,其电离过程为

$$BaSO_4 \longrightarrow Ba^{2+} + SO_4^{2-}$$

根据摩尔电导率 Λ_m 与电导率 κ 的关系:

$$\Lambda_m(BaSO_4) = \frac{\kappa(BaSO_4)}{c(BaSO_4)}$$

电离程度极小,认为溶液是无限稀释,则 Λ_m 可用 Λ_m^∞ 代替。

$$\Lambda_m \approx \Lambda_m^\infty = \lambda_m^\infty(Ba^{2+}) + \lambda_m^\infty(SO_4^{2-})$$

$\lambda_m^\infty(Ba^{2+})$,$\lambda_m^\infty(SO_4^{2-})$可通过查表获得。

$$\Lambda_m(BaSO_4) = \frac{\kappa(BaSO_4)}{c} = \frac{\kappa(\text{溶液}) - \kappa(H_2O)}{c}$$

而 $c(BaSO_4) = c(SO_4^{2-}) = c(Ba^{2+})$,所以 $K_{sp} = c(Ba^{2+}) \cdot c(SO_4^{2-}) = c^2$。

这样,难溶盐的溶度积和溶解度是通过测定难溶盐的饱和溶液的电导率来确定。很显然,测定的电导率是由难溶盐溶解的离子和水中的 H^+ 和 OH^- 决定的,故还必须要测定电导水的电导率。

三、实验仪器和药品

1. 实验仪器:DDS—307 型电导仪 1 台;电子天平 1 台;酒精灯 1 个;锥形瓶(250 mL) 1 个;烧杯(100 mL)1 个

2. 实验药品:$BaSO_4$(固体)

四、实验步骤

1. 蒸馏水的电导测定

取约 100 mL 蒸馏水煮沸、冷却,倒入一干燥烧杯内,插入电极,读三次,取平均值。

2. 测定 $BaSO_4$ 的溶度积

(1) 称取 1 g $BaSO_4$ 放入 250 mL 锥形瓶内,加入 100 mL 蒸馏水,摇动并加热至沸

腾,倒掉上层清液,以除去可溶性杂质,重复 2 次。

(2) 再加入 100 mL 蒸馏水,加热至沸腾,使之充分溶解。冷却至室温,将上层清液倒入一干燥烧杯中,插入电极,测其电导值,读 3 次,取平均值。

$$\kappa(BaSO_4)=\kappa(\text{溶液})-\kappa(H_2O) \quad \Lambda_m \approx \Lambda_m^{\infty}=\lambda_m^{\infty}(Ba^{2+})+\lambda_m^{\infty}(SO_4^{2-})$$

$$c=\kappa/1\,000\Lambda_m \quad K_{sp}=c^2$$

计算 $BaSO_4$ 的溶度积与文献值比较。

[**注意事项**]

1. 实验用水必须是重蒸馏水,其电导率应$\leqslant 1\times10^{-4}$ S·mol^{-1}·L。
2. 实验过程中温度必须恒定,稀释的电导水也需要在同一温度下恒温后使用。
3. 测量 $BaSO_4$ 溶液时,一定要沸水洗涤多次,以除去可溶性离子,减小实验误差。

五、实验结果及分析

1. 数据记录及处理

(1) 蒸馏水电导测定

次数	测定值 $\kappa_{测}$	平均值 $\kappa_{平}$
1		
2		
3		

(2) 饱和 $BaSO_4$ 溶液电导测定

次数	测定值 $\kappa_{测}$	平均值 $\kappa_{平}$
1		
2		
3		

2. 实验分析

六、思考题

1. 本实验为何需要测量水的电导率?
2. 在测定过程中为什么要用沸水多次洗涤 $BaSO_4$?

第五章　化学基础实验(英文)

1　Alum from Waste Aluminum

Objectives

1. To be aware of the properties of aluminum and alum and to know the need to recycle aluminum from waste.

2. To be able to use laboratory equipment, such as beakers, flasks, alcohol blast burners and so on.

3. To become familiar with the techniques of weighing, and vacuum filtration and crystallization.

4. To be able to calculate the percentage yield of alum synthesized from aluminum scrap.

Introduction

It is known that aluminum(Al) is the most abundant metal and third most abundant element in the Earth's crust. It is concentrated in some high-grade, natural bauxite deposits. Aluminum is used widely. Al is one of the most indestructible materials used in metal containers. The consumption of Al in disposable products such as beverage cans is increasing rapidly.

The widespread use of Al can cause serious social and environmental problems. Al does not corrode as does iron and copper. A fresh Al surface reacts very rapidly with oxygen to produce an oxide coating which is too impervious to undergo any further reactions. The discarded Al has a lifetime in the environment of even greater than 100 years. Thus, it is urgent to pay attention to recycling aluminum. Besides, the production of Al from natural sources like cryolite (Na_3AlF_6) and bauxite (Al_2O_3) involves an electrolytic process which does need plenty of electricity. The energy needed to produce a single can is about the same as that required to keep a 50-watt bulb lit for 12 hours. The scrap Al is usually shredded, melted down, cast, and results to a new product. The energy for above procedures is a small fraction (less than 5%) of that for producing the metal from ore. There are now a number of successful recycling programs for Al.

In this experiment, a special chemical process will be used to transform scrap Al into a useful chemical compound, commonly called alum, instead of a new metal can. Alum, potassium aluminum sulfate dodecahydrate, $KAl(SO_4)_2 \cdot 12H_2O$, is a widely used chemical in paper industry, canning some foods and the purification of water for human and industrial consumption and many other fields. Today, alum can be made very cheaply, using clay as the raw material in industry.

Aluminum is referred to as self-protecting metals, because its surface is normally protected by a very thin, compact coating of aluminum oxide. The outside usually also has a thin coating of paint. These coatings must be removed before any chemical reactions. A cleaned piece of metal is then dissolved in a potassium hydroxide (KOH) solution. Thus, aluminum is oxidized to tetrahydroxoaluminate(Ⅲ) anion, $[Al(OH)_4]$, which is stable only in basic solution.

$$2Al(s)+6H_2O(l)+2KOH(aq) \longrightarrow 2K[Al(OH)_4](aq)+3H_2(g)$$

Then, add sulfuric acid, causing a precipitation of white, gelatinous aluminum hydroxide, $Al(OH)_3$。

$$2K[Al(OH)_4](aq)+H_2SO_4(aq) \longrightarrow 2Al(OH)_3(s)+K_2SO_4(aq)+2H_2O(l)$$

As more sulfuric acid is added, the precipitate of $Al(OH)_3$ dissolves to give aluminum ions in solution.

$$2Al(OH)_3(s)+3H_2SO_4(aq) \longrightarrow Al_2(SO_4)_3(aq)+6H_2O(l)$$

The solution at the moment contains Al^{3+} ions, K^+ ions and SO_4^{2-} ions. When the acidified solution is cooled, crystals of hydrated potassium aluminum sulfate, $KAl(SO_4)_2 \cdot 12H_2O$ (or alum) precipitates very slowly.

$$Al_2(SO_4)_3(aq)+K_2SO_4(aq)+24H_2O(l) \longrightarrow 2K[Al(SO_4)_2] \cdot 12H_2O(s)$$

The overall reaction here is the sum of the previous reactions.

$$2Al(s)+2KOH(aq)+4H_2SO_4(aq)+22H_2O(l) \longrightarrow 2KAl(SO_4)_2 \cdot 12H_2O(s)+3H_2(g)$$

In the experiment, cooling is needed because alum crystals are soluble in water at room temperature. If crystals do not form, the crystallization process can be speeded up by scratching the inside bottom of the beaker with stirring rod and providing a small "seed crystal" of alum for the newly forming crystals to grow on. Finally, remove the crystals of alum from the solution by vacuum filtration and wash with an alcohol/water mixture to remove any contamination from the crystals. It also helps to dry the crystals quickly, because alcohol is more volatile than water.

Materials

Scrap Al, potassium hydroxide (KOH, 1.4 M), sulfuric acid (H_2SO_4, 9 M), ethanol, scissors, sandpaper, beakers (50 mL, 250 mL, 600 mL), graduated cylinder, Bunsen burner, vacuum filtration apparatus, filter paper, stirring rod, analytical balance.

Procedure

Clean all glassware first. Using scissors, cut a piece of scrap Al approximately 30 cm^2. Using a piece of sandpaper, scrape off any coating from both sides as completely as possible. The Al metal may have shape edges. Be careful in handling the metal. Take this piece of Al to the analytical balance and weigh it. You need approximately 1.0 g of Al, and record the mass accurately. Cut your scrap Al sample into small pieces of about 0.2 cm length and then place them in a clean 250 mL beaker. Do not lose any metal bits.

Using graduated cylinder, add 50 mL of 1.4 M KOH (corrosive) solution to the 250 mL beaker containing the Al pieces. Heat the beaker on a low flame to keep it hot rather than boiling. Bubbles of H_2 should form from the reaction between Al and KOH aqueous solution until there are no visible pieces of metal and no release of H_2 gas. The final volume of the liquid should be about 25 mL. This step of dissolution will take about 25 minutes.

Set up a vacuum filtration apparatus. Filter the hot solution to remove any solid residue. Rinse the beaker twice with 5 mL of distilled water, pouring each rinse through the filter residue. The filtrate solution in the flask should be clear and colorless at this point.

Allow the flask to cool. Transfer the clear filtrate into a clean 250 mL beaker. Rinse the filter flask with 5 mL of distilled water and pour the rinse water into the beaker. When the solution is reasonably cool, slowly and carefully, with stirring, add 20 mL of 9.0 M H_2SO_4 (very corrosive) with a graduated cylinder to the solution. The solution will get hot because of the neutralization reaction. You may notice the appearance of a white precipitate of $Al(OH)_3$. Addition of the last few milliliters of the sulfuric acid will usually dissolve the $Al(OH)_3$. If necessary, heat the solution gently, while stirring, to completely dissolve any $Al(OH)_3$ that might have formed. If, after a few minutes of heating, any solid residue remains, filter the mixture and work with the clear filtrate.

Prepare an ice water bath by filling ice and water in a 600 mL beaker. Allow the flask to cool a little and then place it in the ice bath for an additional about 15 minutes.

Crystals of the alum should begin to form in a few minutes. If not, you may have to induce crystallization by scratching the inside bottom of the beaker with a stirring rod or reducing the volume of solution by boiling away some of the water and then cooling the solution in the ice bath.

Filter the alum crystals from the chilled solution, transferring as much of the crystalline product as possible to the funnel. Pour about 10 mL of the cooled 50% alcohol/water mixture into the flask. Keep swirling and pouring until all the solution and crystals are transferred to the funnel.

While the crystals are drying, transfer all of the air-dried crystals from the filter paper, weigh them, and record the weight accurately on the report form. At the end, show your alum crystals to your instructor and then transfer them into a given container in the laboratory.

Results

Mass of Al (g)	
Mass of alum obtained (g)	
Mass of alum theoretically obtainable (g)	
Percentage yield (%)	

Questions

1. Is the percent yield of alum usually less than 100%? Why?

2　Empirical Formula of Magnesium Oxide

Objectives

1. To be able to determine the mass and mole ratios of elements and determine the empirical formula of a metal oxide.

2. To be familiar with basic laboratory measurements of mass using appropriate equipment.

Introduction

The chemical formula of a substance is a notation using atomic symbols with numerical subscripts to convey the relative proportions of atoms of the different elements in the substance. Consider the formula of carbon dioxide, CO_2. This means that the compound is composed of carbon atoms and oxygen atoms in the ratio 1 ∶ 2. A chemical formula is the simplest way to express information about the atoms that constitute any chemical compound.

The formula containing the lowest possible whole number ratio is known as the empirical formula. An empirical formula of a compound is the simplest whole number ratio of the various atoms of each element in a compound. The empirical formula does not necessarily indicate the exact number of atoms in a single molecule. For most ionic substances, the empirical formula is the formula of the compound. This is often not the case for molecular substances. The empirical formula, however, merely tells you the ratio of numbers of atoms in the compound. The percentage composition of a compound leads directly to its empirical formula. Compounds with different molecular formulas can have the same empirical formula, thus having the same percentage composition. A common example is acetylene, C_2H_2, and benzene, C_6H_6. These two compounds, with the same empirical formula, CH, are different compounds and have different chemical structures. Another example is formaldehyde (HCHO), acetic acid (CH_3COOH) and glucose ($C_6H_{12}O_6$). These three organic compounds have the same empirical formula of CH_2O.

To obtain the molecular formula of a substance, you need two pieces of information: the percentage composition, from which the empirical formula can be determined; and the molecular mass. Dividing the empirical formula mass into the molecular mass gives the number by which the subscripts in the empirical formula must be multiplied.

To determine the empirical formula of magnesium oxide, you will react metal magnesium with air to generate magnesium oxide.

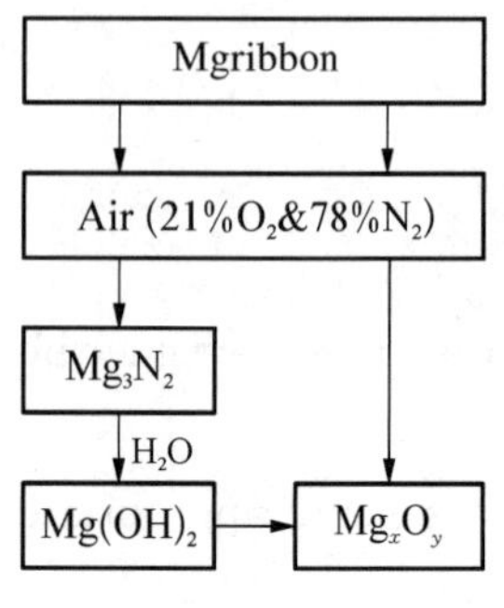

Figure 5 - 1

After magnesium is burned, the product will consist of magnesium oxide together with a small amount of magnesium nitride (Mg_3N_2). Any formed magnesium nitride can be converted to magnesium oxide by addition of water and then by heating. The French chemist Antoine Lavoisier summarized his discoveries as law of conservation of mass which states "In a chemical reaction, matter is neither created nor destroyed." This experiment will demonstrate the law of conservation of mass, and more specifically, how the law can be used to determine the empirical formula of the product, magnesium oxide. From the masses of magnesium and oxygen that combine, we can calculate the empirical formula of magnesium oxide. In today's experiment, you will measure the mass of the reactant magnesium, chemically transform it to magnesium oxide, and measure the mass of the product. The final weighing is necessary because we need to subtract the original weight of magnesium from this weight of product. We weigh the oxygen indirectly. The mass of magnesium atoms does not change from reactant to product.

Note that you should wear your safety goggles all through the experiment. When the magnesium is burning, do not look directly at the flame. It is bright enough to damage your eyes.

Materials

Metal magnesium, analytical balance, safety goggles, crucible with lid, clay triangle, iron stand, ring stand, sandpaper, crucible tongs, wire gauze, Bunsen burner, dropper.

Procedure

Clean a porcelain crucible and lid, rinsing thoroughly with deionized water. Dry the crucible and lid with a paper towel. Heat the dry crucible with cover strongly on a clay triangle, for about 5 minutes to make certain that the crucible is dry and to drive off any volatile material. Turn off the burner and let the crucible and lid cool. Using crucible tongs, remove the crucible and lid and place them on wire gauze. Allow the crucible and lid to cool completely to room temperature and then weigh them together (m_1). Handle the crucible with tongs, so you do not leave any deposits from your fingers.

Obtain a strip of magnesium ribbon that is about 8 cm long. If it is not shiny, polish it briefly with sandpaper to remove any oxide coating. Fold the magnesium ribbon so that it will fit inside the crucible. Carefully weigh the crucible, lid, and magnesium ribbon inside. Record this total mass (m_2). Do not handle the ribbon directly with your fingers, or you will leave deposits on it.

Place the lid on the crucible. Heat the crucible gently for about 5 minutes. Use your crucible tongs to place the lid ajar to admit air entering the crucible. If the Mg starts glowing brightly, quickly cover the crucible, remove the Bunsen burner, and wait one minute before continuing to heat. Heat the crucible strongly for 15 minutes, when it is ajar.

Lift the lid and look at the ribbon to see whether it has become a whitish ash. If the ribbon still has its original color, reheat for 10 more minutes. Continue heating, as necessary, to completely react the ribbon, then allow the crucible to cool to room temperature. (If you do not allow your crucible to cool, the addition of water will likely cause it to crack. Never heat a cracked crucible!) To the contents of the cooled crucible, add a few drops of distilled water using a dropper. The smell of ammonia may be evident at this point.

Partially cover the crucible (leave a slight crack) and heat gently for 2 minutes, then heat strongly for 10 minutes. Once the crucible has cooled to room temperature, record the combined mass of the crucible, lid, and magnesium oxide product (m_3). Repeat this step two or more times until the mass is constant (m_4 for second weighing, m_5 for third weighing, and so on).

Perform the calculations and write down the results into your worksheet.

Results

The mass of Mg(g)	
The mass of the magnesium oxide(g)	
The mass of oxygen(g)	
The moles of Mg(mol)	
The moles of O(mol)	
Mol ratio Mg : O	
Empirical formula of magnesium oxide	
Actual formula of magnesium oxide	

Questions

1. Write and balance the chemical equations involved in this experiment.

2. When you heated the magnesium in this experiment, the mass went up. Where did this mass come from?

3. Is your formula same as actual formula? If not, explain why you did not get the same formula.

4. An organic compound has a molar mass of 180 g and contains 40.0% carbon, 6.7% hydrogen, and 53.3% oxygen. What is its empirical formula? Molecular formula?

3　Molar Volume of Oxygen

Objectives

1. To measure the standard molar volume of oxygen gas and to compare the measured value to the value predicted by the ideal gas law.

2. To determine the percentage of $KMnO_4$ in unknown sample.

Introduction

The relationship of pressure, volume, and temperature for a gas sample can be expressed in the Ideal Gas Law.

$$PV=nRT$$

Where P is pressure, V is volume, n is number of moles of the gas, R is molar gas constant, and T is absolute temperature. The Ideal Gas Law is based on the following postulates. Gases are composed of molecules whose size is negligible compared with the average distance between them, and you can usually ignore the volume occupied by the gas molecules. The forces of attraction between two molecules in a gas are very weak or negligible. These assumptions are valid at low pressure and high temperature for a lower density.

The molar gas volume at a given temperature and pressure is a specific constant independent of the nature of the gas. This is called Avogadro's Law. The molar volume of a gas is defined to be the volume occupied by one mole of gas at standard temperature and pressure (STP), the reference conditions for gases chosen by convention to be 273 K and 1 atm pressure. It means that equal volumes of any two gases at the same temperature and pressure contain the same number of molecules. One mole of any gas contains the same number (Avogadro's number $N_A=6.02\times10^{23}$) of molecules and must occupy the same volume at a given temperature and pressure. At STP, the molar gas volume is found to be 22.4 L/mol.

In this experiment we will determine the molar volume of oxygen (O_2) at STP. The reaction used to generate oxygen is the thermal decomposition of potassium permanganate.

$$2KMnO_4(s) \longrightarrow K_2MnO_4(s)+MnO_2(s)+O_2(g)$$

When collected over water, the gas collected is oxygen mixed with water vapor. To obtain the amount of oxygen, you must first find its partial pressure in the mixture. According to Dalton's Law of Partial Pressures,

$$P(\text{tot})=P(O_2)+P(H_2O)$$

Where P(tot) is the atmospheric pressure obtained from a barometer which is equal to the wet oxygen pressure, $P(O_2)$ is the partial pressure of oxygen and $P(H_2O)$ is the vapor pressure of water at the measured temperature, which can be obtained from the *Handbook of Chemistry*.

Boyle's Law ($V\propto 1/P$) and Charles's Law ($V\propto T$) can be combined and expressed in a single statement: the volume occupied by a given amount of gas is proportional to the absolute temperature divided by the pressure ($V\propto T/P$). We can write this as an equation, $PV/T=$constant. It also can be written as

$$P_1V_1/(n_1T_1)=P_2V_2/(n_2T_2)$$

where $P_1=760$ mmHg, $T_1=273$ K, $n_1=1$ mol, $P_2=$pressure of dry oxygen, $V_2=$ volume of O_2 produced (the volume of displaced water), $n_2=$moles of O_2 produced, $T_2=$measured temperature.

Materials

Sample of $KMnO_4$, distilled water, test tube, jar or flask, glass guide tube, clamp, graduated cylinder, Bunsen burner, barometer, analytical balance, thermometer, iron stand, ring stand.

Procedure

Assemble the apparatus as illustrated in Figure 5 - 2, except for the test tube C. Fill jar G with water and add a small amount of water to beaker K. Fill tube J with water by blowing into tube H. Raise and lower the beaker K to expel any air bubbles from tube J.

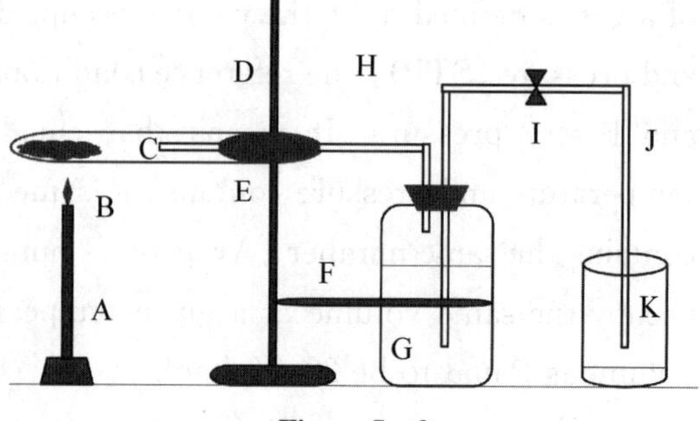

Figure 5 - 2

Water must not enter tube H. Close tube J with a pinch clamp I. Obtain an unknown sample from the stockroom. Clean and dry test tube C thoroughly before adding the unknown sample B into it. Weigh the empty test tube and add to it about 1 g of the unknown B. Check the total mass by reweighing the tube C. All weighing should be to 0.01 g. Use a paper funnel to transfer the solid to the test tube to prevent it from contacting the rubber stopper.

Place the one-hole stopper on tube H tightly into the test tube C. The apparatus must be airtight. Check the system for air leaks by removing the pinch clamp on tube J. If there are no leaks, water will not flow out of the flask even if the water levels in the flask and the beaker are different. Let the pressure inside and outside of the jar be equal by raising the beaker K until the water levels in the beaker and the bottle are equal.

Remove the clamp I from tube J and begin heating the unknown sample with Bunsen burner. Heat gently at first to obtain a moderate rate of oxygen evolution. Continue heating until no further oxygen is evolved or until the water level in the beaker stops changing. The end of tube J must remain immersed under water during the entire time after heating begins.

When the heating is completed, allow the apparatus to cool with tube J open, but with its end still immersed in water. Once the apparatus is at room temperature, equalize the pressure inside the flask with the atmospheric pressure and close tube J.

Carefully measure the volume of water displaced in the beaker with a graduated cylinder and record it to the nearest 0.1 mL. Measure the temperature of the water replaced, and that is the temperature of oxygen gas. Weigh the test tube and the residue again to get the mass of oxygen. Obtain the total pressure from the barometer.

Results

	Trial 1	Trial 2	Trial 3
Mass of the empty test tube(g)			
Mass of tube and sample before heating(g)			
Mass of tube and sample after heating(g)			
Mass of sample before heating(g)			
Mass of O_2 (g)			
Moles of O_2 (mol)			
Water temperature(K)			
Barometric pressure(mmHg)			
Vapor pressure of water(mmHg)			
Pressure of O_2 (mmHg)			
Volume of O_2 (mL)			
Molar volume of O_2 at STP(L/mol)			

(Continued)

	Trial 1	Trial 2	Trial 3
Average molar volume(L/mol)			
Mass of $KMnO_4$ in sample(g)			
% $KMnO_4$ in sample			
Average % $KMnO_4$ in sample			

Questions

1. What volume of H_2 will be produced when 3.00 g of zinc reacts with HCl(aq) at STP?

2. If the reaction of decomposition of $KMnO_4$ is incomplete assuming all other measurements are accurate, what would be the effect on the calculated value of standard molar volume of O_2?

3. How to determine the standard molar volume of hydrogen?

4 Heat of Reaction and Hess's Law

Objectives

1. To be able to use coffee-cup calorimeter and to determine the heat capacity of the calorimeter.

2. To determine the heat of solution for a base dissolving in water.

3. To determine the heat of neutralization for an acid-base reaction.

4. To determine the relationship between several related reactions and to verify Hess's Law.

Introduction

Energy changes occur in all chemical reactions. As chemical bonds break and form in a chemical reaction, energy is either released or absorbed in the form of heat. Chemists use the symbol ΔH to represent the overall change in the enthalpy as a reaction proceeds. The enthalpy of reaction equals the heat of reaction at constant pressure. If energy is released in the form of heat, the reaction is called exothermic, and ΔH is a negative quantity. Conversely, if energy is absorbed, the reaction is called endothermic, and ΔH is a positive quantity.

Enthalpy is a state function, and the enthalpy change for a chemical reaction is independent of the path by which the products are obtained. In other words, no matter how you go from given reactants to products (whether in one step or several), the enthalpy change for the overall chemical change is the same. A chemical equation that can be written as the sum of two or more steps, the enthalpy change for the overall equation equals the sum of the enthalpy changes for the individual steps. That is called Hess's law.

According to the first law of thermodynamics, heat lost equals heat gained. If the heat exchange can be sufficiently insulated from the surroundings so that not very much heat escapes to the surroundings, we can measure the heat change that occurs in the surroundings by monitoring temperature change. The heat required to raise the temperature of a substance is called its heat capacity. The heat capacity of substance is the quantity of heat needed to raise the temperature of the sample of substance one degree Celsius. Changing the temperature of the sample requires heat equal to $C \cdot \Delta t$, where C is the heat capacity and Δt is the change of temperature. Heat capacity is directly proportional to the amount of substance. Heat capacities are also compared for one-gram amounts of substances. The specific heat capacity is the quantity of heat required to raise the temperature of one gram of a substance by one degree Celsius at constant pressure. To find the heat q required to raise the temperature of a sample, you can use the equation $q = s \cdot m \cdot \Delta t$. Water has a specific heat capacity of 4.18 J/(g · ℃) and 1.00 cal/(g · ℃) in terms of calories.

A thermochemical measurement is based on the relationship between heat and temperature change. Calorimeter, a device providing adequate heat insulation from its surroundings, is used to measure the heat of reaction. A typical calorimeter used in freshman chemistry labs consists of two nested Styrofoam cups with a thermometer. A perfect calorimeter neither absorbs heat from the solution nor loses any heat to the surroundings. But no calorimeter is perfect. In calculations, you will use the following equations:

$$\Delta H_{\text{reaction}} = -(\Delta H_{\text{calorimeter}} + \Delta H_{\text{solution}})$$

$$\Delta H_{\text{calorimeter}} = C_{\text{calorimeter}} \cdot \Delta t$$

$$\Delta H_{\text{solution}} = s_{\text{solution}} \cdot m_{\text{solution}} \cdot \Delta t$$

This experiment is to measure the ΔH in kJ/mol for three different but related reactions and to determine if there is a relationship involving these ΔH values. The three reactions to be studied are shown below:

1) $NaOH(s) \longrightarrow Na^+(aq) + OH^-(aq)$ $\qquad \Delta H_1$

2) $NaOH(s) + H^+(aq) + Cl^-(aq) \longrightarrow H_2O(l) + Na^+(aq) + Cl^-(aq)$ $\qquad \Delta H_2$

3) $Na^+(aq) + OH^-(aq) + H^+(aq) + Cl^-(aq) \longrightarrow H_2O(l) + Na^+(aq) + Cl^-(aq)$ $\qquad \Delta H_3$

In order to perform these calculations, you should:

First assume that the dilute solutions have the same density as water, 1.00 g/mL. This enables you to calculate the mass from the volume used. And second, assume the specific heat capacity of the solutions is the same as that of water, 4.18 J/g · ℃. The value for ΔH_1, ΔH_2 and ΔH_3 must be expressed in units of kJ/mol.

Caution: Solid sodium hydroxide, hydrochloric acid solution and sodium hydroxide solution are corrosive to skin, eyes, and clothing. Do not touch them directly. Handle your thermometer gently. Do not use it to stir the solution.

Materials

Solid NaOH, NaOH (1.0 M), HCl (1.0 M), weighing paper, graduated cylinders, styrofoam cup, lid for cup (with two holes in it), balance, thermometer, stirring rod.

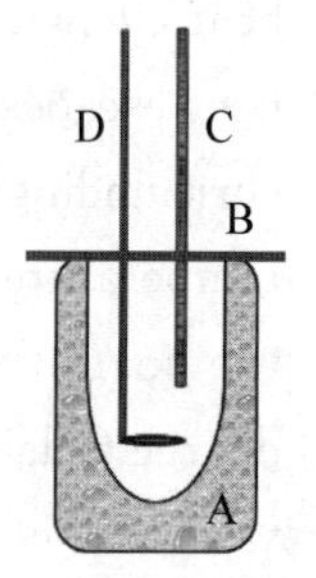

Figure 5 - 3

Procedure

Part 1: Determination of heat capacity of the calorimeter, $C_{calorimeter}$

The calorimeter can be as simple as sketched in Figure 5－3. A is styrofoam cup. B is the lid of A with two holes in it, one for thermometer C, and the other one for stirring rod D.

Pour 50.0 mL of distilled water into the calorimeter using a graduated cylinder and replace the lid. Allow the temperature to equilibrate for 5 minutes and record the temperature to the nearest 0.1 ℃. Place 50.0 mL water in a 250 mL beaker and heat until the temperature is 45－50 ℃. Record the temperature of warm water, quickly pour them into the calorimeter, replace the lid, insert the thermometer, and begin gently stirring the mixture. Record the temperature, every 15 seconds for three minutes at least until the temperature decreases.

Empty your calorimeter and dry all parts completely.

Part 2: Determination of heat of solution of NaOH(s), ΔH_1

Pour 100.0 mL of distilled water into the calorimeter. Allow the solution to equilibrate and record the temperature. Weigh about 2.0 g of solid sodium hydroxide, add to the calorimeter, and stir. Record the temperature every 15 seconds for three minutes at least until the temperature decreases.

Rinse and dry your cup for next part.

Part 3: Determination of heat of reaction between HCl(aq) and NaOH(s), ΔH_2

Pour 50.0 mL of 1.0 M hydrochloric acid, HCl, into the calorimeter using a clean and dry graduated cylinder. Measure an additional 50.0 mL of distilled water, pour it into the dry calorimeter, and replace the lid. You now have 100.0 mL of 0.50 M HCl(aq). Allow the temperature to equilibrate for 5 minutes and record the temperature to the nearest 0.1 ℃. Weigh out about 2.0 g NaOH(s), quickly add it to the solution, stir and record the temperature every 15 seconds for three minutes at least.

Rinse and dry your cup for next part.

Part 4: Determination of the heat of reaction between HCl(aq) and NaOH(aq), ΔH_3

Pour 50.0 mL of 1.0 M hydrochloric acid, HCl, into the calorimeter using a clean and dry graduated cylinder. Measure 50.0 mL of a 1.0 M aqueous NaOH solution using another clean and dry graduated cylinder and pour it into a clean and dry beaker. Record the temperature of each solution. Pour the NaOH solution into the calorimeter, replace the top, stir, and record the temperature every 15 seconds for three minutes.

Clean up your apparatus and wash your hands thoroughly before leaving the lab.

Results

Part 1: Determination of heat capacity of the calorimeter, $C_{calorimeter}$

Temperature of water(℃)												
Temperature of warm water(℃)												
Temperature of mixture(℃)												
$C_{calorimeter}$ (J/℃)												

Part 2: Determination of heat of solution of NaOH(s), ΔH_1

Temperature of water(℃)												
Temperature of mixture(℃)												
Moles of NaOH (mole)												
ΔH_1 (kJ/mol)												

Part 3: Determination of heat of reaction between HCl (aq) and NaOH (s), ΔH_2

Temperature of HCl(℃)												
Temperature of mixture(℃)												
Moles of NaOH (mole)												
ΔH_2 (kJ/mol)												

Part 4: Determination of the heat of reaction between HCl (aq) and NaOH (aq), ΔH_3

Temperature of HCl(℃)												
Temperature of NaOH(℃)												
Temperature of mixture(℃)												
Moles of NaOH (mole)												
ΔH_3 (kJ/mol)												

Questions

1. How does the value of ΔH_2 compare to the sum of ΔH_1 and ΔH_3?

2. If a student repeated Part 2 of the experiment, but used twice as much NaOH, how would this affect the amount of heat produced? How would it affect the ΔH_1?

5 Reactivity of Metals Lab

Objectives

1. To observe how each free metal reacts with water, an acid solution and salt solutions.

2. To develop an activity series based on the reactivity of common metals.

3. To observe single replacement reactions.

4. To identify the unknown metal samples.

Introduction

The metallic elements often have similar properties of luster, ductility, malleability, electrical conductance, and so on. The tendency of a metal to react with other substances is called reactivity. The chemistry of the metals is based on their ability to lose electrons. Metals differ in their tendency to release valence electrons. The more reactive a metal is, the more likely it is to lose electrons. The activity series is the arrangement of elements according to their ability to release electrons. In a single replacement reaction, one element takes the place of another element in a compound.

Very active metals react in water, displacing hydrogen as H_2 gas from the H_2O. In this experiment, the rate of reaction will be observed by using the rate of production of H_2 gas and by displacement of metals. The more reactive a metal is, the more vigorously it will react. Less active metals do not react in water, but do react with acids, when the hydrogen is displaced as H_2 gas from the acid. When reacting with salt solution, more reactive element replaces less reactive element, and the less reactive element is freed from the compound. A reaction has taken place if the color of the metal has changed, or the color of the solution has changed, or gas has released.

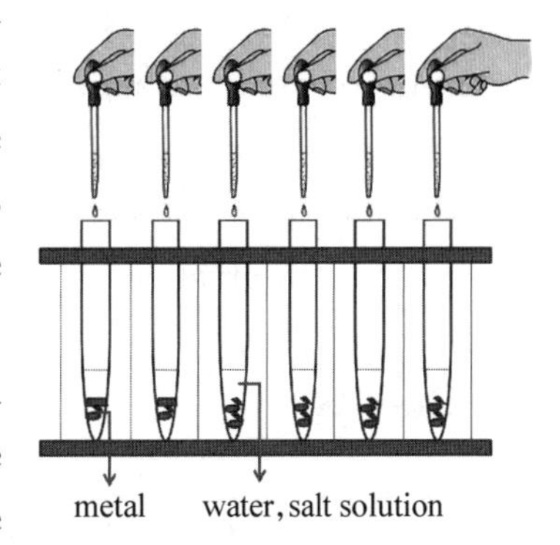

Figure 5 - 4

In this experiment, you will test the reactivity of a variety of metals with different metal ions and then use the result of your tests to construct a scale of relative reactivity of the metals.

Materials

Metals Mg, Cu, Pb, Zn, Fe, Al, 0.2 M salt solution of each of these ions, Mg^{2+}, Cu^{2+}, Pb^{2+}, Zn^{2+}, Fe^{2+}, Al^{3+}, Na^{+}, HCl (0.1 M), test tube, test-tube rack, dropper.

Procedure

Label each test tube with the symbol of each metal and then place the test tubes in a test-tube rack.

Combine each type of metal with water. One at a time, place the appropriate metal in each test tube. Add about 2 mL of distilled water into each of the test tubes to completely cover the piece of metal and observe what happens to the metal in each test tube. Record any changes in appearance due to a chemical reaction, such as the formation of bubbles and change of color of solutions and the surface of metals. Be patient, because some of the reactions are slow and will take a long time.

Combine each type of metal with acid. One at a time, place the appropriate metal in each test tube. Add about 2 mL of acid into each of the test tubes to completely cover the piece of metal and observe what happens to the metal in each test tube. Record any changes in appearance due to a chemical reaction, such as the formation of bubbles and change of color of solutions and the surface of metals. Be patient, because some of the reactions are slow and will take a long time.

Combine each type of metal with each of salt solution. One at a time, place the appropriate metal in each test tube. Add about 2 mL of salt solution of Cu^{2+} into each of the test tubes to completely cover the piece of metal and observe what happens to the metal in each test tube. Record any changes in appearance due to a chemical reaction such as change of color of solutions and the surface of metals. Be patient, because some of the reactions are slow and will take a long time. Repeat this part using other salt solutions.

Clean all test tubes and repeat above steps to identify the unknown metal samples. Record your observations.

Results

	Cu	Zn	Mg	Pb	Fe	Al
H_2O						
HCl						

(**Continued**)

	Cu	Zn	Mg	Pb	Fe	Al
Cu^{2+}						
Zn^{2+}						
Mg^{2+}						
Pb^{2+}						
Al^{3+}						
Fe^{2+}						
Na^{+}						

	H_2O	HCl	Cu^{2+}	Zn^{2+}	Mg^{2+}	Pb^{2+}	Al^{3+}	Fe^{2+}	Na^{+}
Unknown sample									

Questions

1. Using data from your experiments, list the metals in order of decreasing activity.

Most active   least active

____________________ H ____________________

2. For each of the following, decide whether a reaction occurs. If it does, write the balanced net ionic equation. If no reaction occurs, write NR(no reaction).

a) $Cu+Zn^{2+} \longrightarrow$

b) $Na+Zn^{2+} \longrightarrow$

c) $Na+H^{+} \longrightarrow$

6 Determination of Citric Acid in Fruit Juice

Objectives

1. To become familiar with titration.
2. To obtain a knowledge of organic acids in fruit juice.
3. To determine citric acid in fruit juice.

Introduction

Many fruit juices have a sour taste due to the presence of organic acids. The dominant acid naturally occurring in fruit juice is citric acid. There are also small amounts of malic acid and tartaric acid present. Citric acid is small, very soluble, and easily manufactured. Although it is naturally occurring, it is used as an additive to many drinks to enhance flavor and increase stability in soft drinks and syrups. Structurally, citric acid contains three carboxylic acid groups. When dissolved in water, it becomes a triprotic acid capable of donating three protons. If OH^- is added, it will be neutralized to form a salt and water. One mole of citric acid reacts with three moles of sodium hydroxide via an acid-base neutralization reaction.

This is a measure of the total acid present in a juice. We assume that citric acid is the sole acid found in fruit juice, and thus the amount of acid present in the juice is reported as percent citric acid. It needs to be noted that the total acid cannot be measured by pH because the acids concerned are "weak acids" and not completely ionized. The acid content must be measured using titration by a standard sodium hydroxide (NaOH) solution with a known concentration.

$$C_3H_5O(COOH)_3 + 3OH^- \longrightarrow C_3H_5O(COONa)_3 + 3H_2O$$

The standard solution is added to the fruit juice in a process called titration. A titration is a means of quantitative analysis. By measuring the volume of NaOH(aq) needed to completely react with all the acid, it is possible to determine the concentration of the acid. The end point of the titration is determined by adding an indicator to the acid that is being titrated. In this experiment we will use phenolphthalein which is clear in acids and pink in bases. When all of the acid has completely been neutralized, one more drop of NaOH(aq) causes the solution to become basic. When the solution turns pink, the titration has reached the end point.

At exposures, sodium hydroxide absorbs water and can react with carbon dioxide. Therefore, it is impossible to determine the exact concentration by simply weighing out a sample and dissolving to the appropriate volume. Instead, the concentration is determined by titrating the NaOH solution with a standard solution. If a chemical is stable, reasonably soluble, and nonhygroscopic and has a molar mass more than 100 g/mol, it can be used as a standard. There are relatively few compounds can be used as standards. In this experiment, potassium hydrogen phthalate (PHP) is used.

Materials

Orange juice, phenolphthalein indicator solution, potassium hydrogen phthalate (PHP), NaOH(s), burette, conical flask, balance, volumetric flask, pipette, iron stand.

Procedure

Weight about 1 g of NaOH and make a 500 mL solution.

Weight 2.5 - 3.0 g of potassium hydrogen phthalate (PHP) and prepare a 250 mL solution in an appropriate volumetric flask. Record the exact mass of PHP you actually use.

Add 2 - 3 drops of phenolphthalein to 25.00 mL of PHP solution in the beaker from a dropping pipette. Pour NaOH solution into the 50 mL burette until it reaches around the zero mark. Record this original volume. Slowly titrate NaOH into PHP and continually swirl the solution in the flask to keep it thoroughly mixed. The end point is reached when the pink color persists for thirty seconds. Record the final burette volume. Refill the burette for each subsequent test. Do a total of three titrations.

Add 2 - 3 drops of phenolphthalein to 25.00 mL of juice in the beaker from a dropping pipette. Pour NaOH solution into the 50 mL burette until it reaches around the zero mark. Record this original volume. Slowly titrate NaOH into the juice and continually swirl the solution in the flask to keep it thoroughly mixed. The end point is reached when the pink color persists for thirty seconds. Record the final burette volume. Refill the burette for each subsequent test. Do a total of three titrations. Clean the equipment thoroughly. Detergents must not be used.

Results

Determine the concentration of NaOH from each titration.

	Trial 1	Trial 2	Trial 3
Mass of PHP(g)			
Concentration of PHP(M)			
Volume of NaOH(mL)			
Concentration of NaOH(M)			
Average concentration of NaOH(M)			

Determine the concentration of citric acid from each titration.

	Trial 1	Trial 2	Trial 3
Volume of NaOH(mL)			
Concentration of citric acid(M)			
Average concentration of citric acid(M)			

Questions

1. Explain what effect the following procedural errors would have on the calculated molarity of your fruit juice solution:

a. A student failed to allow the volumetric pipette to drain completely when transferring the fruit juice solution to the flask.

b. A student began the titration with an air bubble in the burette tip. The bubble came out after 10 mL of NaOH solution was released.

2. How do you know when the titration has reached the end point?

3. In this experiment we assumed that citric acid was the sole acid in the juice sample. Knowing that other acids are present, how would the actual citric acid concentration vary from your calculated value?

7　Synthesis of Aspirin

Objectives

1. To make aspirin from salicylic acid and acetic anhydride.

2. To obtain practice with handling chemical reagents and with techniques (recrystallization) for the isolation of a pure chemical compound.

Introduction

Aspirin is the trade name for the molecule acetylsalicylic acid (ASA), which is a synthetic organic compound derived from salicylic acid. Salicylic acid is a natural product found in the bark of the willow tree and is effective at reducing fever and pain. However, salicylic acid is bitter and irritates the stomach. The irritation to the lining of the mouth, esophagus, and stomach can be reduced by esterifying the salicylic acid to give aspirin. Aspirin can be produced in a one step chemical process by reacting salicylic acid with acetyl chloride or acetic anhydride, according to the reactions:

$$C_6H_4(COOH)(OH) \xrightarrow{CH_3COCl} C_6H_4(COOH)(OCOCH_3)$$

$$C_6H_4(COOH)(OH) \xrightarrow[H^+]{(CH_3CO)_2O} C_6H_4(COOH)(OCOCH_3)$$

Salicylic acid also can react with methanol to give another ester, methyl salicylate, which occurs in a wide range of plants and is known as oil of wintergreen. It is used for relief of joint and muscle pains.

$$C_6H_4(COOH)(OH) \xrightarrow[H^+]{CH_3OH} C_6H_4(COOCH_3)(OH)$$

The earliest known use of aspirin has been traced back to the 19th century, and the production of aspirin is generally accepted to have laid the foundation of modern pharmaceutical industry. Today, plenty of aspirin, as one of the most widely used non-prescription drugs, are consumed across the world, to reduce fevers and pains and even help prevent heart attacks.

In this experiment we will perform an organic synthesis to make aspirin, purify it and determine the percent yield. Aspirin is a white solid that is almost completely insoluble in water. We will use this physical property to separate it from the final solution.

Materials

Acetic anhydride, salicylic acid, phosphoric acid, conical flask, graduated cylinder, dropper, Bunsen burner, flask, stirring rod, filtration apparatus, balance.

Procedure

Weigh 1 g of salicylic acid and record the value. Place it in a 50 mL conical flask. Add 2.5 mL of acetic anhydride slowly to the flask. Add 3 drops of phosphoric acid and shake until salicylic acid dissolves completely. Assemble a hot water bath using a 600 mL beaker and place the flask in the water bath. Let it cool to room temperature after heating for 5 – 10 minutes and crystals of the aspirin should begin to form in a few minutes. If not, you may have to induce crystallization by scratching the inside bottom of the beaker with a stirring rod or cooling the solution in the ice bath. And then 25 mL of water is added to destroy the excess acetic anhydride and cause the product to crystallize.

Filter the crystals from the chilled solution, transferring as much of the crystalline product as possible to the funnel. Rinse the flask three times with 3 mL of distilled water to remove any residual crystals. While the crystals are drying, transfer all of the air-dried crystals from the filter paper, weigh, and record it accurately on the report form. At the end, show your aspirin crystals to your instructor and then transfer them into a given container in the laboratory.

Results

Mass of salicylic acid (g)	
Mass of aspirin obtained (g)	
Mass of aspirin theoretically obtainable (g)	
Percentage yield (%)	

Questions

1. Why is aspirin said to be gentler on the stomach than previous pain relievers?

2. What mass of salicylic acid is needed to produce 1 g of aspirin if the reaction has a yield of 70%?

8　A Sequence of Copper Reactions

Objectives

1. To gain familiarity with basic laboratory procedures.

2. To study a sequence of chemical reactions involving copper in several chemical forms.

3. To test the Law of Conservation of Mass by determining the percent recovery of copper.

Introduction

Copper is a member of transition metal. It is an excellent conductor of heat and electricity and is used widely in electrical wiring and many other fields. Copper is not very reactive. However, it does react readily with nitric acid, and this is the starting point for today's reaction. In this experiment you will study several types of chemical reactions by carrying a starting material, Cu(s), through a sequence of chemical steps and recovering it at the end of the experiment. Assume that all steps were performed with 100% efficiency, you should recover the same mass of copper at the end.

During this experiment, copper metal will be transformed into several copper-containing species until solid copper is recovered. Copper metal will be dissolved in nitric acid and be oxidized to copper cation with a light blue color. Once all the copper is dissolved, the excess nitric acid is neutralized by sodium hydroxide. An excess strong base is added to convert the aqueous copper ions into insoluble solid $Cu(OH)_2$. Heating of the precipitate in water decomposes $Cu(OH)_2$ into black copper oxide CuO. Dilute sulfuric acid is then added to dissolve the copper oxide, getting copper (Ⅱ) sulfate, dissociated as independent ions in solution. Finally, solid zinc metal is used to produce metallic copper. Any excess zinc metal must be reacted by an acid.

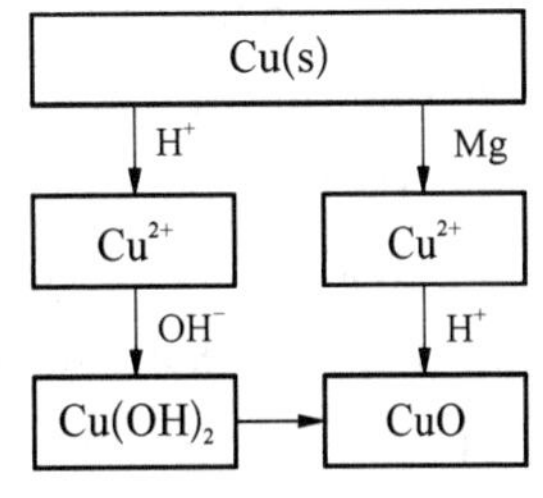

Figure 5 - 5

	Equations	Reaction type
1	$Cu(s)+4H^+(aq)+2NO_3^-(aq) \longrightarrow Cu^{2+}(aq)+2NO_2(g)+2H_2O(l)$	Oxidation-reduction

(Continued)

	Equations	Reaction type
2	$Cu^{2+}(aq)+OH^-(aq) \longrightarrow Cu(OH)_2(s)$	Metathetical reaction
3	$Cu(OH)_2(s) \longrightarrow CuO(s)+H_2O(l)$	Decomposition reaction
4	$CuO(s)+2H^+(aq) \longrightarrow Cu^{2+}(aq)+H_2O(l)$	Double displacement reaction
5	$Cu^{2+}(aq)+Zn(s) \longrightarrow Zn^{2+}(aq)+Cu(s)$ $Zn(s)+2H^+(aq) \longrightarrow Zn^{2+}(aq)+H_2(g)$	Single displacement reactions oxidation-reduction

Materials

Copper wire, HNO_3 (6 M), NaOH (4 M), H_2SO_4 (6 M), HCl (6 M), phenolphthalein, granular zinc, beaker, balance, stirring rod, iron ring, ring stand, wire gauze, Bunsen burner, graduated cylinder.

Procedure

Part 1: $Cu(s) \longrightarrow Cu^{2+}(aq)$

Obtain about 0.3 g of copper wire. Weigh the wire to the nearest 0.0001 gram and record the value. Coil the wire loosely so that it lies flat on the bottom of a 250 mL beaker. Add 6 mL of 6 M HNO_3 to the beaker and place the beaker containing Cu and HNO_3 in a 500 mL beaker containing about 120 mL of water. Heat the water until all of copper dissolves. Add 10 mL of distilled water slowly and allow the beaker to cool. Save the solution for Part 2.

Part 2: $Cu^{2+}(aq) \longrightarrow Cu(OH)_2(s)$

Add 12 mL of 4 M NaOH solution dropwise to the copper solution. After the acid is neutralized, the excess OH^- added goes to form $Cu(OH)_2$ precipitate. Use phenolphthalein as an indicator. If necessary, add a few more drops of NaOH while stirring until the solution turns pink, when precipitation is complete. Save it for Part 3.

Part 3: $Cu(OH)_2(s) \longrightarrow CuO(s)$

Add distilled water to give a total volume of approximately 100 mL. Boil the mixture gently for several minutes while stirring to avoid bumping and spattering. When the reaction is complete, the solution will be colorless and the black precipitate of CuO will settle to the bottom of the beaker. Decant the supernatant liquid and wash the solid three times.

Part 4: $CuO(s) \longrightarrow Cu^{2+}(aq)$

Add 10 mL of 6 M H_2SO_4 solution to the CuO precipitate while stirring. All of the black solid must dissolve to get a blue solution.

Part 5: $Cu^{2+}(aq) \longrightarrow Cu(s)$

Add about 0.4 gram of granular zinc to the blue solution from Part 4. The

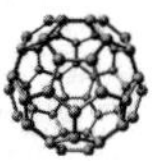

disappearance of the blue color from the solution shows that all the copper(Ⅱ) ions have been displaced. Dissolve any excess zinc with a small amount of 6 M H_2SO_4. The complete dissolution of the zinc is indicated by the absence of bubbles of hydrogen being evolved. Allow the solid to settle, then slowly remove as much water as possible. Dry the metallic copper by washing it with 10 mL of ethyl alcohol. Weigh the dry copper to the nearest 0.0001 g. Record this value and calculate the mass of copper and the percent recovery of copper that you obtained.

Results

Initial mass of copper (g)	
Recovered mass of copper (g)	
% yield	

Questions

1. A student reports 105% recovery. How could he possibly have more copper at the end of the experiment than he started with? Explain.

9 Measurement of Water Hardness with EDTA Titrations

Objectives

1. To master the method of titration.
2. To measure the concentration of hardness ions in environmental water sample.

Introduction

Water dissolves salts and thus often contains a significant amount of metal ions. Calcium(Ca^{2+}) and magnesium(Mg^{2+}) ions are the most common source of water hardness. One characteristic of hard water is that it forms a precipitate with ordinary soap. Water containing higher concentration of calcium and magnesium ions is often called hard water. Calcium and magnesium ions form precipitates with soap known as soap scum, causing cut of cleaning power. When heated, hardness ions react with dissolved carbonates to give precipitates of insoluble calcium carbonate and magnesium carbonate, which can form as boiler scale inside of water pipes to cause blockage and damage.

The temporary hardness, also called carbonate hardness, of water refers to the amount of calcium and magnesium ions that can be removed as insoluble carbonates by boiling the water. Permanent hardness, also called noncarbonated hardness, refers to the amount of calcium and magnesium ions remaining in solution after removal of temporary hardness. Total hardness is the sum of carbonate and noncarbonate hardness and refers to the total concentration of calcium and magnesium ions in water sample. Water hardness is reported as mg calcium carbonate ($CaCO_3$) per liter of water (mg/L, ppm). The table below shows how water is classified on the hardness scale.

Classification	Concentration of calcium carbonate
Very soft	0 - 60 mg/L
Soft	60 - 150 mg/L
Moderate	150 - 300 mg/L
Hard	300 - 450 mg/L
Very hard	Over 450 mg/L

To analyze water samples for total hardness, we often use a given standardized

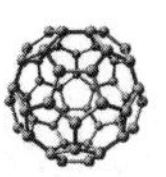

EDTA solution to titrate a water sample, using Eriochrome Black T(Erio T) as indicator. Erio T is a kind of metal ion indicator whose color changes when it binds to a metal ion. The indicator in its free form is blue. A small amount of Erio T indicator is added to the solution containing Ca^{2+} and Mg^{2+}, forming a wine-red complex. EDTA[ethylenediaminetetraacetic acid, $(HOOCCH_2)_2NCH_2CH_2N(CH_2COOH)_2$] is a weak acid and has a limited solubility in water. Its usefulness arises because of its role as a chelating agent. After being bound by EDTA, metal ions remain in solution but exhibit diminished reactivity. Actually, $Na_2EDTA \cdot 2H_2O$ is often used to react with Ca^{2+} and Mg^{2+} to give metal-EDTA complex called chelates in 1 : 1 mole ration. At very high pH or under very basic condition, the fully deprotonated $EDTA^{4-}$ (Y^{4-}) form is prevalent.

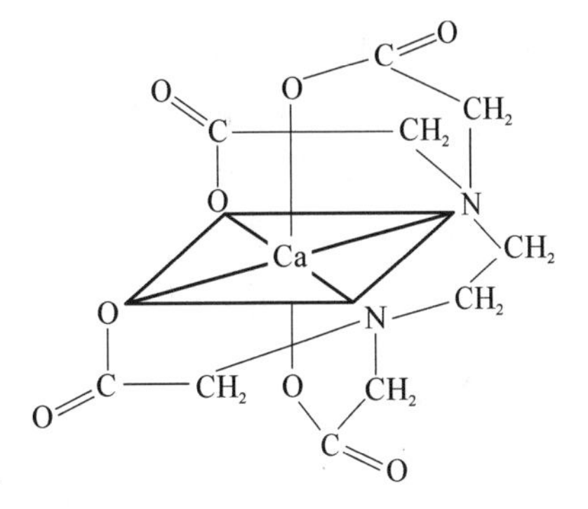

Figure 5 - 6

	Reactions	Change of color
1	$Ca^{2+} + HIn^{2-} \longrightarrow CaIn^- + H^+$	Blue to wine-red
2	$Mg^{2+} + HIn^{2-} \longrightarrow MgIn^- + H^+$	Blue to wine-red
3	$Ca^{2+} + Y^{4-} \longrightarrow CaY^{2-}$	Colorless
4	$Mg^{2+} + Y^{4-} \longrightarrow MgY^{2-}$	Colorless
5	$MgIn^- + Y^{4-} + H^+ \longrightarrow MgY^{2-} + HIn^{2-}$	Wine-red to blue

In a buffer solution with a pH of 10, Ca^{2+} and Mg^{2+} react with Erio T (In^{3-}) and EDTA according to the equations shown in table. The order of decreasing stability of these products is $CaY^{2-} > MgY^{2-} > MgIn^- > CaIn^-$. Thus, if we add several drops of Erio T solution to a water sample, a small amount of $MgIn^-$ will be formed and turns the solution wine-red. As EDTA solution is added, CaY^{2-} and then MgY^{2-} are formed. When enough EDTA is added, free Ca^{2+} and Mg^{2+} ions are consumed, and In^{3-} is replaced and released as blue HIn^{2-} ion. The appearance of blue color indicates the end point is arriving.

In a solution with a pH of 12, Ca^{2+} reacts with Cal-Red indicator and EDTA. If we add several drops of Calmagite indicator solution to a water sample, a small amount of Ca complex will be formed and turns the solution wine-red. As EDTA solution is added, CaY^{2-} is formed. When enough EDTA is added, free Ca^{2+} is consumed, and Calmagite indicator is replaced and released to give a blue color. The appearance of blue color indicates the end point is arriving.

In this experiment, you will determine the total hardness of a water sample by titrating with a standardized EDTA solution, using metal indicator. You will report this total hardness in ppm of equivalent $CaCO_3$. Finally, you will determine the individual

Ca^{2+} and Mg^{2+} ion concentration in your water sample, using your titration data. You can calculate the ppm of calcium carbonate in your water sample by using the following calculation

$$\text{ppm } CaCO_3 = c(\text{EDTA, mol/L}) \times V(\text{EDTA, mL}) \times 100\,000/50 \text{ mL}$$

Materials

Buffer solution (pH=10), 10% NaOH, Na_2EDTA, Erio T, Cal-Red indicator, tap water, balance, volumetric flask, burette, ring stand, conical flask, graduated cylinder, stirring rod, beaker, pipette.

Procedure

Weight about 0.25 g of Na_2EDTA and prepare a 250 mL solution in an appropriate volumetric flask. Record the exact mass of Na_2EDTA you actually use. Standardize your solution if necessary.

Add 5 mL of ammonia buffer and 0.1 g of Erio T to the 50 mL water sample in the beaker, and wine-red color appears soon. Pour the EDTA solution into the burette until it reaches around the zero mark. Record this original volume. Slowly titrate the EDTA into water sample and continually swirl the solution in the flask to keep it thoroughly mixed. The end point is reached when the blue color persists for thirty seconds. Record the final burette volume. Refill the burette for each subsequent test. Do a total of three titrations.

Add 3 mL of 10% NaOH and 0.1 g of Cal-Red indicator to the 50 mL water sample in the beaker, and wine-red color appears soon. Pour the EDTA solution into the burette until it reaches around the zero mark. Record this original volume. Slowly titrate the EDTA into water sample and continually swirl the solution in the flask to keep it thoroughly mixed. The end point is reached when the blue color persists for thirty seconds. Record the final burette volume. Refill the burette for each subsequent test. Do a total of three titrations.

Results

	Trial 1			Trial 2			Trial 3		
	Total	Ca^{2+}	Mg^{2+}	Total	Ca^{2+}	Mg^{2+}	Total	Ca^{2+}	Mg^{2+}
V(mL)									
Concentration(mg/L)									

(**Continued**)

	Trial 1			Trial 2			Trial 3		
	Total	Ca^{2+}	Mg^{2+}	Total	Ca^{2+}	Mg^{2+}	Total	Ca^{2+}	Mg^{2+}
Average concentration(mg/L)	Total: ________ Ca^{2+} : ________ Mg^{2+} : ________								

Questions

1. Why the addition of distilled water did not cause an error in your determination of the total hardness of water?

10 Chemical Equilibrium

Objectives

1. To be familiar with dynamic equilibrium and chemical equilibrium.

2. To observe and explain the effect of an applied stress on chemical systems at equilibrium by applying the Le Châtelier's Principle.

Introduction

Chemical equilibrium is the state when the rates of forward and reverse reactions are equal. With such equal rates in opposite directions, all reactants and products coexist and are consumed or produced at the same rate. There is no net reaction and no net change, although the forward and reverse reactions are continuing. The continuing forward and reverse reactions make the equilibrium a dynamic process. You speak of this as a dynamic equilibrium. By changing some conditions, you can shift the equilibrium and change the composition of mixture at equilibrium. Changing the concentrations by removing products or adding reactants to the reaction vessel and changing the temperature can alter the equilibrium composition of a reaction and thus affect the product yield. Note that a catalyst cannot alter equilibrium composition, although it can change the rate of reaction and change the consumed time to reach equilibrium.

Le Châtelier's Principle is useful in predicting the effect of any changes, which states that when a system in equilibrium is disturbed by a change of temperature, pressure, or concentration, the system shifts in equilibrium composition in a way that tends to counteract this change of variable. When more reactant is added to, or some product is removed from, net reaction shifts right to decrease the amount of reactant and to give more products. Temperature has an effect on reaction rate and equilibrium constant. For an endothermic reaction, the amounts of products are increased at equilibrium when increasing temperature. For an exothermic reaction, the amounts of products are increased at equilibrium by a decrease in temperature.

In this experiment, the effect of applying stresses to a variety of chemical systems at equilibrium will be investigated. The equilibrium systems to be studied are saturated calcium chloride solution, thymol blue, iron (Ⅲ) thiocyanate solution, and copper(II) solution.

Materials

Saturated $CaCl_2$, HCl(12 M), NaOH(6 M), thymol blue solution, $CuSO_4$(0.1 M), NaBr(0.5 M), $AgNO_3$(0.1 M), $FeCl_3$(0.1 M), $Fe(NO_3)_3$(0.1 M), KSCN(0.1 M), K_2HPO_4(0.1 M), NaOH(0.1 M), ice, beaker, test tube, test tube rack, Bunsen burner, dropper, test tube clamps.

Procedure

Place about 2 mL of saturated $CaCl_2$ into a small test tube (1#). Add 12 M HCl drop by drop to test tube 1# until a distinct change occurs. Record your observations.

Place about 2 mL of thymol blue solution into a small test tube (2#). Add 12 M HCl drop by drop to test tube 2#. Record your observations. Then add 6 M NaOH drop by drop to test tube 2# until a distinct change occurs. Record your observations.

Label six test tubes 3# to 8#. Place 5 drops of 0.1 M $FeCl_3$ and 5 drops of 0.1 M KSCN and 2 mL distilled water to each of the test tubes. Keep test tube 3# untouched and use it as a control for comparison. Add 2 mL of 0.1 M $Fe(NO_3)_3$ to test tube 4#. Add 2 mL of 0.1 M KSCN to test tube 5#. Add 2 mL of 0.1 M K_2HPO_4 to test tube 6#. Place test tube 7# in the beaker full of ice and wait until a distinct change occurs. Heat test tube 8#. Record your observations.

Add 5 mL of 0.1 M $CuSO_4$ and 4 mL of 0.5 M NaBr to test tube 9#. Pour 2 mL of mixture from test tube 9# to 10#. Add 0.1 M $AgNO_3$ to test tube 10# drop by drop until a distinct change occurs. Pour 2 mL of mixture from test tube 9# to 11#. Place 11# in the beaker full of ice and wait until a distinct change occurs. Heat the test tube 11# by Bunsen burner until a distinct change occurs. Record your observations.

Results

Saturated $CaCl_2$

	Stress	Observations	Explanation
1#	n/a		
1#	HCl		

Thymol blue solution

	Stress	Observations	Explanation
2#	n/a		
2#	HCl		
2#	NaOH		

$FeCl_3$-KSCN solution

	Stress	Observations	Explanation
3#	n/a		
4#	$Fe(NO_3)_3$		
5#	KSCN		
6#	K_2HPO_4		
7#	Placed in ice		
8#	Heat		

$CuSO_4$-NaBr solution

	Stress	Observations	Explanation
9#	n/a		
10#	$AgNO_3$		
11#	Placed in ice		
11#	Heat		

Questions

1. If HCl(aq) solution were added to calcium oxalate equilibrium, would you expect an increase or a decrease in the amount of precipitate?

11 Indicators and pH

Objectives

1. To determine the relationship between pH and color for various indicators.
2. To know the role of indicators in acid/base titrations.

Introduction

It is convenient to give the acidity of solution in terms of pH. Solutions having pH less than 7 are acidic, and those having pH more than 7 are basic. The pH of a solution can be accurately and quickly measured by a pH meter, which consists of a pair of specially designed electrodes. Indicators are chemical substances that are used to find out whether a given solution is acidic or basic by showing a color change. Although less precise, acid-base indicators are often used to measure pH, because they usually change color within a small pH range. An acid-base indicator is a colored organic substance that itself can exist in either a weak acid or a weak base form. The color change of an indicator involves an equilibrium between an acid form and a base form with different colors. If we denote the acid form as HIn, then the conjugate base form is In^- and the equilibrium is

$$HIn(aq)+H_2O(l) \rightleftharpoons H_3O^+(aq)+In^-(aq)$$

The indicator turns one color in an acid and another color in a base and thus you can roughly predict the pH of the solution. Consider the case of phenolphthalein. It changes color over the pH interval from 8 to 10. The acid form is colorless, and the base form is pink. Colorlessness indicates a pH of about 8 or lower. When a base is added to an acidic solution of phenolphthalein, the equilibrium is shifted to the right. Thus, HIn is converted to In^-, and the solution begins to turn pink. By pH 10, the color change is essentially complete.

Acid-base indicators are frequently employed in titrations in analytical chemistry to determine the extent of a chemical reaction. In acid-base titrations, an unfitting pH indicator may induce a color change in the indicator-containing solution before or after the actual equivalence point. A suitable pH indicator must have an effective pH range, where the change in color is apparent, that encompasses the pH of the equivalence point of the solution being titrated. There are many types of indicators, such as thymol blue, methyl orange, methyl red, phenolphthalein, neutral red, bromcresol green, and so on. We will determine the relationship between pH and color for these six indicators in this experiment.

Materials

HCl(1 M), NaOH(1 M), $NH_3 \cdot H_2O$(1 M), HAc(1 M), thymol blue, methyl orange, methyl red, phenolphthalein, neutral red, bromcresol green, pH meter, small test tube or spot plate, dropper, graduated cylinder.

Procedure

Prepare solutions with pH of 1 to 14 according to the formula shown in the table. If necessary, add a small amount of acid or base to adjust the pH and get accurate pH value using pH meter.

Volume (mL)					pH
HCl	NaOH	$NH_3 \cdot H_2O$	HAc	H_2O	
2	0	0	0	18	1
0.2	0	0	0	19.8	2
0	0	0	1.2	18.8	3
0	2.6	0	17.4	0	4
0	7.8	0	12.2	0	5
0	9.8	0	10.2	0	6
0	0	10	10	0	7
9.8	0	10.2	0	0	8
7.8	0	12.2	0	0	9
2.6	0	17.4	0	0	10
0	0	1.2	0	18.8	11
0	0.2	0	0	19.8	12
0	2	0	0	18	13
0	20	0	0	0	14

Label eight test tubes 1# to 8#. Pour 1 mL of each of solutions with pH of 3 to 10 to test tubes. Place 2 drops of thymol blue to each of the eight test tubes. Record your observations.

Label eight test tubes 1# to 8#. Pour 1 mL of each of solutions with pH of 1 to 8 to test tubes. Place 2 drops of methyl orange to each of the eight test tubes. Record your observations.

Label eight test tubes 1# to 8#. Pour 1 mL of each of solutions with pH of 2 to 9 to test tubes. Place 2 drops of methyl red to each of the eight test tubes. Record your observations.

Label eight test tubes 1# to 8#. Pour 1 mL of each of solutions with pH of 7 to 14 to test tubes. Place 2 drops of phenolphthalein to each of the eight test tubes. Record your observations.

Label seven test tubes 1# to 7#. Pour 1 mL of each of solutions with pH of 4 to 10 to test tubes. Place 2 drops of neutral red to each of the eight test tubes. Record your observations.

Label eight test tubes 1# to 8#. Pour 1 mL of each of solutions with pH of 1 to 8 to test tubes. Place 2 drops of bromcresol green to each of the eight test tubes. Record your observations.

Results

Label	pH	Indicator	Color
1#		Thymol blue	
2#			
3#			
4#			
5#			
6#			
7#			
8#			
pH range for color change:			

Label	pH	Indicator	Color
1#		Methyl orange	
2#			
3#			
4#			
5#			
6#			
7#			
8#			
pH range for color change:			

Label	pH	Indicator	Color
1#		Methyl red	
2#			
3#			
4#			
5#			
6#			
7#			
8#			

pH range for color change:

Label	pH	Indicator	Color
1#		Phenolphthalein	
2#			
3#			
4#			
5#			
6#			
7#			
8#			

pH range for color change:

Label	pH	Indicator	Color
1#		Neutral red	
2#			
3#			
4#			
5#			
6#			
7#			

pH range for color change:

Label	pH	Indicator	Color
1#		Bromcresol green	
2#			
3#			
4#			
5#			
6#			
7#			
8#			
pH range for color change:			

Questions

1. How to explain the principle of indicator by applying the Le Châtelier's Principle?

12 Determination of Weak Acid Ionization Constant

Objectives

1. To know properties of weak acids.
2. To master usage of pH meter.
3. To calculate concentration of hydronium ion, value of degree of ionization, and acid-dissociation constant.

Introduction

According to Arrhenius concept, an acid is a substance that, when dissolved in water, increases the concentration of hydronium ion, $H_3O^+(aq)$. An acid is strong if it completely ionizes in water. According to the Brønsted-Lowry concept, an acid is the species donating a proton in an acid-base reaction. Most of acids you encounter are weak, and they are not completely ionized in solution and exist in reversible reaction with the conjugate base ions. Consider acetic acid, $HC_2H_3O_2$(HAc).

Concentration	$HAc(aq)+H_2O(l) \rightleftharpoons H_3O^+(aq)+Ac^-(aq)$		
Starting	c_0	0	0
Change	$-x$	$+x$	$+x$
Equilibrium	c_0-x	x	x

$$K_a=[H_3O^+][Ac^-]/[HAc]=x\cdot x/(c_0-x)\approx x^2/c_0=c_0\cdot\alpha^2\ (\text{if } c_0/K_a>100)$$

The process is called acid ionization or acid dissociation, and its equilibrium constant is called acid-ionization constant or acid-dissociation constant, K_a. The degree of ionization (α) of a weak electrolyte is equal to x/c_0. The degree of ionization of a weak acid depends on both K_a and the concentration of the acid solution c_0. For a given concentration, the larger the K_a, the greater the degree of ionization. For a given value of K_a, however, the more dilute the solution, the greater the degree of ionization. The higher the value of K_a, the more ions are present in solution and the more conductive the solution is. Thus, we can determine the value of K_a by measuring the conductivity of several solutions with different concentrations of a weak acid. From the pH we can find the concentration of H_3O^+ ion and then the concentrations of other ions, and thus obtain values of α of different acid solution and K_a of a weak acid. In this experiment, you will determine values of α and K_a of HAc by measuring pH of acid solution using a pH meter.

Materials

Potassium hydrogen phthalate, NaOH(s), HAc(0.1 M), phenolphthalein, pipette, balance, volumetric flask, dropper, conical flask, beaker, burette, ring stand, pH meter.

Procedure

Weight 5.0 – 5.2 g of potassium hydrogen phthalate (PHP) and prepare a 250 mL solution in an appropriate volumetric flask. Record the exact mass of PHP you actually use. Weight about 1 g of NaOH and make a 250 mL solution. Add 2 – 3 drops of phenolphthalein to 25.00 mL of NaOH solution in the beaker from a dropping pipette. Pour the PHP solution into the 50 mL burette until it reaches around the zero mark. Record this original volume. Slowly titrate the PHP into NaOH and continually swirl the solution in the flask to keep it thoroughly mixed. The end point is reached when the pink color persists for thirty seconds. Record the final burette volume. Refill the burette for each subsequent test. Do a total of three titrations.

Obtain about 100 mL of 0.1 M HAc solution. Add 2 – 3 drops of phenolphthalein to 25.00 mL of HAc solution in the beaker from a dropping pipette. Titrate and get the exact concentration of HAc solution. The end point is reached when the pink color persists for thirty seconds. Do a total of three titrations.

Dilute exactly 2.5 mL, 5 mL, and 25 mL of the 0.1 M solution to 50 mL and measure their pH values (1#, 2#, 3#) respectively. Measure the pH of 0.1 M HAc (4#).

Results

Determine the concentration of NaOH from each titration.

	Trial 1	Trial 2	Trial 3
Mass of PHP(g)			
Concentration of PHP(M)			
Volume of NaOH(mL)			
Concentration of NaOH(M)			
Average concentration of NaOH(M)			

Determine the concentration of HAc from each titration.

	Trial 1	Trial 2	Trial 3
Volume of NaOH(mL)			
Concentration of HAc(M)			
Average concentration of HAc(M)			

Determine the value of K_a from each titration.

	1#	2#	3#	4#
Concentration of HAc(M)				
Value of pH				
Concentration of H^+ (M)				
Degree of dissociation (α)				
Value of K_a				
Average value of K_a				

Questions

1. How to obtain numerical value of acid-ionization constant, K_a, via measuring the conductivity of a solution?

13　Alkalinity

Objectives

1. To determine measuring the alkalinity of water samples by titration.
2. To master double-tracer technique.
3. To be able to predict and calculate the composition of mixed alkali.

Introduction

Sodium hydroxide is unstable and mixed with sodium carbonate and sodium hydrogen carbonate, because it absorbs water and reacts with carbon dioxide in air. Therefore, it is called mixed alkali.

Double-tracer technique is often used to test the composition of mixed alkali sample based on following reactions:

$$NaOH + HCl \longrightarrow NaCl + H_2O \quad (1)$$

$$Na_2CO_3 + HCl \longrightarrow NaHCO_3 + NaCl \quad (2)$$

$$NaHCO_3 + HCl \longrightarrow NaCl + CO_2 + H_2O \quad (3)$$

You use phenolphthalein as indicator first. When NaOH is completely neutralized and Na_2CO_3 is completely transformed to $NaHCO_3$, the solution turns to colorless from reddish. By this time, V_1 mL of HCl is consumed. Use methyl orange as second indicator for the latter experiment. Continue adding HCl to mixed alkali solution until orange appears and V_2 mL of HCl is used. Different composition of mixed alkali causes different V_1 and V_2, and the relationship between them is shown below.

V_1 and V_2	Composition
$V_1 \neq 0, V_2 = 0$	NaOH
$V_1 = 0, V_2 \neq 0$	$NaHCO_3$
$V_1 = V_2 \neq 0$	Na_2CO_3
$V_1 > V_2 > 0$	$NaOH + Na_2CO_3$
$V_2 > V_1 > 0$	$Na_2CO_3 + NaHCO_3$

Materials

Sodium carbonate, phenolphthalein, methyl orange, mixed alkali sample, HCl(0.1 M), burette, conical flask, balance, pipette, iron stand.

Procedure

Weight 0.15 – 0.18 g of dried Na_2CO_3 and place it in a 250 mL conical flask. Record the exact mass of Na_2CO_3 you actually use. Add 2 – 3 drops of methyl orange and 25 mL distilled water to the conical flask containing Na_2CO_3. Slowly titrate HCl into Na_2CO_3 and continually swirl the solution in the flask to keep it thoroughly mixed. The end point is reached when the orange color persists for thirty seconds. Record the volume of HCl. Refill the burette for each subsequent test. Do a total of three titrations.

Pour 25.00 mL of mixed alkali solution using a pipette into a conical flask. Add 2 – 3 drops of phenolphthalein and 25 mL distilled water to the mixed alkali solution in the flask. Pour HCl solution into the 50 mL burette until it reaches around the zero mark. Slowly titrate HCl into the alkali solution and continually swirl the solution in the flask to keep it thoroughly mixed. The first end point is reached when the pink color disappeared and colorlessness persists for thirty seconds. Record the final burette volume V_1. Add 2 – 3 drops of methyl orange and continue titrating until the orange persists for thirty seconds. Record the final burette volume V_2. Refill the burette for each subsequent test. Do a total of three titrations. Clean the equipment thoroughly. Detergents must not be used.

Results

	Trial 1	Trial 2	Trial 3
Mass of Na_2CO_3 (g)			
Volume of HCl(mL)			
Concentration of HCl(M)			
Average concentration of HCl(M)			

	Trial 1	Trial 2	Trial 3
V_1 (mL)			
V_2 (mL)			
Concentration of NaOH(M)			
Concentration of Na_2CO_3 (M)			
Concentration of $NaHCO_3$ (M)			
Average composition	NaOH: ________ Na_2CO_3: ________ $NaHCO_3$: ________		

Questions

1. Explain what effect the following procedural errors would have on the calculated molarity of your mixed alkali solution:

a. A student failed to allow the volumetric pipette to drain completely when transferring the mixed alkali solution to the flask.

b. A student began the titration with an air bubble in the burette tip. The bubble came out after 10 mL of HCl solution was released.

2. Can Na_2CO_3 and $NaHCO_3$ coexist?

14 Synthesis of a Coordination Compound

Objectives

1. To be familiar with transition metals and coordination compounds.
2. To synthesize a coordination compound of iron.

Introduction

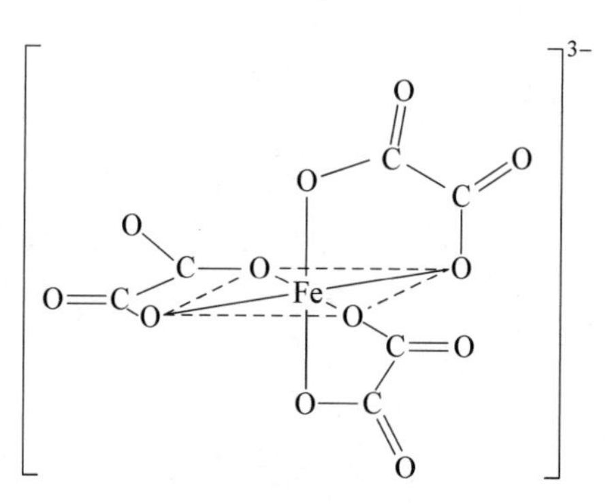

Figure 5 - 7

The transition elements are defined as those metallic elements that have an incompletely filled d subshell or easily give rise to common ions that have incompletely filled d subshells. Ions of the transition elements exist in aqueous solution as complex ions. A compound is a coordination compound if it consists of complex ions and other ions of opposite charge. A metal atom, particularly a transition-metal atom, often functions in chemical reactions as a Lewis acid, accepting electron pairs from molecules or ions (Lewis bases) via coordinate covalent bond, to obtain a complex ion. Ligands are the Lewis bases attached to the metal atom. The coordination number of a metal atom in a complex is the total number of bonds the metal atom forms with ligands. For our product, three oxalate ions arrange themselves around the iron ion in an octahedral geometry.

	Complex ion	Central atom	Ligand	Coordination number
$K_3[Fe(C_2O_4)_3]$	$Fe(C_2O_4)_3^{3-}$	Fe	$C_2O_4^{2-}$	6

In this experiment, iron(Ⅱ) sulfate hydrate is reacted with oxalic acid to form an intermeditate compound, iron (Ⅱ) oxalate dehydrate, and then converted to trioxalatoferrate(Ⅲ) ion, by oxidation with hydrogen peroxide in the presence of potassium oxalate and oxalic acid. The iron chelate will be crystallized as a potassium salt. When the complex ion salt precipitates, it carries three molecules of water with it, so that the solid crystals have a formula of $K_3[Fe(C_2O_4)_3] \cdot 3H_2O$.

$$FeSO_4 \cdot 7H_2O + H_2C_2O_4 \longrightarrow FeC_2O_4 \cdot 2H_2O + H_2SO_4 + 5H_2O$$

$$6FeC_2O_4 \cdot 2H_2O + 3H_2O_2 + 6K_2C_2O_4 \longrightarrow 4K_3[Fe(C_2O_4)_3] + 2Fe(OH)_3 + 12H_2O$$

$$2Fe(OH)_3 + 3K_2C_2O_4 + 3H_2C_2O_4 \longrightarrow 2K_3[Fe(C_2O_4)_3] + 6H_2O$$

Materials

sulfuric acid (3 M), oxalic acid (1 M and 3 M), saturated potassium oxalate, ethanol, iron(Ⅱ) sulfate hydrate, hydrogen peroxide(3%), balance, beaker, dropper, Bunsen burner, stirring rod, vacuum filtration apparatus.

Procedure

Weigh 4.0 g of iron(Ⅱ) sulfate hydrate and place it into a clean, dry 250 mL beaker. Add 15 mL of distilled water and a few drops of 3 M sulfuric acid to the beaker and heat it gently using a Bunsen burner. Add 20 mL of 1 M oxalic acid and heat until boiling. Yellow iron(Ⅱ) oxalate now precipitates. Do not disturb for seconds. Decant the liquid above the precipitate and rinse the precipitate with 15 mL of distilled water. Stir, heat and decant the supernatant liquid again.

Add 10 mL of saturated potassium oxalate solution to the beaker containing the yellow iron(Ⅱ) oxalate solid. Heat the iron(Ⅱ) oxalate/potassium oxalate mixture to about 40 ℃ by water bath. Slowly and carefully, while stirring, add 20 mL of 3% hydrogen peroxide solution dropwise. Continually stir and a brick red solid forms. When the solution is boiling, add 5 mL of 3 M oxalic acid solution quickly and another 3 mL slowly. A bright solution will be obtained. Once the beaker contents have cooled, filter any remaining solid. Pour 5 mL of 95% ethyl alcohol to the solution of product and let it cool. This will produce a green precipitate. Allow the solution to cool without disturbing it for at least 30 minutes to induce crystal growth. Set up the vacuum filtration apparatus and filter the precipitate. Carefully remove the product and weigh and record the mass.

Results

Mass of iron(Ⅱ) sulfate hydrate/g	
Mass of product obtained/g	
Mass of product theoretically obtainable/g	
Percentage yield/%	

Questions

1. How to increase the percentage yield?
2. How to identify the product?

15　The Effect of pH on Food Preservative

Objectives

1. To learn the effect of pH on food preservative.
2. To master the operation of vacuum filtration.

Introduction

Family Fresh Foods is a small, family owned company that produces delicious jellies, jam, and fruit juices. Family Fresh Foods uses a small amount of sodium benzoate (0.1% by weight) in its products as a food preservative. Sodium benzoate is an inexpensive and effective preservative against yeasts, some bacteria, and some molds.

Mr. Board and the rest of the KOOKS (Keep Our Own Kids Safe) are alleging that sodium benzoate undergoes a chemical change in the stomach once it is consumed and that this new, mysterious compound is poisoning their children. So, it is very important to determine if a chemical change occurs. If a change does occur, you are to determine the identity of this compound and whether it is safe for human consumption.

In the Lab, you will carry out an experiment in which sodium benzoate is subjected to conditions that simulate that of stomach acid. You will be using hydrochloric acid to do this. The procedure that you are to use is included. Maintain your lab notebook according to the instructions that you have recently received.

The reactive equation:

Acidification of Sodium Benzoate

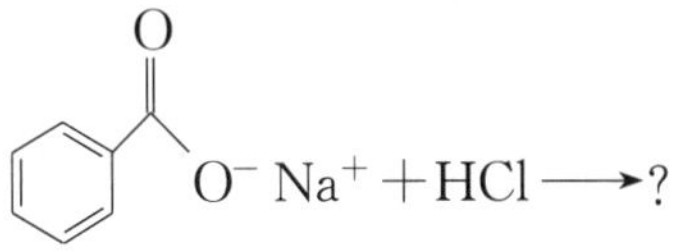

$$C_6H_5C(=O)O^- Na^+ + HCl \longrightarrow ?$$

Materials

50 mL beaker, glass stirring rod, graduated cylinder, vacuum filtration device, oven, balance, pH paper, sodium benzoate, distilled or de-ionized (DI) water, 3M aqueous hydrochloric acid, ice.

Apparatus

The same as Figure 2 - 16.

Procedure

1. Weigh 1.8 - 2.2 g of sodium benzoate into a 50 mL beaker. Record the mass.

2. Measure about 15 mL of DI water and pour it into the beaker. Stir with a glass stirring rod until all of the sodium benzoate dissolves.

3. Measure about 5 mL of 3 M HCl.

4. Add the first 4 mL of the 3 M HCl slowly with stirring to the sodium benzoate solution.

5. Then add the remaining 3 M HCl drop by drop with stirring until the pH is 2.

6. Check the pH frequently by touching the stirring rod to a piece of pH paper. Adding a little excess HCl will not harm the experiment.

7. Place the 50 mL beaker into a larger beaker containing ice water.

8. Cool for at least 5 minutes. (Assuming that a new substance has formed, continue with the next few steps while the cooling occurs.) Workup and isolation.

9. Build the vacuum filtration device. Place a piece of appropriate size filter paper onto the perforated plate of the Buchner funnel. Moisten the filter paper with a few drops of water. Open the vacuum line.

10. Pour the contents of the 50 mL beaker onto the filter paper. Use about 5 mL of ice-cold DI water to rinse the sides of the beaker, pouring the rinse on the solid in the funnel. Save your solid.

11. Dry the product to a constant mass. You may use the oven (dry at about 80 ℃ for 30 minutes), or you may allow your product to passively dry in a safe location for at least 24 hours.

12. Weigh your dried product. Make sure to account for the weight of the filter paper.

13. Determine the melting point of your substance using a Mel-Temp apparatus.

Results

Mass of sodium benzoate=________

Mass of benzoic acid=________ (The theoretical value)

Mass of benzoic acid=________ (The experimental value)

Yield=________

Questions

1. What is the product?
2. How much of pH does the sodium benzoate have effect on food preservative?

16 Extraction and Evaporation: Separating the Components of "Panacetin"

Objectives

1. To learn the methods to separate component in a compound.
2. To master the operation of extraction and evaporation.

Introduction

The problem proposed in the experiment is an unknown ingredient found in generic panacetin tablets that must be discovered. Panacetin tablets are known to contain aspirin, acetaminophen, and sucrose; therefore, the tablets tested, containing aspirin and sucrose, are thought to contain an unknown of something similar to that of acetaminophen, such as acetanilide and phenacetin. Another problem trying to be sought out in the experiment is whether or not the composition of panacetin as stated on the label is accurate.

The experiment involves the separation of the unknown from the panacetin by first isolating the sucrose and the aspirin. This process is done by starting with panacetin and adding dichloromethane to dissolve and then separating the sucrose by vacuum filtration. The aspirin is then separated with the help of sodium hydroxide to isolate the unknown. From the values found, we are able to find percentages of sucrose, aspirin, and the unknown in relation to what is found on the labels of these tablets.

The three major steps are the following:

1. Separation of sucrose

   Panacetin + diethyl ether $\longrightarrow$ (filter) solid sucrose + aspirin + unknown

2. Separation of aspirin

   Aspirin + unknown + NaOH $\longrightarrow$ aqueous layer + organic layer

   aqueous layer + HCl $\longrightarrow$ (filter) aspirin

3. Collection of unknown component

   organic layer $\longrightarrow$ (evaporation) unknown

Materials

150 mL Erlenmeyer flask, 50 mL beaker, glass stirring rod, graduated cylinder,

separatory funnel, vacuum filtration device, oven, electronic balance, pH paper, panacetin, diethyl ether, 1M sodium hydroxide, 3M hydrochloric acid.

Apparatus

As shown in Figure 5 - 8.

Figure 5 - 8 Separatory funnel

Procedure

Step 1: Separation of sucrose

1. 5.00 g of panacetin is accurately weighed and transferred into a dry Erlenmeyer flask.

2. 80.0 ml of diethyl ether is measured into the Erlenmeyer flask. The flask is shaked vigorously to dissolve as much as possible.

3. When it appears that no more of the solid will dissolve, you should filter the mixture by vacuum filtration.

4. The liquid is transferred into flask B. Collect the solids on the filter paper.

5. After the solid is dried, you may use the oven (dry at about 80 ℃ for 30 minutes). Weight it and the mass of sucrose is calculated.

Step 2: Separation of aspirin

6. Transfer the diethyl ether in flask B to a separatory funnel and extract with 25 mL of 1M sodium hydroxide.

7. After the extraction, organic layer is transferred to a small beaker.

8. 20.0 mL of 3M hydrochloric acid is slowly added to the combined aqueous solution.

9. The mixture is stirred.

10. The pH paper is used to measure the solution, and the pH is 2.

11. Cool the mixture to room temperature. Collect the aspirin by vacuum filtration. Wash the aspirin on the filter with cold distilled water.

12. Then, the mass of aspirin is dried and weighed. All values are recorded.

Step 3: Isolating the unknown component

13. The solvent is evaporated from diethyl ether while heated with warm water bath under the hood.

14. When only solid residue remains, the evaporation process is stopped.

15. After that, the unknown component is dried to get the constant mass and weighed.

Results

Product	Mass(g)	Percentage(%)
Sucrose		
Aspirin		
Unknown		

Question

When separating the sucrose, there is a possibility that some of the panacetin is not dissolved with the solvent, diethyl ether. In the second step, the same error might have happened that leads to the reduction of the product gained (aspirin). Can you give another method to make sure that the aspirin can react completely?

17　Recrystallization and Melting-Point Measurement: Separation of Panacetin

Objectives

1. To purify the acetanilide isolated in Lab 16, verify its identity, and assess its purity.

2. To learn how to purify solids by recrystallization, how to dry them, and how to obtain a melting point.

3. To learn and understand some basic concepts relating to the purification and analysis of organic compounds.

Introduction

The purpose of this experiment is to purify the unknown component of panacetin from Experiment 16 and then to analyze its melting point in comparison to two possible substances in order to identify the unknown.

Though each component was separated in the second experiment, no separation is perfect. There are a few ways to purify a solid: recrystallization, chromatography, and sublimation. Since both possible components of panacetin are very soluble in boiling water but insoluble in cold water, recrystallization can be used to purify the unknown. After the unknown is purified, one can measure its melting point and compare it to the melting points of the two possible components. When each possible component is mixed with the unknown sample, the melting point of the component should be very similar to that of the unknown if the component is the same as the unknown. If it is different, the melting point range will be very large.

Pre-lab exercise:

The solubility of acetanilide in hot water:

T(℃)	20	25	50	80	100
The solubility of acetanilide(%)	0.46	0.56	0.84	3.45	5.5

Calculate the volume of hot water that should just dissolve all the acetanilide you recovered from Lab 16.

Materials

250 mL beaker, glass stirring rod, graduated cylinder, vacuum filtration device, oven, short neck funnel, electronic balance, melting point apparatus, crude solid in Lab 16, activated carbon, DI water, ice.

Apparatus

The same as Figure 2－16 and Figure 4－13.

Procedure

1. Transfer the crude solid from Lab 16 to a 250 mL beaker. Add about half the amount of water calculated in the pre-lab exercises to the beaker. Then, heat it in a hot water bath.

2. Add more hot water if necessary until all the solid is in solution.

3. If the solution is colorful, add a little activated carbon to absorb the colorful impurities.

4. Filter the above heat solution with atmospheric pressure filter to remove insoluble impurities.

5. Set the beaker aside to cool 10 minutes and then chill it in an ice bath.

6. When crystallization is complete, collect the product by vacuum filtration.

7. Dry it [you may use the oven (dry at about 80 ℃ for 30 minutes)] and weight the dry product. Record the mass.

8. Calculate the yield.

9. Obtain the melting point of the dry crystal with melting point apparatus. Record it and compare it with the melting point of acetanilide (114.3 ℃).

Results:

Mass of crude solid=________

Mass of acetanilide=________

Percentage of Percentage=________

Melting point of acetanilide=________

Questions

1. If the impure crystal is measured the melting point, the melting point will increase or decrease?

2. How to do, if there are oil points when acetanilide is dissolving?

18 The Synthesis of Salicylic Acid from Wintergreen Oil

Objectives

1. To learn the method to synthesize salicylic acid from methyl salicylate.
2. To master the operation of recrystallization.

Introduction

Methyl salicylate (oil of wintergreen) and salicylic acid are naturally occurring compounds with medicinal uses. Salicylic acid is found mainly in the willow's leaves and bark. The pure acid possesses several useful medicinal properties. It is an antipyretic (a fever reducer), an analgesic (a pain reducer), and an anti-inflammatory (a swelling reducer). Methyl salicylate, like salicylic acid, is produced by many plants. It was first isolated from wintergreen leaves, Gaultheria procumbens, and is often called oil of wintergreen. The procedure used here to convert methyl salicylate into salicylic acid is called saponification. It is chemically related to the process used to convert natural fats into soap.

Mechanism and equations:

$$o\text{-}HOC_6H_4COOCH_3 + 2NaOH \longrightarrow o\text{-}NaOC_6H_4COONa + CH_3OH + H_2O$$

$$o\text{-}NaOC_6H_4COONa + H_2SO_4 \longrightarrow o\text{-}HOC_6H_4COOH + Na_2SO_4$$

Materials

50 mL round bottom flask, spherical condenser, glass stirring rod, graduated cylinder, vacuum filtration device, oven, short neck funnel, electronic balance, melting point apparatus, boiling chips, pH paper, methyl salicylate (oil of wintergreen), 6M NaOH, 3M H_2SO_4, DI water, ice.

Apparatus

The same as Figure 2 - 18.

Procedure

Step1. Reaction

1. Measure 1.32 mL methyl salicylate and pour it into 50 mL round bottom flask. A few boiling chips are added to the flask. Then measure 15 mL of 6 M NaOH and pour it into the flask. Combine them in the flask.

2. Assemble the apparatus for reflux.

3. Heat the round bottom. Turn on the heat and slowly adjust it until the mixture starts to boil.

4. Reflux the mixture for about 30 minutes.

5. Allow the solution to cool to room temperature and then slowly and incrementally add drops of 3 M H_2SO_4 until a pH of 1 - 2 is detected using pH paper. The flask is cooled in an ice bath for about 20 minutes. A thick white solid appears.

Step 2. Separation

The white precipitate is collected by vacuum filtration and is washed with 13 mL water.

Step 3. Purification and analysis

1. Recrystallization: The white solid is dissolved into 25 mL of hot water. Heat the mixture to boil. Filter the above heat solution with atmospheric pressure filter to remove insoluble impurities. Collect the filtrate. Set the filtrate to cool 10 minutes and then chill it in an ice bath for 15 minutes.

2. When crystallization is complete, collect the product by vacuum filtration.

3. Dry the product [you may use the oven (dry at about 80 ℃ for 30 minutes)] and weight the dry product. Record the mass.

4. Determine the melting point of dried final product with melting point apparatus.

Results:

Density of methyl salicylate=________

Mass of methyl salicylate=________

Mass of salicylic acid=________(The theoretical value)

Mass of salicylic acid=________(The experimental value)

Yield=________

Melting point of salicylic acid=________

Questions

1. How does salicylic acid precipitate completely?
2. How do you know that the solid is dried completely?

19　Preparation of Synthetic Banana Oil

Objectives

1. To learn the method of preparing synthetic banana oil.
2. To master the operation of distillation.

Introduction

In pharmaceutical terms, an oil is an odiferous principle found in various plant parts. While some oils consist mainly of one chemical substance, many oils contain dozens, if not hundreds, of chemicals. In this experiment, we will synthesize the major component that gives bananas their characteristic odor. We will use a standard procedure for reacting a carboxylic acid with an alcohol to produce an ester, with water as a byproduct. The procedure involves heating the carboxylic acid with the alcohol in the presence of a strong acid catalyst: without the catalyst, no significant amount of product is produced.

Reaction scheme:

$$\underset{\substack{\text{Ethanoic acid}\\\text{"acetic acid"}}}{CH_3\overset{\overset{\displaystyle O}{\|}}{C}-OH} + \underset{\substack{\text{3-methyl-1-butanol}\\\text{"isoamyl alcohol"}}}{HO-CH_2CH_2\overset{\overset{\displaystyle CH_3}{|}}{C}HCH_3} \underset{\triangle}{\overset{H_2SO_4}{\rightleftharpoons}} \underset{\substack{\text{3-methylbutyl ethanoate}\\\text{"isoamyl acetate"}}}{CH_3\overset{\overset{\displaystyle O}{\|}}{C}-O-CH_2CH_2\overset{\overset{\displaystyle CH_3}{|}}{C}HCH_3}$$

Materials

100 mL round-bottomed flask, spherical condenser, glass stirring rod, graduated cylinder, separatory funnel, electronic balance, boiling chips, 3-methyl-1-butanol (isoamyl alcohol or isopentyl alcohol), acetic acid, sulfuric acid, sodium bicarbonate solution, DI water, ice.

Apparatus

The same as Figure 2 - 19.

Procedure

Step 1. Reaction

1. In your 100 mL round-bottomed flask, place 15 mL of 3-methyl-1-butanol (isoamyl alcohol or isopentyl alcohol), 15 mL of acetic acid, and 2 dropper-full of sulfuric acid. Shake. A few boiling chips are added to the flask.

2. Assemble the apparatus for reflux (see Figure 2-18).

3. Heat the round bottom with alcohol lamp. Reflux the mixture for at least an hour.

4. After 1 hour, remove the alcohol lamp. Allow the reaction flask to cool to near room temperature.

Step 2. Separation

5. Pour the reaction mixture into a separatory funnel and add 50 ml of DI water to the separatory funnel. Shake and vent 3 - 4 times. Still and stratify, and then carefully drain off the lower water layer.

6. Add 25 mL of sodium bicarbonate solution to the separatory funnel. Swirl the funnel until all of the bubbling stops, carefully shake and vent 3 - 4 times, and then carefully drain off the lower aqueous layer.

7. Pour the ester layer out of the top of the separatory funnel into your clean, dry 50 mL round-bottomed flask. Add a few boiling chips to the flask.

Step 3. Purification

1. Set up a simple distillation apparatus.

2. Heat the round-bottomed flask. Collect everything that distills at less than 132 ℃ in a beaker and discard it.

3. Collect everything that distills at 132 - 143 ℃ in a preweighed product vial. Record your actual boiling range. Do not distill to dryness, however. Leave a small amount in the flask.

4. Weigh the vial with product to determine the mass of ester you made.

Results

Density of 3-methyl-1-butanol=________

Mass of 3-methyl-1-butanol=________

Actual boiling range=________

Mass of empty vial=________

Mass of vial with ester=________

Mass of banana oil=________(The theoretical value)

Mass of banana oil=________(The experimental value)

Yield=________

Questions

1. What is excess in the reaction? How to calculate the theoretical mass of banana oil?

2. Considering the reactive condition, find out the possible side reactions.

3. Discuss the factor affecting the reactive yield.

20 Caffeine Extraction from Tea

Objectives

1. To get caffeine from tea leaves using solid-liquid extraction and polar-nonpolar solvent extraction techniques.
2. To master the operation of extraction.

Introduction

Caffeine is a white solid material at room temperature. Caffeine occurs naturally in tea leaves and coffee beans, and it can account for 2%–5% of the mass of the tea leaves along with tannins, pigments and chlorophylls. Caffeine is soluble in water and a variety of organic solvents (ethanol, chloroform...). Both can be used to extract caffeine from tea leaves.

We will take advantage of the solubility of caffeine in water to create an aqueous solution of caffeine at room temperature. First, the caffeine will be dissolved from tea leaves by boiling tea leaves in water. However, the tannins, pigments and chlorophylls will also be extracted in water. The caffeine can then be extracted from the water using chloroform. Since the tannins are acidic, insure it remaining in the aqueous layer. Along with the caffeine, the chlorophylls, which are present only in small quantities, will also go into the organic layer. Thus, the caffeine that you obtain after evaporating will not be totally pure. Either sublimation or crystallization can be used to further purify. We will not do this in this lab.

Caffeine structure:

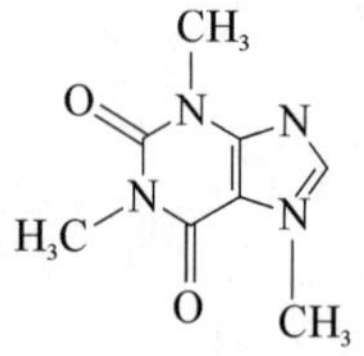

CH_3 O N N H_3C N N O CH_3

Materials

Large beaker, 100 mL graduated cylinder, clay triangle, watch glass, separatory funnel, electronic balance, vacuum filtration, glass stirring rod, tea bag, chloroform,

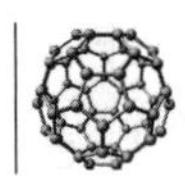

distilled water.

Procedure

Step 1. Solid-liquid extraction

1. Obtain a 500 mL beaker.

2. Weigh about 10g of tea and place them in a tea bag. Put the tea bag into the beaker.

3. Add 200 mL of distilled water to the beaker. Boil the water containing the tea bag for 15 - 20 minutes while stirring occasionally.

4. After the boiling, remove the beaker from the heat and allow it to cool to room temperature.

5. After the solution has cooled, squeeze the tea bag to remove all the liquid. Discard the tea bag.

6. Using vacuum filtration, filter the solution to remove any solid particles.

Step 2. Polar-nonpolar solvent extraction

1. Transfer the solution obtained from the step above to a separatory funnel. Add 60 mL of chloroform. Instructor will demonstrate proper use of the separatory funnel.

2. Allow the chloroform to settle to the bottom. Carefully drain the chloroform layer into a flask or beaker. Dispose of the aqueous top layer. Filter the chloroform/caffeine solution through reverse-phase filter paper using vacuum filtration. This will allow the chloroform to filter through but will trap any water and residue. Transfer the solution to a 125 mL flask.

Step 3. Crystallization of caffeine

1. Using a hot water bath, place the chloroform solution over the boiling water. The boiling point of chloroform is 61—62 ℃.

2. Evaporate the solution down to about 20 mL and then remove it from the heat.

3. Weigh a clean watch glass and record its weight.

4. Place the watch glass over the boiling water, fill it with a portion of the concentrated caffeine solution, and evaporate it. Repeat this process until all the concentrated solution is gone.

5. Remove the watch glass from the water bath and let it cool. Wipe the moisture from the bottom of the watch glass. Then we get the crude caffeine.

6. Reweigh the watch glass with caffeine.

Results

Mass of tea leaves=________

Mass of watch glass=________
Mass of watch glass with caffeine=________

Questions

What goes into organic layer along with caffeine?

21　Properties of Common Functional Groups

Objectives

To study the properties of the functional groups by characteristic reaction.

Introduction

As we know, over 20 million organic compounds have been identified. It is difficult to study their structures and properties. A functional group is an atom or group of atoms bonded together in a certain way, that, as part of a molecule, will impart certain physical and chemical characteristics to the molecule as a whole. It is the case that the rest of the molecule can modify the characteristics of the functional group. It is also the case that if the rest of the molecule is an alkyl group, the modifications may be modest. On the other hand, other functional groups in the molecule, especially if they are close, are more likely to profoundly modify the characteristics of the functional group in question.

The functional group we are considering in this experiment is the —X (alkyl halides) and —OH functional group (alcohols). In alkyl halides and alcohols, the —X and —OH group is attached to a tetrahedral carbon atom. If the carbon atom is bonded to three hydrogens in addition to the —OH (—X), the alcohol is methanol (methyl halide). If the carbon bonded to the —OH (—X) is bonded to one carbon and two hydrogens, the alcohol is a primary (1°) alcohol [primary (1°) halide]. If the carbon bonded to the —OH (—X) is bonded to two carbons and one hydrogen, the alcohol is a secondary (2°) alcohol [secondary (2°) halide]. If the carbon bonded to the —OH (—X) is bonded to three carbons, the alcohol is a tertiary (3°) alcohol [tertiary (3°) halide]. All of these alcohols (or halides) share some characteristics, but other characteristics are different owing to their different structures.

1. Lucas test for the alcohols

This test is used to distinguish among primary, secondary and tertiary water soluble alcohols. Lucas reagent is a mixture of concentrated hydrochloric acid and zinc chloride. Zinc chloride is a Lewis acid, and when added to hydrochloric acid, it becomes more acidic.

Water soluble alcohols react with Lucas reagent to form an alkyl chloride which is insoluble in the aqueous solution. The second liquid phase appears in the test tube.

$$CH_3CH_2CH_2CH_2OH + HCl \xrightarrow{ZnCl_2} \text{no reaction}$$

$$CH_3CH_2CH(CH_3)OH + HCl \xrightarrow{ZnCl_2} CH_3CH_2CH(CH_3)Cl \quad \text{about 10 minutes with heating}$$

$$CH_3-C(CH_3)_2-OH + HCl \xrightarrow{ZnCl_2} CH_3-C(CH_3)_2-Cl \quad \text{less than 5 minutes, no heating}$$

2. Silver nitrate test for the halides

This test is used to distinguish among primary, secondary and tertiary halides. Silver nitrate reagent is a solution of silver nitrate dissolving in the ethanol. When the halides meet with silver nitrate, a reluctant first-order substrate can be forced to ionized. Silver ion reacts with the halogen to form a silver halide, generating the cation of alkyl group.

$$R-X + Ag^+ \longrightarrow R^+ + AgX\downarrow$$

Different halides react with silver nitrate at different speeds. So, we can determine the halide according to the speed of forming AgX precipitation.

$$CH_3CH_2CH_2CH_2Cl \xrightarrow{AgNO_3, H_2O} CH_3CH_2CH_2CH_2OH + AgCl\downarrow \quad >10 \text{ mins with heating}$$

$$CH_3CH_2CH(CH_3)Cl \xrightarrow{AgNO_3 H_2O} CH_3CH_2CH(CH_3)OH + AgCl\downarrow \quad 2-3 \text{ mins with heating}$$

$$\left.\begin{array}{l} CH_3-C(CH_3)_2-Cl \xrightarrow{AgNO_3, H_2O} CH_3-C(CH_3)_2-OH + AgCl\downarrow \\ CH_2=CH-CH_2Cl \xrightarrow{AgNO_3 H_2O} CH_2=CH-CH_2OH + AgCl\downarrow \\ C_6H_5-CH_2Cl \xrightarrow{AgNO_3 H_2O} C_6H_5-CH_2OH + AgCl\downarrow \end{array}\right\} \text{no heating}$$

Materials

Tube, water bath pot, tube rack, 1-chlorobutane, 2-chlorobutane, 2-chloro-2-methylpropane, benzoyl chloride, 1-butanol, 2-butanol, 2-methyl-2-butanol, benzyl alcohol, $AgNO_3$(5% ethanol solution), Lucas reagent.

Procedure

1. The lab of properties of halide

There are four samples. They are 1-chlorobutane, 2-chlorobutane, 2-chloro-2-methylpropane and benzoyl chloride.

Add 1 mL $AgNO_3$(5% ethanol solution) to four tubes respectively. Then add 2 – 3 drops of each sample to the tubes respectively. See whether there is white precipitation or not and record. Put the tube with no precipitation to the water bath pot (70 ℃). After 5 minutes, see whether there is white precipitation or not and record. After 15 minutes, see whether there is white precipitation or not. Give the order of reactivity of halides.

2. The lab of properties of alcohol

There are four samples: 1-butanol, 2-butanol, 2-methyl-2-butanol, and benzyl alcohol. Add 5 – 6 drops of each sample to four tubes respectively. Then add 2 mL Lucas reagent to the tubes respectively. Observe which tube forms mud and record. Put the tube with no mud in the water bath pot (70 ℃). After 15 minutes, observe which tube produces mud and record. After 15 minutes, can the last tube produce the mud?

Results

1. Give the order of reactivity of halides.
2. Give the order of reactivity of alcohols.

Questions

1. What is the type of reaction?
2. Explain the reason according to the mechanism.

22 Oxidation of Alcohols: Preparation of Camphor

Objectives

1. To learn the method of oxidation of —OH.
2. To learn the method of analysis of C=O.

Introduction

Oxidation in organic chemistry is defined as either loss of hydrogen atoms or addition of bonds to oxygen or other atoms more electronegative than carbon. Oxidation of alcohols provides a general method for the preparation of carbonyl compounds. Oxidation of primary alcohols produces aldehydes or carboxylic acids depending on the oxidizing conditions. Oxidation of secondary alcohols produces ketones while tertiary alcohols cannot be oxidized without breaking carbon-carbon bonds.

The most common oxidizing agents for the conversion of alcohols to aldehydes and ketones are chromium trioxide (CrO_3), the chromate ion (CrO_4^{2}) and the dichromate ion ($Cr_2O_7^{2}$). When these oxidizing agents are used in aqueous solution, the product obtained from primary alcohols is a carboxylic acid. Modified forms of CrO_3 such as Collins reagent, in which CrO_3 is complexed with pyridine, are used in nonaqueous media and oxidize primary alcohols to aldehydes without further oxidation to the carboxylic acid. $KMnO_4$ can also be used to oxidize alcohols.

Sodium hypochlorite (NaOCl) can be used in acetic acid to oxidize secondary alcohols to ketones. This reagent offers several advantages: it is cheap (sodium hypochlorite is the reagent in household bleach and "swimming pool chlorine"); it oxidizes secondary alcohols rapidly and in high yield; and it avoids the problem of disposing of toxic metal wastes.

In this experiment you will oxidize the alcohol group in isoborneol to the ketone group in camphor using sodium hypochlorite.

$$\text{Isoborneol} \xrightarrow[\text{CH}_3\text{COOH}]{\text{NaOCl}} \text{Camphor}$$

Camphor is a bicyclic ketone widely distributed in nature, especially in trees of the Far East. It is used as a plasticizer for the production of celluloid film, smokeless powders and explosives, as an insect repellent, and for medicinal purposes (the characteristic odor of Vicks VapoRub). The isoborneol, used in today's experiment, is made commercially from the C_{10} hydrocarbons found in turpentine called pinenes.

Materials

125 mL Erlenmeyer flask, thermometer, vacuum filtration apparutus, glass stirring rod, KI-starch paper, isoborneol, glacial acetic acid, bleach, saturated $NaHSO_3$, brine ice, saturated $NaHCO_3$, methylene chloride, 2,4-dinitrophenylhydrazine solution.

Procedure

Step 1. Reaction

1. Weight about 5 g of isoborneol and pour it into a 125 mL Erlenmeyer flask. Measure 15 mL of glacial acetic acid and pour it into the Erlenmeyer flask too.

2. Add 50 mL of bleach into above mixture. Shake over 5 minutes. Then cool the flask as necessary to keep the internal temperature at 15 – 25 ℃.

3. Allow the mixture to stand at room temperature for one hour with occasional swirling.

4. After one hour, test the solution with KI-starch paper. A positive test (formation of blue-black color on the test paper is a positive test) for excess chlorine should be obtained.

5. Drop saturated $NaHSO_3$ solution carefully until the yellow color of the reaction mixture disappears and the KI-starch test is negative (no blue-black color).

6. Pour the mixture into 100 mL of brine ice, collect the solid by vacuum filtration on a Buchner funnel, and wash it with saturated $NaHCO_3$ solution until foaming is no longer evident. Press the solid as dry as possible on the funnel.

Step 2. Purification

1. Dissolve the solid in 20 mL of methylene chloride, separate any water layer, and dry the solution over anhydrous sodium sulfate.

2. After filtering the drying agent, collect the solution in a reweighed dry beaker. Boil off the methylene chloride in a hot water bath.

3. Weight the beaker with product.

Step 3. Analysis

Dissolve about 0.2 g of your crude camphor in 5 mL of 95% ethanol. Add 10 mL of the 2, 4-dinitrophenylhydrazine solution and heat to boiling for 3 minutes. If yellow crystal appears, show carbonyl is present in you new crude product. The experiment is successful.

Results

Mass of isoborneol=________
Mass of empty beaker=________
Mass of beaker with camphor=________
Mass of camphor=________(The theoretical value)
Mass of camphor=________(The experimental value)
Yield=________

Questions

1. What is the purpose of adding $NaHSO_3$ at the end of the oxidation procedure?

2. What does it mean that the KI-starch test mentioned in the experimental procedure is positive?

23　Molecular Modeling

Objectives

1. To learn how to use chemical modeling software:ChemDraw and GaussView.
2. To master the method of drawing molecular structure.
3. To learn how to watch the conformational isomerism of molecules.

Introduction

ChemDraw is a tool to enable professional scientists, science students and scientific authors to communicate chemical structures. It is designed to work according to conventions we found most intuitive for such users. ChemDraw is very powerful. It can edit and draw all graphics related to chemistry, for example, build and edit molecular formulas, equations, structural formulas, three-dimensional structures, and orbits. We can edit, flip, rotate, zoom, and store the graphics. We can also copy and paste the graphics into Word.

GaussView is one of the common software in computational chemistry. GaussView can be used to draw some complex compounds, build Gaussian input files and carry out some physical and chemical theoretical analysis. We can quickly draw the molecular model and then simply rotate, translate or zoom these molecules to output files in standard formats such as PDB.

Materials

ChemDraw,GaussView, Computer

Procedure

Step 1. Draw the following structure with ChemDraw

1. Ethane
2. *n*-Butane
3. Cyclohexane
4. Ethanol

Step 2. Build the following structure with GaussView

1. Build a structural formula of ethane. Then click on one carbon and rotate it about the carbon-carbon single σ bond to create both the staggered and eclipsed conformations. Draw the staggered and eclipsed Newman Projections here.

2. Build a structural formula of butane. Then click on one carbon and rotate it about the carbon 2 and carbon 3 single σ bond to create both the anti and total eclipsed conformations. Draw the anti and total eclipsed Newman Projections here.

3. Create a staggered and eclipsed 1，2-dichloroethane. Draw structures here.

4. Build the structure of ethanol with the balls and sticks.

Questions

1. What are the reasons for the formation of conformational isomerism?

2. How many conformational isomers do ethane，butane and cyclohexane have? What are the typical conformations?

第六章　化学趣味实验

实验一　喷雾作画

一、实验目的

验证 Fe^{3+} 的显色作用。

二、实验原理

Fe^{3+} 溶液本身显黄色，能与多种物质反应生成有色物质。如，与硫氰酸钾（KSCN）反应显血红色，与铁氰化钾〔$K_3[Fe(CN)_6]$〕反应显绿色，与亚铁氰化钾〔$K_4[Fe(CN)_6]$〕反应显蓝色，与水杨酸反应显紫色，与草酸反应生成亚铁显绿色，亚铁离子与铁氰化钾反应显蓝色。利用多种颜色，结合想象，画出精彩图案。

三、实验用品

1. 实验仪器

白纸、毛笔、喷雾器、木架、摁钉

2. 实验药品

$FeCl_3$、硫氰酸钾、亚铁氰化钾、铁氰化钾、水杨酸、草酸

四、实验步骤

1. 配制 $FeCl_3$ 溶液、硫氰酸钾溶液、亚铁氰化钾溶液、铁氰化钾溶液、水杨酸溶液及草酸溶液。

2. 用毛笔分别蘸取硫氰酸钾溶液、亚铁氰化钾溶液、铁氰化钾溶液、水杨酸溶液及草酸溶液在白纸上随意画出图案。

3. 把绘画后的白纸订在木架上，晾干。
4. 用喷雾器在绘有图画的白纸上喷上 $FeCl_3$ 溶液，会立刻显示相应的颜色。

五、实验结果及分析

1. 实验现象记录
2. 实验分析

实验二　蛋白留痕

一、实验目的

验证 Cu^{2+} 的络合作用。

二、实验原理

醋酸溶解蛋壳后能少量溶入蛋白。鸡蛋白是由氨基酸组成的球蛋白，它在弱酸性条件下发生水解，生成多肽，其中的肽键(氨基酸的羧基与氨基脱水形成的酰胺键)遇 Cu^{2+} 会发生络合反应，呈现蓝色或紫色。络合物颜色的深浅与蛋白质浓度成正比，而与蛋白质分子量及氨基酸成分无关，故可用来测定蛋白质含量。此法较快速，但灵敏度差。

三、实验用品

1. 实验仪器

毛笔、烧杯、酒精灯

2. 实验药品

生鸡蛋、醋酸、硫酸铜、氢氧化钠

四、实验步骤

1. 取一只鸡蛋，洗去表面的油污，并擦干。

2. 用毛笔蘸取醋酸，在蛋壳上写字，并晾干。

3. 醋酸蒸发后，把鸡蛋放在弱碱性稀硫酸铜溶液里煮熟，待蛋冷却后剥去蛋壳，蛋白上会留下蓝色或紫色的清晰字迹。

五、实验结果及分析

1. 实验现象记录

2. 实验分析

实验三　尿糖检测

一、实验目的

检测尿糖含量。

二、实验原理

尿糖是指尿中的糖类，主要是指尿中的葡萄糖。尿糖检查是早期诊断糖尿病最简单的方法。正常人的肾糖阈为8.9～10毫摩尔/升(160～180毫克/分升)。健康人在饭后血糖也不会超过8.9毫摩尔/升(160毫克/分升)。正常人尿糖甚少，一般方法测不出来，所以正常人尿糖应该显阴性，或者说尿中应该没有糖。只有当血糖超过160～180毫克/分升时，糖才能较多地从尿中排出，形成尿糖。血糖越高尿糖也越多，轻症糖尿病人空腹也不会出现尿糖，故必须检查饭后2小时尿糖，此时尿糖浓度最高，尿糖阳性率也高，所以，具有较高的诊断价值，尤其对早期无任何症状的病人意义更大。现有商用试纸可快速检测尿糖。若显蓝色，表明尿液中不含糖，用“－－”表示；若显绿色，表明尿液中含少量糖，用“＋”表示；若呈黄绿色，表明尿糖稍多，用“＋＋”表示；若呈土黄色，表明尿糖较多，用“＋＋＋”表示；若呈砖红色，说明尿糖很多，用“＋＋＋＋”表示。利用斐林试剂或本尼迪试剂与醛基的反应来检验尿液中是否含糖。若溶液显砖红色，说明尿样中含糖。若溶液仍显蓝色，说明尿样中不含糖。

三、实验用品

1. 实验仪器

烧杯、天平、吸管、酒精灯、试管、试管夹

2. 实验药品

尿糖(葡萄糖)样品、五水硫酸铜晶体、酒石酸钾钠、氢氧化钠

四、实验步骤

1. 配制斐林试剂：取10 mL蒸馏水，加入0.35 g五水硫酸铜晶体，制成溶液Ⅰ；另取10 mL蒸馏水，加入1.73 g酒石酸钾钠和0.6 g氢氧化钠制成溶液Ⅱ。将溶液Ⅰ与溶液Ⅱ等体积混合即得斐林试剂。此试剂需现配现用。

2. 用吸管吸取少量尿糖样品，注入一支洁净的试管中，向试管中加入 3～4 滴斐林试剂，用酒精灯加热至沸腾，观察现象。

五、实验结果及分析

1. 实验现象记录

2. 实验分析

实验四　固体酒精

一、实验目的

制备固态酒精。

二、实验原理

酒精可以任意比例与水混溶，醋酸钙只溶于水不溶于酒精。将饱和醋酸钙溶液倒入酒精中，饱和溶液中的水溶解于酒精中，醋酸钙从酒精溶液中析出，呈半固态的凝胶状物质，同时将酒精包裹其中。点燃胶状物质，酒精便燃烧起来。

三、实验用品

1. 实验仪器

药匙、烧杯、量筒、玻璃棒、蒸发皿、火柴

2. 实验药品

酒精、醋酸钙

四、实验步骤

1. 在烧杯中加入 10 mL 蒸馏水，再加入醋酸钙，制备醋酸钙饱和溶液。
2. 另取一烧杯中加入 40 mL 酒精，再慢慢加入 10 mL 饱和醋酸钙溶液，用玻璃棒不断搅拌，烧杯中的物质先出现浑浊，继而变稠，最后成为凝胶状。
3. 取出胶冻，放在蒸发皿中点燃，发出蓝色火焰。

五、实验结果及分析

1. 实验现象记录
2. 实验分析

实验五　指纹检测

一、实验目的

检查指纹。

二、实验原理

指纹可以通过激光、有机化合物显色等方法检测。本实验主要学习碘蒸气法检测指纹。碘受热时会升华变成碘蒸气，碘蒸气能溶解在手指上的油脂等分泌物中，形成棕色指纹印迹。

三、实验用品

1. 实验仪器

试管、橡胶塞、药匙、酒精灯、剪刀、白纸

2. 实验药品

碘

四、实验步骤

1. 取一张干净的白纸，剪成略小于试管尺寸的纸条，用手指在纸条上用力按几个手印。

2. 用药匙取一粒碘，放入试管中。将纸条悬于试管中，按有手印的一面不要贴在管壁上，塞上橡胶塞。

3. 把装有碘的试管在酒精灯火焰上方微热，待产生碘蒸气后立即停止加热，观察纸条上的指纹印迹。

五、实验结果及分析

1. 实验现象记录

2. 实验分析

实验六　谁跑得快

一、实验目的

验证分子间力。

二、实验原理

在分子与分子之间存在比化学键弱得多的一种力，称为分子间作用力。早在 1873 年，著名化学家范德华在研究气体性质时首次发现并提出分子间作用力的存在，因此分子间力又称范德华力。它是决定物质物理性质（比如沸点、溶解性等）的重要因素。水分子与水分子、水分子与酒精分子、酒精分子与酒精分子之间均存在分子间作用力，且都是引力。当在水中滴加酒精时，引力的作用使得二者交界处形成波纹，直至二者混合均匀为止。

三、实验用品

1. 实验仪器

烧杯、铝箔纸、滴管

2. 实验药品

水、酒精、色素（深色为佳）

四、实验步骤

1. 将少量色素加入水中，形成深色溶液 a。
2. 在铝箔纸（保持平整）上滴加少量的溶液 a，再在其中间区域加 2～3 滴酒精。
3. 观察实验现象并记录。

五、实验结果及分析

1. 实验现象记录
2. 实验分析

实验七　验证淀粉

一、实验目的

验证淀粉的存在。

二、实验原理

淀粉分子与碘混合会发生反应生成蓝色物质，基于此反应可验证淀粉的存在。

三、实验用品

1. 实验仪器

药勺、滴管、试管、表面皿

2. 实验药品

碘酒、面粉、水、白纸、面包、饼干、水果等常见的食物若干

四、实验步骤

1. 取少量面粉放于表面皿上，加入少量水，搅拌均匀。在面粉混合液中滴加 2～3 滴碘酒。观察实验现象并记录。

2. 将其他食物分别取少量置于表面皿上，滴加 2～3 滴碘酒，观察实验现象并记录。

3. 另取少量洁净的面包、饼干放入嘴里咀嚼 20 次以上，直至糊状。将其吐出置于表面皿上，滴加 2～3 滴碘酒，观察实验现象并记录。

五、实验结果及分析

1. 实验现象记录
2. 实验分析

实验八　含铁的果汁

一、实验目的

验证常见的果汁中是否含铁。

二、实验原理

茶水中含有多酚、鞣酸等物质，可与铁元素反应生成难溶物，因此有“茶水会影响人体对铁质的吸收和利用”的说法。不同种类的果汁含铁量不同，根据产生难溶物的速度与数量，可推测果汁中含铁的情况。

三、实验用品

1. 实验仪器

广口瓶、试管

2. 实验药品

热水、茶包(或茶叶)、果汁(葡萄汁、菠萝汁、橙汁、苹果汁等)

四、实验步骤

1. 将茶包或茶叶放于一定量的热水中泡制一段时间，制得茶水。
2. 试管中分别放入等量的不同的果汁，再分别加入等量的茶水，震荡至混合均匀。
3. 静置 0.5 h，观察试管底部，记录实验现象。
4. 继续静置 1.5～2 h，再次观察并记录。

五、实验结果及分析

1. 实验现象记录
2. 实验分析

实验九　认识胶体(一)

一、实验目的

了解胶体的组成及性质。

二、实验原理

一种或几种物质分散在另一种物质中所形成的体系称为分散系统。其中,被分散的物质称为分散质,分散分散质的物质称为分散剂。按分散质颗粒大小,可将分散系统分为低分子分散系(真溶液)、胶体分散系以及粗分散系。向胶体中加入某些电解质,可将其中的微粒聚沉。牛奶是固体颗粒均匀分散在液体中形成的分散体系,向其中加入醋酸,可将其固相颗粒聚沉,形成凝乳,留下透明的乳浆。一般的,墨汁也是胶体体系,且含有多种成分(比如,黑色实际含有黄、红、蓝等颜色),通过纸层析可将它们分开。

三、实验用品

1. 实验仪器

烧杯、滴管、滤纸、表面皿、别针

2. 实验药品

白醋、鲜牛奶、水、不同颜色的中性笔

四、实验步骤

1. 鲜牛奶置于烧杯中,向其中加入少量的白醋,搅拌均匀。静置 5 min 后,观察现象并记录。

2. 将滤纸对折再对折,用别针固定,倒扣在表面皿上。在滤纸外侧、距离滤纸下沿约 2 厘米处用不同颜色的中性笔分别画一个 2 cm 的方格色块。注意,色块之间要有一定的距离。表面皿加入少量水,让滤纸边缘浸入水中。大约 1 h 后观察现象并记录。

五、实验结果及分析

1. 实验现象记录

2. 实验分析

实验十　认识胶体(二)

一、实验目的

验证胶体的性质。

二、实验原理

胶体,一种高度分散的多相不均匀体系,不是一类特殊的物质,是几乎任何物质都可能存在的一种状态,在实际生活和生产中占有重要的地位。当光照射到胶体时,在与入射光垂直的方向上可以看到一条发亮的光柱,这个现象是1869年丁达尔首先发现的,故称为丁达尔现象。

三、实验用品

1. 实验仪器

纸箱、手电筒、烧杯、药勺

2. 实验药品

面粉、水、鲜牛奶、氯化钠

四、实验步骤

1. 将纸箱倒扣在桌面。在纸箱右侧中部大概烧杯一半高度处开孔,作为电筒照射窗口。在纸箱正面中间大概烧杯一半高度处开孔,作为观察窗口。

2. 在纸箱中间位置依次放置纯水、面粉水、鲜牛奶(可稀释)、氯化钠溶液,打开手电筒对准烧杯位置,观察现象并记录。

五、实验结果及分析

1. 实验现象记录

2. 实验分析

实验十一　神奇的字

一、实验目的

解密神秘信件。

二、实验原理

我们常常会在一些电视剧中看到这样的片段：一张看似空白的纸在经过一些处理后会显示图案或字迹，这其实是利用了特殊的物理变化或化学反应。比如，淀粉与碘混合会生成蓝色物质，而维生素 C 又可与碘发生氧化还原反应，因此，混有维生素 C 的淀粉遇碘不变色。

三、实验用品

1. 实验仪器

烧杯、药勺、烘箱、毛笔、黑色的纸张、白色的纸张

2. 实验药品

水、柠檬汁或维生素 C、氯化钠、碘酒

四、实验步骤

1. 将少量的碘酒与水混合形成溶液 a。用毛笔蘸取少量的柠檬汁在白色的纸张上写字或作画，晾干后浸入溶液 a，观察现象并记录。

2. 取少量的氯化钠溶于水中制得盐水。用毛笔蘸取少量的盐水在黑色的纸张上写字或作画。烘箱提前预热（60～70 ℃），将纸张放入烘箱（关闭电源）烘干。取出纸张，观察现象并记录。

五、实验结果及分析

1. 实验现象记录

2. 实验分析

实验十二　水中花园

一、实验目的

1. 了解半透膜的原理。
2. 掌握实验原理。

二、实验原理

把硫酸铜、硫酸铁、硫酸亚铁、硫酸锌等晶体放入硅酸钠溶液中，发生化学反应，生成蓝色的硅酸铜、红棕色的硅酸铁、淡蓝色的硅酸亚铁、乳白色的硅酸锌。

$$CuSO_4 + Na_2SiO_3 = CuSiO_3(\text{蓝色沉淀}) + 2Na_2SO_4$$
$$Fe_2(SO_4)_3 + 3Na_2SiO_3 = Fe_2(SiO_3)_3(\text{红棕色沉淀}) + 3Na_2SO_4$$
$$ZnSO_4 + Na_2SiO_3 = ZnSiO_3(\text{乳白色沉淀}) + 2Na_2SO_4$$
$$FeSO_4 + Na_2SiO_3 = FeSiO_3(\text{淡绿色沉淀}) + 2Na_2SO_4$$

生成的这些硅酸盐在晶体表面形成一层不溶于水的薄膜，这层带有颜色的薄膜只允许水分子通过，而把其他物质分子拒之门外。水分子进入后，小晶体又被水溶解形成浓度很高的盐溶液，从而产生很大的压力，使薄膜鼓起直到破裂。膜内带有颜色的盐溶液流出来又与硅酸钠反应，长出新的薄膜，水又渗透到膜内，薄膜又重新鼓起破裂——如此反复循环下去，每循环一次，花的枝叶就长出一段。这样，就形成了花团锦簇水中花园。

三、实验仪器和药品

1. 实验仪器

大烧杯、镊子

2. 实验药品

硅酸钠、硫酸铜、硫酸铁、硫酸亚铁、硫酸锌

四、实验步骤

1. 将硅酸钠溶于水，制备质量分数为 40%的硅酸钠溶液。
2. 用镊子轻轻地送硫酸铜、硫酸铁、硫酸亚铁、硫酸锌晶体到一干净的大烧杯中。
3. 向上面的烧杯中沿烧杯壁轻轻注入硅酸钠溶液(注意不能摇晃)。

4. 等一会五彩缤纷的花就盛开了。

五、思考题

还有哪些带有颜色的晶体可以做这个实验?

实验十三　自制汽水

一、实验目的

1. 学习自制汽水的方法。
2. 了解苏打水遇到酸会生成二氧化碳，制作碳酸饮料。

二、实验原理

柠檬酸的酸性比碳酸强，当小苏打遇到柠檬酸发生化学反应放出二氧化碳气体：

$$3\ NaHCO_3 + HO-\underset{\underset{\displaystyle CH_2COOH}{|}}{\overset{\overset{\displaystyle CH_2COOH}{|}}{C}}-CHOOH = HO-\underset{\underset{\displaystyle CH_2COONa}{|}}{\overset{\overset{\displaystyle CH_2COONa}{|}}{C}}-CHOONa + 3CO_2 + 3H_2O$$

小苏打　　　　柠檬酸

三、实验仪器和药品

1. 实验仪器

汽水瓶、电子天平

2. 实验药品

小苏打、柠檬酸、白糖、果味香精

四、实验步骤

1. 取一干净的汽水瓶，加入 500 mL 冷开水，加入白糖及少许果味香精。

2. 然后加入 1.5 g 小苏打。溶解后，迅速加入 1.5 g 柠檬酸。立即将瓶盖盖紧，使气体不能溢出而溶解在水里。

3. 将瓶子放置到冰箱中降温，取出后打开瓶盖就可以饮用。品尝你的汽水。

4. 按照下表中小苏打与柠檬酸的比例，按上述步骤制作汽水。找出小苏打与柠檬酸的最佳配比。

小苏打	1.5 g	1.5 g	3 g	3 g
柠檬酸	1.5 g	3 g	1.5 g	3 g

五、思考题

制作汽水的关键在于小苏打与柠檬酸的比例，通过上述实验找出 500 mL 水制作汽水的小苏打与柠檬酸的最佳比例？

实验十四　冷热变色的温度计

一、实验目的

1. 了解 $CoCl_2 \cdot nH_2O$ 晶体的颜色随水分子变化。
2. 学会利用钴盐的性质制备变色温度计。

二、实验原理

氯化钴有多种水合物，它们因结晶水分子数目的不同而呈现不同的颜色，并在一定的温度下能相互转变。

$CoCl_2 \cdot 6H_2O$	粉红色	$CoCl_2 . 2H_2O$	紫红色
$CoCl_2 \cdot H_2O$	蓝紫色	$CoCl_2$	蓝色

将氯化钴晶体溶解在乙醇中，当溶液受热时，乙醇就夺取 $CoCl_2 \cdot 6H_2O$ 中的水分子而使溶液呈蓝色。当冷却溶液时，乙醇释放出水分子，$CoCl_2$ 结合水分子生成 $CoCl_2 \cdot 6H_2O$ 溶液颜色逐渐变为粉红色。

三、实验仪器和药品

1. 实验仪器

试管、烧杯、酒精灯、温度计、滴管

2. 实验药品

乙醇(95%)、$CoCl_2 \cdot 6H_2O$

四、实验步骤

1. 在试管中注入约 1/2 体积的乙醇(95%)，然后用镊子加入数克红色的 $CoCl_2 \cdot 6H_2O$ 晶体，振荡使之溶解(若不溶解可以加热)，溶液变为蓝色。

2. 用胶头滴管一滴一滴滴入冷水使之冷却，直到隐约出现淡红色。

3. 将试管用塞子塞紧，分别插入 10 ℃、20 ℃、30 ℃、40 ℃、50 ℃、60 的水中，试管内溶液的颜色将由淡红色逐渐变为蓝色，温度越高蓝色越深。

4. 冷却后溶液又变为淡红色。

5. 记录不同温度下溶液的颜色，制成温度颜色表。

温度	10 ℃	20 ℃	30 ℃	40 ℃	50 ℃	60 ℃	70 ℃	80 ℃	90 ℃
颜色									

五、思考题

为什么水会在氯化钴晶体和乙醇之间转移？

实验十五　牙膏中某些成分的检验

一、实验目的

1. 通过实验了解牙膏中的主要成分。
2. 学习牙膏中某些无机物和有机物的检验方法。

二、实验原理

牙膏是复杂的混合物。它通常由摩擦剂(如碳酸钙、磷酸钙)、保湿剂(如木糖醇、聚乙二醇)、表面活性剂(如十二醇硫酸钠、2—酰氧基磺酸钠)、增稠剂(如羧甲基纤维素、鹿角果胶)、甜味剂(如甘油、环己胺磺酸钠)、防腐剂(如山梨酸钾盐和苯甲酸钠)、活性添加物(如叶绿素、氟化物),以及色素、香精等混合而成。目前我国使用的牙膏分为普通牙膏、氟化物牙膏和药物牙膏三大类。牙膏的主要成分一般有摩擦剂、发泡剂、润滑剂、调味剂和一些其他添加成分。

三、实验仪器和药品

1. 实验仪器

试管、烧杯、玻璃棒、胶头滴管、pH 试纸

2. 实验药品

$CuSO_4$(0.5 mol/L)、NaOH(1 mol/L)、牙膏样品、稀盐酸

四、实验步骤

1. 牙膏中摩擦剂的检验

摩擦剂是牙膏的主要成分,使牙菌斑、软垢和食物残渣比较容易被刷下来。摩擦剂要有一定的摩擦作用,但是不能损伤牙面及牙周组织。常用的有碳酸钙及二氧化硅,占牙膏含量的一半以上。如果牙膏中摩擦剂只有一种,如何检验你使用的牙膏中摩擦剂是什么?

步骤:取少量某品牌牙膏样品于烧杯中,加入过量的稀盐酸,则实验中可能出现的现象与对应结论如下表:

试验中可能出现的现象	结论	解释
不溶解	摩擦剂为 SiO_2	
溶解并产生气体	摩擦剂为 $CaCO_3$	
溶解无气体，加 NaOH 至过量后又产生沉淀	摩擦剂为 $Ca_3(PO_4)_2$	
溶解无气体，加 NaOH 至过量先产生沉淀后沉淀溶解	摩擦剂为 $Al(OH)_3$	

2. 检验牙膏中含有甘油

甘油是牙膏中最常用的润滑剂，它的作用是保持牙膏的湿润性，并能保护牙龈、牙体组织。甘油中有三个羟基，多羟基化合物与新制的 $Cu(OH)_2$ 悬浊液反应产生绛蓝色的溶液。

步骤：取少量牙膏样品于小烧杯中，加蒸馏水、搅拌，静置，取上层清液滴入新制的 $Cu(OH)_2$ 悬浊液中，观察实验现象。若产生绛蓝色的溶液，则牙膏中含有甘油。

3. 牙膏水溶液的酸碱性检验

步骤：用玻璃棒蘸牙膏溶于水的澄清液滴在 pH 纸上，与比色卡对照，记录牙膏的酸碱性。

五、思考题

牙膏是碱性物质还是酸性物质？如果是碱性物质，牙膏除了刷牙外还有哪些用途？

实验十六　密信的书写与识破

一、实验目的

1. 揭秘电影中密信的秘密。
2. 了解化学中的颜色反应。

二、实验原理

密写信是在白纸上用无色药液写字，晾干后，几乎不显字迹，再用另一种溶液处理，生成有色物质，就显现不同颜色的字迹。

(1) 酚酞遇氨水显红色。

(2) 醋酸铅遇硫化钠生成黑色硫化铅。硫化铅遇过氧化氢则变为无色。

(3) 碳酸钠遇红色氯化汞生成黄色的氧化汞。

(4) 淀粉与碘作用生成一种深蓝色的淀粉-碘复合物。

(5) 白醋写在纸上干后，会形成透明薄膜样的物质，着火点低，在火上烘一烘，密写字会变焦而显出棕色字样。

三、实验仪器和药品

1. 实验仪器

白纸、木棒、酒精灯

酚酞、稀氨水、醋酸铅溶液、硫化钠溶液、过氧化氢(3%)、碳酸钠溶液、氯化汞溶液、淀粉溶液、碘酒

四、实验步骤

1. 密信的书写液是酚酞试液，显影液为稀氨水，呈现红色字迹。

2. 书写液是醋酸铅溶液，显影液为硫化钠溶液，呈现棕黑色字迹，再用 3%的过氧化氢溶液喷雾，棕黑色字迹又可变为无色。

3. 书写液是碳酸钠溶液，显影液为氯化汞溶液，呈现黄色字迹。

4. 书写液是淀粉溶液(或米汤)，显影液为碘酒。

5. 用白醋作书写液在白纸上写信，显影时只需放在酒精灯火焰上烘一烘，即显现棕色字迹。根据需要，拟好书信，用蘸水笔取任一种书写液在白纸上写信，干燥后即

成密信，显影时，用镊子夹取棉花蘸上相应的显影液，在密信上轻轻涂抹，即呈现书信内容。

五、思考题

写出各个反应的方程式。

附　录

附录 1　常用酸、碱溶液的浓度和配制方法

名称及化学式	相对密度/(g·mL^{-1})	质量分数/(%)	物质的量浓度/(mol·L^{-1})	配制方法
盐酸				
HCl(浓)	1.19	38	12	市售
HCl(稀)	1.11	22	6	500 mL 浓 HCl 稀释至 1 L
HCl(稀)		7	2	167 mL 浓 HCl 稀释至 1 L
硫酸				
H_2SO_4(浓)	1.84	98	18	市售
H_2SO_4(稀)	1.18	25	3	将 1 体积浓 H_2SO_4 慢慢倾入 5 体积水中，搅匀
H_2SO_4(稀)		18	2	将 1 体积浓 H_2SO_4 慢慢倾入 8 体积水中，搅匀
H_2SO_4(稀)		9.2	1	将 56 mL 浓 H_2SO_4 倾入 944 mL 水中，搅匀
硝酸				
HNO_3(浓)	1.42	68	16	市售
HNO_3(稀)		32	6	将 380 mL 浓 HNO_3 倾入 620 mL 水中
HNO_3(稀)		12	2	将 130 mL 浓 HNO_3 倾入 870 mL 水中
磷酸				
H_3PO_4(浓)	1.7	85	15	市售
H_3PO_4(稀)		26	3	将 205 mL 浓 H_3PO_4 稀释至 1 L
H_3PO_4(稀)	1.05	9	1	将 68 mL 浓 H_3PO_4 稀释至 1 L
醋酸				
冰醋酸		99.5	17	市售

续 表

名称及化学式	相对密度/($g \cdot mL^{-1}$)	质量分数/(%)	物质的量浓度/($mol \cdot L^{-1}$)	配制方法
HAc(稀)		12	2	将 118 mL 冰醋酸稀释至 1 L
氢氧化钠				
NaOH(浓)	1.43	40	14	将 572 g NaOH 溶于少量水后稀释至 1 L
NaOH(稀)	1.215	20	6	将 240 g NaOH 溶于少量水后稀释至 1 L
NaOH(稀)	1.08	8	2	将 80 g NaOH 溶于少量水后稀释至 1 L
氢氧化钾				
KOH			6	将 350 g KOH 溶于少量水后稀释至 1 L
氨水				
$NH_3 \cdot H_2O$(浓)	0.90	28	15	市售
$NH_3 \cdot H_2O$(稀)		11	6	将 400 mL 浓氨水稀释至 1 L
$NH_3 \cdot H_2O$(稀)		3.5	2	将 133 mL 浓氨水稀释至 1 L
$NH_3 \cdot H_2O$(稀)		2	1.2	将 36 mL 浓氨水稀释至 500 mL
氢氧化钙				
$Ca(OH)_2$		0.15	0.025	饱和溶液(约含 CaO 1.3 $g \cdot L^{-1}$)
氢氧化钡				
$Ba(OH)_2$			0.2	饱和溶液(约含 $Ba(OH)_2 \cdot 8H_2O$ 63 $g \cdot L^{-1}$)

附录2　常用试剂的配制

试剂名称	化学式	浓度	配制方法
磷标准溶液	P_2O_5	20 μg·mL^{-1}	准确称取KH_2PO_4(分析纯)0.479 3 g于小烧杯中,加蒸馏水溶解,定量转移至250 mL容量瓶中,定容,摇匀,得1 mg·mL P_2O_5溶液,移取该溶液5 mL于250 mL容量瓶中,定容,摇匀,得20 μg·mL^{-1} P_2O_5标准溶液
氯化亚锡	$SnCl_2$	0.1 mol·L^{-1}	22.6 g $SnCl_2$·$2H_2O$溶于330 mL 6 mol·L^{-1} HCl中,加水稀释至1 L,加入几粒纯Sn(防止氧化)
三氯化锑	$SbCl_3$	0.1 mol·L^{-1}	22.8 g $SbCl_3$溶于330 mL 6 mol·L^{-1} HCl中,加水稀释至1 L
三氯化铋	$BiCl_3$	0.1 mol·L^{-1}	31.6 g $BiCl_3$溶于330 mL 6 mol·L^{-1} HCl中,加水稀释至1 L
三氯化铁	$FeCl_3$	0.5 mol·L^{-1}	135.2 g $FeCl_3$·$6H_2O$溶于100 mL 6 mol·L^{-1} HCl中,加水稀释至1 L
三氯化铬	$CrCl_3$	0.1 mol·L^{-1}	26.7 g $CrCl_3$溶于30 mL 6 mol·L^{-1} HCl中,加水稀释至1 L
氯化汞	$HgCl_2$	0.1 mol·L^{-1}	27 g $HgCl_2$溶于1 L水中
硝酸汞	$Hg(NO_3)_2$	0.1 mol·L^{-1}	33.4 g $Hg(NO_3)_2$·$1/2H_2O$溶于1 L 0.6 mol·L^{-1} HNO_3中
硝酸亚汞	$Hg_2(NO_3)_2$	0.1 mol·L^{-1}	56.1 g $Hg_2(NO_3)_2$·$2H_2O$溶于1 L 0.6 mol·L^{-1} HNO_3中,并加入少许金属汞
硫酸亚铁	$FeSO_4$	0.5 mol·L^{-1}	69.5 g $FeSO_4$·7 H_2O溶于含5 mL浓硫酸的水中,稀释至1 L,再加几枚铁钉
硫酸亚铁铵	$(NH_4)_2Fe(SO_4)_2$	0.5 mol·L^{-1}	196 g $(NH_4)_2Fe(SO_4)_2$·$6H_2O$溶于含10 mL浓硫酸的水中,稀释至1 L(用时新配)
硫酸铜	$CuSO_4$	0.5 mol·L^{-1}	124.8 g $CuSO_4$·$5H_2O$溶于含5 mL少量水中,再稀释至1 L
碳酸铵	$(NH_4)_2CO_3$	1 mol·L^{-1}	96 g研细的$(NH_4)_2CO_3$溶于1 L 2 mol·L^{-1}氨水中
硫酸铵	$(NH_4)_2SO_4$	饱和	50 g $(NH_4)_2SO_4$溶于100 mL热水中,冷却后过滤
硫化钠	Na_2S	1 mol·L^{-1}	240 g Na_2S·$9H_2O$和20 g NaOH溶于水中,稀释至1 L(用时新配)

续 表

试剂名称	化学式	浓度	配制方法
硫化铵	$(NH_4)_2S$	$3\ mol \cdot L^{-1}$	向 200 mL 浓氨水中通入 H_2S 至不再吸收为止，再加入 200 mL 浓氨水，稀释至 1 L(用时新配)
钼酸铵	$(NH_4)_6Mo_7O_{24}$	$0.1\ mol \cdot L^{-1}$	124 g $(NH_4)_6Mo_7O_{24} \cdot 4H_2O$ 溶于 1 L 水后，再倒入 $6\ mol \cdot L^{-1}$ HNO_3 中(切勿将硝酸往溶液中到)，放置 24 小时，取清液
铁氰化钾	$K_3[Fe(CN)_6]$	$0.1\ mol \cdot L^{-1}$	0.7～1 g $K_3[Fe(CN)_6]$ 溶于水中，稀释至 100 mL(用时新配)
亚铁氰化钾	$K_4[Fe(CN)_6]$	$0.1\ mol \cdot L^{-1}$	4 g $K_4[Fe(CN)_6] \cdot 3H_2O$ 溶于水中，稀释至 100 mL(用时新配)
氯水		饱和	将 Cl_2 通入水中至饱和，储于棕色瓶中
溴水		饱和	滴加液溴于水中，至饱和
碘水		$0.01\ mol \cdot L^{-1}$	1.3 g I_2 和 5 g KI 溶于尽可能少的水中，稀释至 1 L，储于棕色瓶中
萘氏试剂			115 g HgI_2 和 80 g KI 溶于水中，稀释至 500 mL，加 500 mL $6\ mol \cdot L^{-1}$ NaOH 溶液，静置，取清液，储于棕色瓶中
镁试剂			0.001 g 对硝基苯偶氮间苯二酚溶于 100 mL $2\ mol \cdot L^{-1}$ NaOH 溶液中
镍试剂		1%	1 g 丁二酮肟溶于 100 mL 95%乙醇中
盐桥		3%	用饱和 KCl 水溶液配制 3%琼脂胶，加热至溶解
淀粉溶液		1%	1 g 淀粉用少量水调成糊状，倒入 100 mL 水，煮沸，冷却
品红溶液		0.1%	0.1 g 品红溶于 100 mL 水中
茚三酮乙醇溶液		0.1%	0.4 g 茚三酮溶于 500 mL 95%乙醇溶液中(用时新配)
邻二氮菲		2%	2 g 邻二氮菲溶于少量 95%乙醇溶液中，用水稀释至 100 mL
过氧化氢	H_2O_2	3%	100 mL 市售 H_2O_2 稀释至 1 L
托伦试剂			40 mL 2%硝酸银溶液和 1 mL 5%氢氧化钠溶液混合后，边滴加 2%的氨水边振荡至沉淀完全溶解
菲林试剂			Ⅰ液：将 34.64 g $CuSO_4 \cdot 5H_2O$ 溶于水中，稀释至 500 mL Ⅱ液：将 173 g 四水合酒石酸钾钠和 50 g NaOH 溶于水中，稀释至 500 mL。用时将二者等体积混合

续 表

试剂名称	化学式	浓度	配制方法
镁铵试剂			100 g $MgCl_2 \cdot 6H_2O$ 和 100 g NH_4Cl 溶于水中，加 50 mL 6 m 浓氨水，用水稀释至 1 L
2,4-二硝基苯肼			0.25 g 2,4-二硝基苯肼溶于 HCl(42 mL 浓 HCl 加 50 mL 水)，加热溶解，冷却，稀释至 250 mL
对氨基苯磺酸		0.34 $mol \cdot L^{-1}$	0.5 g 对氨基苯磺酸溶于 150 mL 2 $mol \cdot L^{-1}$ HAc 中
碘一碘化钾溶液	I_2-KI		25 g KI 溶于 100 mL 蒸馏水中，再加 12.5 g I_2，搅拌使 I_2 溶解

附录 3　常用水溶液酸碱滴定指示剂的配制

一、酸碱指示剂(18～25 ℃)

指示剂名称	变色 pH 范围	颜色变化		配制方法
		酸色	碱色	
甲酚红	0.12～1.8	红～黄		0.1 g 甲酚红溶于 100 mL 60%乙醇中
百里酚蓝	1.2～2.8	红～黄		0.1 g 百里酚蓝溶于 100 mL 20%乙醇中
甲基黄	2.9～4.0	红～黄		0.1 g 甲基黄溶于 100 mL 90%乙醇中
甲基橙	3.1～4.4	红～黄		0.1 g 甲基橙溶于 100 mL 热水中
溴酚蓝	3.0～4.6	黄～紫		0.1 g 溴酚蓝溶于 100 mL 20%乙醇中
溴甲酚绿	3.8～5.4	黄～蓝		0.1 g 溴甲酚绿溶于 100 mL 20%乙醇中
甲基红	4.4～6.2	红～黄		0.1 g 甲基红溶于 100 mL 60%乙醇中
溴酚红	5.2～6.8	黄～红		0.04 g 溴酚红溶于 100 mL 60%乙醇中
溴百里酚蓝	6.2～7.6	黄～蓝		0.1 g 溴百里酚蓝溶于 100 mL 20%乙醇中
中性红	6.8～8.0	红～黄橙		0.1 g 中性红溶于 100 mL 60%乙醇中
酚红	6.4～8.2	黄～红		0.1 g 酚红溶于 100 mL 20%乙醇中
酚酞	8.2～10.0	无色～红		1 g 酚酞溶于 100 mL 90%乙醇中
百里酚酞	9.4～10.6	无色～蓝		0.1 g 百里酚酞溶于 100 mL 90%乙醇中
甲基黄-亚甲基蓝	3.25	蓝紫～绿		1 份 0.1%甲基黄乙醇溶液与 1 份 0.1%亚甲基蓝乙醇溶液混合(pH=3.2 蓝紫色,pH=3.4 绿色)
甲基橙-靛蓝二磺酸钠	4.10	紫～黄绿		1 份 0.1%甲基橙水溶液与 1 份 0.25%靛蓝二磺酸钠水溶液混合(pH=4.10 灰色)
甲基红-溴甲酚绿	5.10	酒红～绿		1 份 0.2%甲基红乙醇溶液与 3 份 0.1%溴甲酚绿乙醇溶液混合(pH>5.1 酒红,pH<5.1 绿,极敏锐)
溴甲酚绿-氯酚红	6.10	黄绿～蓝紫		1 份 0.1%溴甲酚绿钠盐水溶液与 1 份 0.1%氯酚红钠盐水溶液混合(pH=5.4 蓝绿色,pH=5.8 蓝,pH=6.2 蓝紫)
中性红-亚甲基蓝	7.00	蓝紫～绿		1 份 0.1%中性红乙醇溶液与 1 份 0.1%亚甲基蓝乙醇溶液混合(pH=7.0 蓝紫色)
甲酚红-百里酚蓝	8.30	黄～紫		1 份 0.1%甲酚红钠盐水溶液与 3 份 0.1%百里酚蓝钠盐水溶液混合(pH=8.2 玫瑰色,pH=8.4 紫色)
百里酚酞-茜素黄 R	10.20	黄～紫		0.2 g 百里酚酞与 0.1 g 茜素黄用乙醇溶解并定容 100 mL

二、金属离子指示剂

指示剂名称	变色 pH 范围	颜色变化		配制方法(及直接滴定的离子)
		In	MIn	
磺基水杨酸	1.3～3.3	无色	红	2%水溶液(pH=1.5～2.5：Fe^{3+})
吡啶偶氮萘酚(PAN)	2～12	黄	红	0.1%乙醇溶液(pH=2～3：Bi^{3+},Th^{4+};pH=4～5：Cu^{2+}, Ni^{2+})
二甲酚橙	<6	黄	红	0.5%水溶液(pH=1～3：Bi^{3+}, Th^{4+}：pH=5～6：Zn^{2+},Pb^{2+},Cd^{2+},Hg^{2+})
铬黑 T(EBT)	7～10	蓝	红	1份铬黑T与100份NaCl固体研细混匀,或0.5%的水溶液(pH=10氨缓冲溶液:Mg^{2+},Zn^{2+},Ca^{2+},Pb^{2+},Mn^{2+},In^{3+})
酸性铬蓝 K	8～13	蓝	红	1份酸性铬蓝K与100份NaCl固体研细混匀,或0.1%的乙醇溶液(pH=10氨缓冲溶液:Mg^{2+},Zn^{2+};pH=13：Ca^{2+})
钙指示剂	10～13	蓝	红	1份钙指示剂K与100份NaCl固体研细混匀,或0.5%的乙醇溶(pH=12～13：Ca^{2+})

三、氧化还原指示剂

指示剂名称	变色电极电势 $E^{\ominus}/V$ $[H^+]=1\ mol\cdot L^{-1}$	颜色变化		配制方法及直接滴定的离子
		氧化态	还原态	
中性红	0.24	红	无色	0.05%的60%乙醇溶液
亚甲基蓝	0.36	蓝	无色	0.05%水溶液
变胺蓝	0.59(pH=2)	绿蓝	无色	0.05%水溶液
二苯胺	0.76	紫	无色	1%的浓硫酸溶液
二苯胺磺酸钠	0.85	紫红	无色	0.5%水溶液
N-邻苯氨基苯甲酸	1.08	紫红	无色	0.1 g 指示剂加 20 mL 5%的 Na_2CO_3 溶液,用水稀释至 100 mL
邻二氮菲-Fe(Ⅱ)	1.06	浅蓝	红	1.485 g 邻二氮菲和 0.965 g 硫酸亚铁溶于 100 mL 水中

四、沉淀滴定吸附指示剂

指示剂名称	滴定条件	滴定剂	被测离子	配制方法
荧光黄	pH=7～10(一般 7～8)	$AgNO_3$	Cl^-、Br^-、I^-	0.2%乙醇溶液
二氯荧光黄	pH=4～10(一般 5～8)	$AgNO_3$	Cl^-、Br^-、I^-	0.1%水溶液
曙红	pH=2～10(一般 3～8)	$AgNO_3$	Br^-、I^-、SCN^-	0.5%水溶液

续 表

指示剂名称	滴定条件	滴定剂	被测离子	配制方法
溴甲酚绿	pH＝4～5	$AgNO_3$	SCN^-	0.1％水溶液
甲基紫	酸性溶液	NaCl	Ag^+	0.1％水溶液
罗丹明 6G	酸性溶液	NaBr	Ag^+	0.1％水溶液

附录 4 常用缓冲溶液的配制

缓冲溶液组成	$pKa^{\ominus}$	缓冲 pH	配制方法
氨基乙酸-HCl	2.35($pKa_1^{\ominus}$)	2.3	150 g 氨基乙酸溶于 500 mL 水中,加 80 mL 浓盐酸,用水稀释至 1 L
H_3PO_4-柠檬酸	—	2.5	113 g $Na_2HPO_4 \cdot 12H_2O$ 溶于 200 mL 水中,加柠檬酸 387 g,溶解,过滤,用水稀释至 1 L
$ClCH_2COOH$-NaOH	2.86	2.8	200 g $ClCH_2COOH$ 溶于 200 mL 水中,加 40 g NaOH,溶解后,用水稀释至 1 L
邻苯二甲酸氢钾-HCl	2.95($pKa_1^{\ominus}$)	2.9	500 g 邻苯二甲酸氢钾溶于 500 mL 水中,加 80 mL 浓 HCl,用水稀释至 1 L
甲酸-NaOH	3.76	3.7	95 g 甲酸和 40 g NaOH 溶于 500 mL 水中,溶解,用水稀释至 1 L
NH_4Ac-HAc	—	4.5	77 g NH_4Ac 溶于 200 mL 水中,加冰醋酸 59 mL,用水稀释至 1 L
NaAc-HAc	4.74	4.7	160 g 无水 NaAc 溶于水中,加冰醋酸 60 mL,稀释至 1 L
NaAc-HAc	4.74	5.0	83 g 无水 NaAc 溶于水中,加冰醋酸 60 mL,稀释至 1 L
六次甲基四胺-HCl	5.15	5.4	40 g 六次甲基四胺溶于 200 mL 水中,加浓 HCl10 mL 用水稀释至 1 L
NH_4Ac-HAc	—	6.0	600 g NH_4Ac 溶于适量水中,加冰醋酸 20 mL,稀释至 1 L
NaAc-H_3PO_4 盐	—	8.0	50 g NH_4Ac 和 50 g $Na_2HPO_4 \cdot 12H_2O$ 溶于水中,稀释至 1 L
Trsi-HCl	8.21	8.2	25 g Trsi 溶于水中,加 8 mL 浓 HCl,用水稀释至 1 L
NH_3-NH_4Cl	9.26	9.2	54 g NH_4Cl 溶于水中,加 63 mL 浓氨水,用水稀释至 1 L
NH_3-NH_4Cl	9.26	9.5	54 g NH_4Cl 溶于水中,加 126 mL 浓氨水,用水稀释至 1 L
NH_3-NH_4Cl	9.26	10.0	54 g NH_4Cl 溶于水中,加 350 mL 浓氨水,用水稀释至 1 L

附录 5　常用洗涤剂的配制

洗涤剂名称	配制方法	备注
皂角水	将皂角捣碎，用水熬成溶液	用于一般洗涤
合成洗涤剂	合成洗涤剂粉用热水搅拌配成溶液	用于一般洗涤
铬酸洗液	向 20 g $K_2Cr_2O_7$ 中加入 40 mL 水，加热溶解，冷却后慢慢加入 320 mL 浓硫酸，储于磨口瓶中	用于洗涤油污及有机物质。使用时尽量除去仪器内的水，用后倒回原试剂瓶，反复使用至溶液由红棕色变为绿色为止(加固体高锰酸钾可使其再生)。
$KMnO_4$ 碱性洗液	将 4 g $KMnO_4$(L. R)溶于少量水中，慢慢加入 100 mL 10% NaOH 溶液	用于洗涤有机物或油污，洗后玻璃壁上附着的 MnO_2 沉淀，可用粗亚铁盐或 Na_2SO_3 溶液洗涤。
碱性酒精溶液	30%～40% NaOH 酒精溶液	用于洗涤油污
酒精浓硝酸洗液		用于洗涤沾有有机物或油污的结构复杂的仪器。先向仪器中加入少量酒精，再加入少量浓硝酸，即产生大量棕色 NO_2，将有机物氧化破坏
盐酸乙醇洗液	将 1 体积 HCl(C. P)与 2 体积乙醇混合	用于洗涤被染色的比色皿、吸量管等
盐酸-$H_2C_2O_4$ 洗液	将 1 体积 HCl(C. P)与 1 体积 0.1%的 $H_2C_2O_4$ 溶液混合	用于洗涤金属氧化物和金属离子

附录 6　常用基准物质的干燥条件和应用

基准物质名称	分子式	干燥后组成	干燥条件/℃	标定对象
碳酸氢钠	$NaHCO_3$	Na_2CO_3	270～300	酸
碳酸钠	$Na_2CO_3 \cdot 10H_2O$	Na_2CO_3	270～300	酸
硼砂	$Na_2B_4O_7 \cdot 10H_2O$	$Na_2B_4O_7 \cdot 10H_2O$	放在含 NaCl 和蔗糖饱和溶液的干燥器中	酸
碳酸氢钾	$KHCO_3$	K_2CO_3	270～300	酸
草酸	$H_2C_2O_4 \cdot 2H_2O$	$H_2C_2O_4 \cdot 2H_2O$	室温空气干燥	碱或 $KMnO_4$
邻苯二甲酸氢钾	$KHC_8H_4O_4$	$KHC_8H_4O_4$	110～120	碱
重铬酸钾	$K_2Cr_2O_7$	$K_2Cr_2O_7$	140～150	还原剂
溴酸钾	$KBrO_3$	$KBrO_3$	130	还原剂
碘酸钾	KIO_3	KIO_3	130	还原剂
铜	Cu	Cu	室温干燥器中	还原剂
三氧化二砷	As_2O_3	As_2O_3	室温干燥器中	氧化剂
草酸钠	$Na_2C_2O_4$	$Na_2C_2O_4$	130	氧化剂
碳酸钙	$CaCO_3$	$CaCO_3$	110	EDTA
锌	Zn	Zn	室温干燥器中	EDTA
氧化锌	ZnO	ZnO	900～1000	EDTA
氯化钠	NaCl	NaCl	500～600	$AgNO_3$
氯化钾	KCl	KCl	500～600	$AgNO_3$
硝酸银	$AgNO_3$	$AgNO_3$	280～290	氯化物
氨基磺酸	$HOSO_2NH_2$	$HOSO_2NH_2$	在真空 H_2SO_4 干燥器中保持 48 h	碱

附录 7　共沸混合物

一、二元共沸混合物

混合物组成	101.325 kPa 时的沸点/℃		质量分数(%)	
	单组分的沸点	共沸物的沸点	第一组分	第二组分
水	100			
甲苯	110.8	84.1	19.6	81.4
苯	80.2	69.3	8.9	91.1
乙酸乙酯	77.1	70.4	8.2	91.8
正丁酸丁酯	125	90.2	26.7	73.3
异丁酸丁酯	117.2	87.5	19.5	80.5
苯甲酸甲酯	212.4	99.4	84.0	16.0
2-戊酮	102.25	82.9	13.5	86.7
乙醇	78.4	78.1	4.5	95.5
正丁醇	117.8	92.4	38	62
异丁醇	108.0	90.0	33.2	66.8
仲丁醇	99.5	88.5	32.1	67.9
叔丁醇	82.8	79.9	11.7	88.3
苄醇	205.2	99.9	91	9
烯丙醇	97.0	88.2	27.1	72.9
甲酸	100.8	107.3	22.5	77.5
硝酸	86.0	120.5	32	68
氢碘酸	34.0	127	43	57
氢溴酸	−67	127	52.5	47.5
盐酸	−84	110	79.76	20.24
乙醚	34.5	34.2	1.3	98.7
丁醛	75	68	6	94
三聚乙醛	115	91.4	30	70
乙酸乙酯	77.1			
二硫化碳	46.3	46.1	7.3	92.7
己烷	69			

续 表

混合物组成	101.325 kPa 时的沸点/℃		质量分数(%)	
	单组分的沸点	共沸物的沸点	第一组分	第二组分
苯	80.2	68.8	95	5
氯仿	61.2	60.0	28	72
丙酮	56.5			
二硫化碳	46.3	39.2	34	66
异丙醚	69	54.2	61	39
氯仿	61.2	65.5	20	80
四氯化碳	76.8			
乙酸乙酯	77.1	74.8	57	43
环己烷	80.8			
苯	80.2	77.8	45	55

注:有“—”的为第一组分

二、三元共沸混合物

第一组分		第二组分		第三组分		101.325 kPa 时共沸物的沸点/℃
名称	质量分数(%)	名称	质量分数(%)	名称	质量分数(%)	
水	7.8	乙醇	9.0	乙酸乙酯	83.2	70.3
水	4.3	乙醇	9.7	四氯化碳	86.6	61.8
水	7.4	乙醇	18.5	苯	74.1	64.9
水	7	乙醇	17	环己烷	76	62.1
水	3.5	乙醇	4.0	氯仿	92.5	55.5
水	7.5	异丙醇	18.7	苯	73.8	66.5
水	0.81	二硫化碳	75.21	丙酮	23.98	35.05

附录 8　不同温度下水的饱和蒸气压

温度/℃	蒸气压/kPa	温度/℃	蒸气压/kPa	温度/℃	蒸气压/kPa
0	0.611 29	30	4.245 5	60	19.932
1	0.657 16	31	4.495 3	61	20.873
2	0.706 05	32	4.757 8	62	21.851
3	0.758 13	33	5.033 5	63	22.868
4	0.813 59	34	5.322 9	64	23.955
5	0.872 6	35	5.626 7	65	25.022
6	0.935 37	36	5.945 3	66	26.163
7	1.002 1	37	6.279 5	67	27.347
9	1.148 2	38	6.629 8	68	28.567
10	1.228 1	39	6.996 9	69	29.852
11	1.312 9	40	7.381 4	70	31.176
12	1.402 7	41	7.784	71	32.549
13	1.497 9	42	8.205 4	72	33.972
14	1.598 8	43	8.646 3	73	35.448
15	1.705 6	44	9.107 5	74	36.978
16	1.818 5	45	9.589 8	75	38.563
17	1.938	46	10.094	76	40.205
18	2.064 4	47	10.62	77	41.905
19	2.196 9	48	11.171	78	43.665
20	2.338 8	50	12.344	79	45.487
21	2.487 7	51	12.97	80	47.373
22	2.644 7	52	13.623	81	49.324
23	2.810 4	53	14.303	82	51.324
24	2.985	54	15.012	83	53.428
25	3.169	55	15.752	84	55.585
26	3.362 9	56	16.522	85	57.815
27	3.567	57	17.324	86	60.119
28	3.781 8	58	18.159	87	62.499
29	4.007 8	59	19.028	88	64.958

续 表

温度/℃	蒸气压/kPa	温度/℃	蒸气压/kPa	温度/℃	蒸气压/kPa
89	67.496	101	104.99	112	153.13
91	73.823	102	108.77	113	158.29
92	75.614	103	112.66	114	163.58
93	78.494	104	116.67	115	169.02
94	81.465	105	120.79	116	174.61
95	84.529	106	125.03	117	180.38
96	87.688	107	129.39	118	186.23
97	90.945	108	133.88	119	192.28
98	94.301	109	138.5	120	198.48
99	97.759	110	143.24	121	204.85
100	101.325	111	148.12	122	211.38

附录 9　常用酸碱在水中的解离常数

名称	分子式	温度(℃)	解离常数 $K_a^\ominus/K_b^\ominus$		$pK_a^\ominus/pK_b^\ominus$
砷酸	H_3AsO_4	25	$K_{a1}^\ominus$	5.49×10^{-3}	2.26
		25	$K_{a2}^\ominus$	1.74×10^{-7}	6.76
		25	$K_{a3}^\ominus$	3.20×10^{-12}	11.50
亚砷酸	$HAsO_2$	25	$K_a^\ominus$	6.0×10^{-10}	9.23
硼酸	H_3BO_3	20	$K_{a1}^\ominus$	5.37×10^{-10}	9.27
		20	$K_{a2}^\ominus$	1.8×10^{-13}	12.74
		20	$K_{a3}^\ominus$	1.6×10^{-14}	13.80
次氯酸	$HClO$	25	$K_a^\ominus$	3.98×10^{-8}	7.40
次溴酸	$HBrO$	25	$K_a^\ominus$	2.06×10^{-9}	8.69
次碘酸	HIO	25	$K_a^\ominus$	3.30×10^{-11}	10.64
碘酸	HIO_3	25	$K_a^\ominus$	1.69×10^{-1}	0.77
高碘酸	HIO_4	25	$K_a^\ominus$	2.3×10^{-2}	1.64
高氯酸	$HClO_4$	20	$K_a^\ominus$	39.8	−1.6
氢氰酸	HCN	25	$K_a^\ominus$	6.17×10^{-10}	9.21
碳酸	H_2CO_3	25	$K_{a1}^\ominus$	4.47×10^{-7}	6.35
		25	$K_{a2}^\ominus$	4.68×10^{-11}	10.33
铬酸	H_2CrO_4	25	$K_{a1}^\ominus$	1.82×10^{-1}	0.74
		25	$K_{a2}^\ominus$	3.32×10^{-7}	6.49
氢氟酸	HF	25	$K_a^\ominus$	6.31×10^{-4}	3.20
硝酸	HNO_3	25	$K_a^\ominus$	4.17×10^{-2}	−1.38
亚硝酸	HNO_2	25	$K_a^\ominus$	4.6×10^{-4}	3.37
磷酸	H_3PO_4	25	$K_{a1}^\ominus$	6.92×10^{-3}	2.16
		25	$K_{a2}^\ominus$	6.17×10^{-8}	7.21
		25	$K_{a3}^\ominus$	4.97×10^{-13}	12.32
氢硫酸	H_2S	25	$K_{a1}^\ominus$	1.3×10^{-6}	6.88
		25	$K_{a2}^\ominus$	7.1×10^{-15}	14.15
硫酸	H_2SO_4	25	$K_{a2}^\ominus$	1.02×10^{-2}	1.99

续 表

名称	分子式	温度(℃)	解离常数 $K_a^\ominus/K_b^\ominus$		$pK_a^\ominus/pK_b^\ominus$
亚硫酸	H_2SO_3	25	$K_{a1}^\ominus$	1.41×10^{-2}	1.85
		25	$K_{a2}^\ominus$	6.3×10^{-8}	7.2
硅酸	H_4SiO_4	30	$K_{a1}^\ominus$	1.26×10^{-10}	9.9
		30	$K_{a2}^\ominus$	1.58×10^{-12}	11.8
		30	$K_{a3}^\ominus$	1×10^{-12}	12.0
		30	$K_{a4}^\ominus$	1×10^{-12}	12.0
甲酸	$HCOOH$	25	$K_a^\ominus$	1.78×10^{-4}	3.75
乙酸(醋酸)	CH_3COOH	25	$K_a^\ominus$	1.754×10^{-5}	4.756
一氯乙酸	$CH_2ClCOOH$	25	$K_a^\ominus$	1.35×10^{-3}	2.87
二氯乙酸	$CHCl_2COOH$	25	$K_a^\ominus$	4.47×10^{-2}	1.35
三氯乙酸	CCl_3COOH	20	$K_a^\ominus$	2.19×10^{-1}	0.66
三氟乙酸	CF_3COOH	25	$K_a^\ominus$	3.02×10^{-1}	0.52
乙二酸(草酸)	$H_2C_2O_4$	25	$K_{a1}^\ominus$	5.62×10^{-2}	1.25
		25	$K_{a2}^\ominus$	1.55×10^{-4}	3.81
丙二酸	$CH_2(COOH)_2$	25	$K_{a1}^\ominus$	1.41×10^{-3}	2.85
		25	$K_{a2}^\ominus$	2.00×10^{-6}	5.70
DL～酒石酸	$C_2H_2(OH)_2(COOH)_2$	25	$K_{a1}^\ominus$	9.33×10^{-4}	3.03
		25	$K_{a2}^\ominus$	4.26×10^{-5}	4.37
m～酒石酸	$C_2H_2(OH)_2(COOH)_2$	25	$K_{a1}^\ominus$	6.76×10^{-4}	3.17
		25	$K_{a2}^\ominus$	1.23×10^{-5}	4.91
L～酒石酸	$C_2H_2(OH)_2(COOH)_2$	25	$K_{a1}^\ominus$	1.05×10^{-3}	2.98
		25	$K_{a2}^\ominus$	4.57×10^{-5}	4.34
柠檬酸	$C_3H_4(OH)(COOH)_3$	25	$K_{a1}^\ominus$	7.41×10^{-4}	3.13
		25	$K_{a2}^\ominus$	1.74×10^{-5}	4.76
		25	$K_{a3}^\ominus$	3.98×10^{-7}	6.40
丁二酸	$C_4H_6O_4$(琥珀酸)	25	$K_{a1}^\ominus$	6.17×10^{-5}	4.21
		25	$K_{a2}^\ominus$	2.29×10^{-6}	5.64
苹果酸	$C_2H_3(OH)(COOH)_2$	25	$K_{a1}^\ominus$	3.98×10^{-4}	3.40
		25	$K_{a2}^\ominus$	7.76×10^{-6}	5.11
丁烯二酸	$C_4H_4O_4$	25	$K_{a1}^\ominus$	1.2×10^{-2}	1.92
		25	$K_{a2}^\ominus$	5.89×10^{-7}	6.23

续 表

名称	分子式	温度(℃)	解离常数 $K_a^\ominus/K_b^\ominus$		$pK_a^\ominus/pK_b^\ominus$
乙二胺四乙酸	H_6Y^{2+}(EDTA)	25	$K_{a1}^\ominus$	1.2×10^{-1}	0.9
		25	$K_{a2}^\ominus$	2.5×10^{-2}	1.6
		25	$K_{a3}^\ominus$	8.5×10^{-3}	2.07
		25	$K_{a4}^\ominus$	1.78×10^{-3}	2.75
		25	$K_{a5}^\ominus$	5.8×10^{-7}	6.24
		25	$K_{a6}^\ominus$	4.6×10^{-11}	10.34
苯甲酸	C_6H_5COOH	25	$K_a^\ominus$	6.252×10^{-5}	4.204
邻苯二甲酸	$o\text{-}C_6H_4(COOH)_2$	25	$K_{a1}^\ominus$	1.140×10^{-3}	2.943
		25	$K_{a2}^\ominus$	3.698×10^{-6}	5.432
苯酚	C_6H_5OH	20	$K_a^\ominus$	1.02×10^{-10}	9.99
水杨酸	$C_6H_4(OH)COOH$	20	$K_{a1}^\ominus$	1.05×10^{-3}	2.98
		20	$K_{a2}^\ominus$	2.5×10^{-14}	13.6
氨水	$NH_3 \cdot H_2O$	25	$K_b^\ominus$	1.78×10^{-5}	4.75
羟胺	NH_2OH	25	$K_b^\ominus$	9.1×10^{-9}	8.04
六次甲基四胺	$(CH_2)_6N_4$	25	$K_b^\ominus$	1.35×10^{-9}	8.87
乙二胺	$H_2NCH_2CH_2NH_2$	25	$K_{b1}^\ominus$	8.71×10^{-5}	4.06
		25	$K_{b2}^\ominus$	7.24×10^{-8}	7.14
苯胺	$C_6H_5NH_2$	25	$K_b^\ominus$	7.41×10^{-10}	9.13
水	H_2O	25	$K_W^\ominus$	1.01×10^{-14}	13.995

注:(1)浓度 0.1～0.01 mol·L^{-1}

附录 10　常见难溶电解质的溶度积(18～25 ℃)

分子式	$K_{sp}^{\ominus}$	$pK_{sp}^{\ominus}$	分子式	$K_{sp}^{\ominus}$	$pK_{sp}^{\ominus}$
$Al(OH)_3$	1.3×10^{-33}	32.9	$Co_3(PO_4)_2$	2×10^{-35}	34.7
Al_2S_3	2×10^{-7}	6.7	Cu_2S	2.5×10^{-48}	47.6
As_2S_3	2.1×10^{-22}	21.68	$CuCO_3$	1.4×10^{-10}	9.86
$Ba(BrO_3)_2$	3.2×10^{-6}	5.50	$CuCrO_4$	3.6×10^{-6}	5.44
$BaCO_3$	5.1×10^{-9}	8.29	$Cu(OH)_2$	2.2×10^{-20}	19.66
$BaCrO_4$	1.2×10^{-10}	9.93	CuC_2O_4	2.3×10^{-8}	7.64
BaF_2	1.0×10^{-6}	6.0	CuS	6.3×10^{-36}	35.2
$Ba(OH)_2$	5×10^{-3}	2.3	$Fe(OH)_2$	8.0×10^{-16}	15.1
$Ba(NO_3)_2$	4.5×10^{-3}	2.35	$Fe(OH)_3$	4×10^{-38}	37.4
BaC_2O_2	1.6×10^{-7}	6.79	FeS	6.3×10^{-18}	17.2
$Ba_3(PO_4)_2$	3.4×10^{-23}	22.47	$PbCl_2$	1.6×10^{-5}	4.79
$BaSO_4$	1.1×10^{-10}	9.96	$PbCrO_4$	2.8×10^{-13}	12.55
$Bi(OH)_2$	4×10^{-31}	30.4	$Pb(OH)_2$	1.2×10^{-15}	14.93
Ai_2S_3	1×10^{-97}	97	PbI_2	7.1×10^{-9}	8.15
$CdCO_3$	5.2×10^{-12}	11.28	$PbSO_4$	1.6×10^{-8}	7.79
$Cd(OH)_2$(新制)	2.5×10^{-14}	13.6	PbS	8.0×10^{-28}	27.9
CdS	8.0×10^{-27}	26.1	$MgCO_3$	3.5×10^{-8}	7.46
$CaCO_3$	2.8×10^{-9}	8.54	$Mg(OH)_2$	1.8×10^{-11}	10.74
$CaCrO_4$	7.1×10^{-4}	3.15	$Mn(OH)_2$	1.9×10^{-13}	12.72
CaF_2	5.3×10^{-9}	8.28	Hg_2Br_2	5.6×10^{-23}	22.24
$Ca(OH)_2$	5.5×10^{-6}	5.26	Hg_2Cl_2	1.3×10^{-18}	17.88
CaC_2O_4	4×10^{-9}	8.4	Hg_2I_2	4.5×10^{-29}	28.35
$Ca_3(PO_4)_2$	2.0×10^{-29}	28.7	Hg_2SO_4	7.4×10^{-7}	6.13
$CaSiO_3$	2.5×10^{-8}	7.6	Hg_2S	1.0×10^{-47}	47
$CaSO_4$	9.1×10^{-6}	5.04	HgS	4×10^{-53}	52.4
$CaSO_3$	6.8×10^{-8}	7.17	$Ni(OH)_2$(新制)	2.0×10^{-15}	14.7
$CrAsO_4$	7.7×10^{-21}	20.11	KIO_4	8.3×10^{-4}	3.08
$Cr(OH)_2$	2×10^{-16}	15.7	AgBr	5.0×10^{-13}	12.30
$Cr(OH)_3$	6.3×10^{-31}	30.2	Ag_2CO_3	8.1×10^{-12}	11.09
$Co_3(AsO_4)_2$	7.6×10^{-29}	28.12	AgCl	1.8×10^{-10}	9.75
$CoCO_3$	1.4×10^{-13}	12.84	Ag_2CrO_4	1.1×10^{-12}	11.95
$Co(OH)_3$(新制)	1.6×10^{-15}	14.8	$AgIO_3$	3.0×10^{-8}	7.52

续 表

分子式	$K_{sp}^{\ominus}$	$pK_{sp}^{\ominus}$	分子式	$K_{sp}^{\ominus}$	$pK_{sp}^{\ominus}$
$Co(OH)_3$	1.6×10^{-44}	43.8	AgOH	2.0×10^{-8}	7.71
Ag_2S	6.3×10^{-50}	49.2	$Zn(OH)_2$	1.2×10^{-17}	16.92
$Sn(OH)_2$	1.4×10^{-28}	27.85	ZnS	1.6×10^{-24}	23.8
$Vo(OH)_2$	5.9×10^{-23}	22.13	ZnS	2.5×10^{-22}	21.6

附录 11　常见配离子的稳定常数

分子式	$K_f^\ominus$	$\lg K_f^\ominus$	分子式	$K_f^\ominus$	$\lg K_f^\ominus$
AgY^{3-}	2.0×10^{7}	7.3	$[Cu(en)_2]^{2+}$	4.0×10^{19}	19.6
AlY^{-}	1.3×10^{16}	16.1	$[Cu(CN)_2]^{-}$	1.0×10^{24}	24.0
BaY^{2-}	5.8×10^{7}	7.76	$[Cu(CN)_4]^{3-}$	2.0×10^{30}	30.3
BiY^{-}	8.7×10^{27}	27.94	$[CdCl_4]^{2-}$	3.1×10^{2}	2.49
CaY^{2-}	5.0×10^{10}	10.7	$[Cd(CNS)_4]^{2-}$	3.8×10^{2}	2.58
CdY^{2-}	3.2×10^{16}	16.5	$[CdI_4]^{+}$	3.0×10^{6}	6.48
CuY^{2-}	6.3×10^{18}	18.8	$[Cd(NH_3)_4]^{2+}$	1.3×10^{7}	7.1
CoY^{2-}	2.0×10^{16}	16.3	$[Cd(CN)_4]^{2-}$	2.8×10^{18}	18.4
CoY^{-}	1.0×10^{36}	36.0	$[Cd(en)_2]^{2+}$	1.0×10^{10}	10.0
CrY^{-}	1.0×10^{23}	23.0	$[Cd(en)_3]^{2+}$	1.2×10^{12}	12.1
FeY^{2-}	2.0×10^{14}	14.3	$[Co(CNS)_4]^{2-}$	1.0×10^{3}	3.0
FeY^{-}	1.2×10^{25}	25.1	$[Co(NH_3)_6]^{2+}$	1.3×10^{5}	5.1
HgY^{2-}	6.3×10^{21}	21.8	$[Co(NH_3)_6]^{3+}$	1.4×10^{35}	35.2
MgY^{2-}	5.0×10^{8}	8.7	$[Co(CN)_6]^{4-}$	3.2×10^{29}	29.5
NiY^{2-}	4.0×10^{18}	18.6	$[Co(CN)_6]^{3-}$	1.0×10^{48}	48.0
NaY^{3-}	5.0×10	1.7	$[Co(en)_3]^{3+}$	5.0×10^{48}	48.7
$[Ag(NH_3)]^{+}$	1.6×10^{3}	3.2	$[Fe(CNS)_3]^{0}$	2.0×10^{3}	3.3
$[Ag(NH_3)_2]^{+}$	1.6×10^{7}	7.2	$[Fe(C_2O_4)_3]^{3-}$	1.6×10^{20}	20.2
$[Ag(en)_2]^{+}$	7.0×10^{7}	7.8	$[Fe(CN)_6]^{4-}$	1.0×10^{35}	35.0
$[Ag(CNS)_2]^{-}$	4.0×10^{8}	8.6	$[Fe(CN)_6]^{3-}$	1.0×10^{42}	42.0
$[Ag(S_2O_3)]^{-}$	6.3×10^{8}	8.8	$[FeF_5]^{2-}$	2.5×10^{25}	25.4
$[Ag(S_2O_3)_2]^{3-}$	3.2×10^{13}	13.5	$[HgCl_4]^{2-}$	1.2×10^{15}	15.1
$[Ag(CN)_2]^{-}$	1.0×10^{21}	21.0	$[HgI_4]^{2-}$	6.8×10^{29}	29.8
$[AgCl_2]^{-}$	5.6×10^{4}	4.7	$[Hg(CN)_4]^{2-}$	2.5×10^{41}	41.4
$[Au(CN)_2]^{-}$	2.0×10^{38}	38.3	$[Hg(NH_3)_4]^{2+}$	1.9×10^{19}	19.3
$[Al(C_2O_4)_3]^{3-}$	2.0×10^{16}	16.3	$[Ni(en)_2]^{2+}$	1.2×10^{14}	14.1
$[AlF_4]^{-}$	5.6×10^{17}	17.7	$[Ni(en)_3]^{2+}$	3.9×10^{18}	18.6
$[AlF_6]^{3-}$	6.9×10^{19}	19.81	$[Ni(NH_3)_4]^{2+}$	8.9×10^{7}	7.9
$[Cu(NH_3)]^{2+}$	1.4×10^{4}	4.1	$[Ni(NH_3)_6]^{2+}$	5.5×10^{8}	8.71

续　表

分子式	$K_f^\ominus$	$\lg K_f^\ominus$	分子式	$K_f^\ominus$	$\lg K_f^\ominus$
$[Cu(NH_3)_2]^{2+}$	4.5×10^{7}	7.7	$[Ni(CN)_4]^{2-}$	3.2×10^{15}	15.5
$[Cu(NH_3)_3]^{2+}$	3.5×10^{10}	10.5	$[Zn(NH_3)_4]^{2+}$	2.9×10^{9}	9.46
$[Cu(NH_3)_4]^{2+}$	4.8×10^{12}	12.68	$[Zn(CN)_4]^{2-}$	7.9×10^{16}	16.9
$[Cu(NH_3)]^{+}$	1.5×10^{6}	6.2	$[Zn(OH)_4]^{2-}$	2.8×10^{15}	15.4
$[Cu(NH_3)_2]^{+}$	7.4×10^{10}	10.9	$[Zn(en)_2]^{2+}$	2.5×10^{10}	10.4

附录 12　EDTA 酸效应系数

pH	$\lg\alpha_{Y(H)}$	pH	$\lg\alpha_{Y(H)}$
1.0	17.13	7.0	3.33
2.0	13.44	8.0	2.29
3.0	10.60	9.0	1.29
4.0	8.48	10.0	0.46
5.0	6.45	11.0	0.07
6.0	4.66	12.0	0.00

附录 13 标准电极电势(25 ℃)

1. 酸表[$c(H^+)=1\ mol \cdot L^{-1}$]

电极反应	$\varphi^\ominus$(V)	电极反应	$\varphi^\ominus$(V)
$Li^+ + e^- = Li$	−3.0401	$Fe^{3+} + 3e^- = Fe$	−0.037
$Cs^+ + e^- = Cs$	−3.026	$Ag_2S + 2H^+ + 2e^- = 2Ag + H_2S$	−0.036
$Rb^+ + e^- = Rb$	−2.98	$AgCN + e^- = Ag + CN^-$	−0.017
$K^+ + e^- = K$	−2.931	$2H^+ + 2e^- = H_2$	0.000
$Ba^{2+} + 2e^- = Ba$	−2.912	$CuI_2^- + e^- = Cu + 2I^-$	0.00
$Sr^{2+} + 2e^- = Sr$	−2.899	$Ti(OH)^{3+} + H^+ + e^- = Ti^{3+} + H_2O$	+0.055
$Ca^{2+} + 2e^- = Ca$	−2.868	$AgBr + e^- = Ag + Br^-$	+0.071
$Na^+ + e^- = Na$	−2.71	$S_4O_6^{2-} + 2e^- = 2S_2O_3^{2-}$	+0.08
$Mg^{2+} + 2e^- = Mg$	−2.373	$AgSCN + e^- = Ag + SCN^-$	+0.089
$Ba^{2+} + 2e^- = Ba$	−2.372	$Co(NH_3)_6^{3+} + e^- = Co(NH_3)_6^{2+}$	+0.108
$Ce^{3+} + 3e^- = Ce$	−2.336	$Hg_2Br_2 + 2e^- = 2Hg + 2Br^-$	+0.139
$AlF_6^{3-} + 3e^- = Al + 6F^-$	−2.609	$S + 2H^+ + 2e^- = H_2S(aq)$	+0.142
$Be^{2+} + 2e^- = Be$	−1.847	$Sn^{4+} + 2e^- = Sn^{2+}$	+0.151
$Sr^{2+} + 2e^- = Sr(Hg)$	−1.793	$Cu^{2+} + e^- = Cu^+$	+0.153
$Al^{3+} + 3e^- = Al$	−1.662	$SO_4^{2-} + 4H^+ + 2e^- = H_2SO_3 + H_2O$	+0.172
$Ti^{2+} + 2e^- = Ti$	−1.630	$AgCl + e^- = Ag + Cl^-$	+0.222
$Ba^{2+} + 2e^- = Ba(Hg)$	−1.570	$As_2O_3 + 6H^+ + 6e^- = 2As + 3H_2O$	+0.234
$Mn^{2+} + 2e^- = Mn$	−1.185	$HAsO_2 + 3H^+ + 3e^- = As + 2H_2O$	+0.248
$Cr^{2+} + 2e^- = Cr$	−1.913	$Hg_2Cl_2 + 2e^- = 2Hg + 2Cl^-$	+0.268
$Ti^{3+} + 3e^- = Ti$	−0.9	$Bi^{3+} + 3e^- = Bi$	+0.308
$Bi + H^+ + 3e^- = BiH_3$	−0.8	$BiO^+ + 2H^+ + 3e^- = Bi + H_2O$	+0.320
$Zn^{2+} + 2e^- = Zn(Hg)$	−0.763	$VO^{2+} + 2H^+ + e^- = V^{3+} + H_2O$	+0.337
$Zn^{2+} + 2e^- = Zn$	−0.762	$Cu^{2+} + 2e^- = Cu$	+0.341
$Cr^{3+} + 3e^- = Cr$	−0.744	$Cu^{2+} + 2e^- = Cu(Hg)$	+0.345

续 表

电极反应	$\varphi^{\ominus}$(V)	电极反应	$\varphi^{\ominus}$(V)
$H_2SeO_3 + 4H^+ + 4e^- = Se + 3H_2O$	−0.74	$Ag_2CrO_4 + 2e^- = 2Ag + CrO_4^{2-}$	+0.447
$Ag_2S + 2e^- = 2Ag + S^{2-}$	−0.691	$H_2SO_3 + 4H^+ + 4e^- = S + 3H_2O$	+0.449
$As + 3H^+ + 3e^- = AsH_3$	−0.608	$Ag_2CO_3 + 2e^- = 2Ag + CO_3^{2-}$	+0.47
$U^{4+} + e^- = U^{3+}$	−0.607	$Hg_2(ac)_2 + 2e^- = 2Hg + 2(ac)^-$	+0.511
$Sb + 3H^+ + 3e^- = SbH_3$	−0.510	$Cu^+ + e^- = Cu$	+0.521
$TiO_2 + 4H^+ + 2e^- = Ti^{2+} + 2H_2O$	−0.502	$I_2 + 2e^- = 2I^-$	+0.535
$H_3PO_3 + 2H^+ + 2e^- = H_3PO_2 + H_2O$	−0.499	$I_3^- + 2e^- = 3I^-$	+0.536
$S + 2e^- = S^{2-}$	−0.476	$MnO_4^- + e^- = MnO_4^{2-}$	+0.558
$Fe^{2+} + 2e^- = Fe$	−0.447	$HAsO_4 + 2H^+ + 2e^- = HAsO_2 + 2H_2O$	+0.560
$2S + 2e^- = S_2{}^{2-}$	−0.428	$S_2O_6^{2-} + 4H^+ + 2e^- = 2H_2SO_3$	+0.564
$Cr^{3+} + e^- = Cr^{2+}$	−0.407	$Hg_2SO_4 + 2e^- = 2Hg + SO_4^-$	+0.612
$Cd^{2+} + 2e^- = Cd$	−0.403	$Ag_2SO_4 + 2e^- = 2Ag + SO_4^{2-}$	+0.654
$In^{2+} + e^- = In^+$	−0.40	$O_2 + 2H^+ + 2e^- = H_2O_2$	+0.695
$PbI_2 + 2e^- = Pb + 2I^-$	−0.365	$H_2SeO_3 + 4H^+ + 4e^- = Se + 3H_2O$	+0.74
$PbSO_4 + 2e^- = Pb + SO_4^{2-}$	−0.359	$Fe^{3+} + 3e^- = Fe^{2+}$	+0.771
$Cd^{2+} + 2e^- = Cd(Hg)$	−0.352	$AgF + e^- = Ag + F^-$	+0.779
$PbSO_4 + 2e^- = Pb(Hg) + SO_4^{2-}$	−0.359	$Hg_2{}^{2+} + 2e^- = 2Hg$	+0.793
$Tl^+ + e^- = Tl$	−0.336	$Ag^+ + e^- = Ag$	+0.799
$Co^{2+} + 2e^- = Co$	−0.28	$2NO_3^- + 4H^+ + 2e^- = N_2O_4 + 2H_2O$	+0.803
$H_3PO_4 + 2H^+ + 2e^- = H_3PO_3 + H_2O$	−0.276	$Hg^{2+} + 2e^- = Hg$	+0.851
$PbCl_2 + 2e^- = Pb + 2Cl^-$	−0.267	$2Hg^{2+} + 2e^- = 2Hg_2{}^{2+}$	+0.920
$Ni^{2+} + 2e^- = Ni$	−0.257	$NO_3^- + 3H^+ + 2e^- = HNO_2 + H_2O$	+0.934
$CO_2 + 2H^+ + 2e^- = HCOOH$	−0.199	$Pd^{2+} + 2e^- = Pd$	+0.951
$AgI + e^- = Ag + I^-$	−0.152	$NO_3^- + 4H^+ + 3e^- = NO + 2H_2O$	+0.957
$Sn^{2+} + 2e^- = Sn$	−0.137	$HNO_2 + H^+ + e^- = NO + H_2O$	+0.983

续　表

电极反应	$\varphi^{\ominus}$(V)	电极反应	$\varphi^{\ominus}$(V)
$Pb^{2+}+2e^-=Pb$	−0.126	$HIO+H^++2e^-=I^-+H_2O$	+0.987
$Pb^{2+}+2e^-=Pb(Hg)$	−0.120	$VO_2{}^++2H^++e^-=VO^{2+}+H_2O$	+0.991
$Hg_2I_2+2e^-=2Hg+2I^-$	−0.040	$AuCl_4^-+3e^-=Au+4Cl^-$	+1.002
$Br_2(l)+2e^-=2Br^-$	+1.066	$ClO_3^-+6H^++5e^-=1/2Cl_2+3H_2O$	+1.47
$IO_3^-+6H^++6e^-=I^-+3H_2O$	+1.085	$HClO+H^++2e^-=Cl^-+H_2O$	+1.482
$Cu^{2+}+2CN^-+e^-=Cu(CN)_2{}^-$	+1.103	$BrO_3^-+6H^++5e^-=1/2Br_2+3H_2O$	+1.482
$SeO_4^{2-}+4H^++2e^-=H_2SeO_3+H_2O$	+1.151	$H_2O+H^++e^-=H_2O_2$	+1.495
$ClO_3^-+2H^++e^-=ClO_2+H_2O$	+1.152	$Au^{3+}+3e^-=Au$	+1.498
$Pt^{2+}+2e^-=Pt$	+1.18	$MnO_4^-+8H^++5e^-=Mn^{2+}+4H_2O$	+1.507
$ClO_4^-+2H^++2e^-=ClO_3^-+H_2O$	+1.189	$Mn^{3+}+e^-=Mn^{2+}$	+1.541
$2IO_3^-+12H^++10e^-=I_2+6H_2O$	+1.195	$2HBrO+2H^++2e^-=Br_2(l)+2H_2O$	+1.596
$MnO_2+4H^++2e^-=Mn^{2+}+2H_2O$	+1.224	$2HClO+2H^++2e^-=Cl_2+2H_2O$	+1.611
$O_2+4H^++4e^-=2H_2O$	+1.229	$MnO_4^-+4H^++3e^-=MnO_2+2H_2O$	+1.679
$Cr_2O_7^{2-}+14H^++6e^-=2Cr^{2+}+7H_2O$	+1.232	$PbO_2+SO_4{}^{2+}+4H^++2e^-=PbSO_4+2H_2O$	+1.691
$2HNO_2+4H^++4e^-=N_2O+3H_2O$	+1.297	$Au^++e^-=Au$	+1.692
$HCrO_4^-+7H^++3e^-=Cr^{3+}+4H_2O$	+1.350	$Ce^{4+}+e^-=Ce^{3+}$	+1.72
$Cl_2+2e^-=2Cl^-$	+1.358	$H_2O_2+2H^++2e^-=2H_2O$	+1.776
$ClO_4^-+8H^++8e^-=Cl^-+4H_2O$	+1.389	$Co^{3+}+e^-=Co^{2+}$	+1.92
$ClO_4^-+8H^++7e^-=1/2Cl_2+4H_2O$	+1.39	$S_2O_8{}^{2-}+2e^-=2SO_4^{2-}$	+2.010
$Au^{3+}+2e^-=Au^+$	+1.401	$OH+e^-=OH^-$	+2.02
$BrO_3^-+6H^++6e^-=Br^-+3H_2O$	+1.423	$O_3+2H^++2e^-=O_2+H_2O$	+2.076
$2HIO+2H^++2e^-=I_2+2H_2O$	+1.439	$F_2+2e^-=2F^-$	+2.866

续 表

电极反应	$\varphi^\ominus$(V)	电极反应	$\varphi^\ominus$(V)
$ClO_3^- + 6H^+ + 6e^- = Cl^- + 3H_2O$	+1.451	$1/2F_2 + H^+ + e^- = HF$	+3.053
$PbO_2 + 4H^+ + 2e^- = Pb^{2+} + 2H_2O$	+1.455		

二、碱表[$c(OH^-)=1\ mol \cdot L^{-1}$]

电极反应	$\varphi^\ominus$(V)	电极反应	$\varphi^\ominus$(V)
$Ca(OH)_2 + 2e^- = Ca + 2OH^-$	−3.02	$2SO_3^{2-} + 3H_2O + 4e^- = S_2O_3^{2-} + 6OH^-$	−0.571
$Ba(OH)_2 + 2e^- = Ba + 2OH^-$	−2.99	$Fe(OH)_3 + e^- = Fe(OH)_2 + OH^-$	−0.56
$Sr(OH)_2 + 2e^- = Sr + 2OH^-$	−2.88	$S + H_2O + 2e^- = HS^- + OH^-$	−0.478
$Mg(OH)_2 + 2e^- = Mg + 2OH^-$	−2.69	$S + 2e^- = S^{2-}$	−0.476
$H_2AlO_3^- + H_2O + 3e^- = Al + 4OH^-$	−2.33	$NO_2^- + H_2O + e^- = NO + 2OH^-$	−0.46
$Al(OH)_3 + 3e^- = Al + 3OH^-$	−2.31	$Bi_2O_3 + 3H_2O + 6e^- = 2Bi + 6OH^-$	−0.46
$SiO_3^{2-} + 3H_2O + 4e^- = Si + 6OH^-$	−1.679	$[Hg(CN)_4]^{2-} + 2e^- = Hg + 4CN^-$	−0.37
$Mn(OH)_2 + 2e^- = Mn + 2OH^-$	−1.56	$SeO_3^{2-} + 3H_2O + 4e^- = Se + 6OH^-$	−0.366
$Cr(OH)_3 + 3e^- = Cr + 3OH^-$	−1.48	$CuO + H_2O + 2e^- = 2Cu + 2OH^-$	−0.36
$ZnO + H_2O + 2e^- = Zn + 2OH^-$	−1.26	$[Ag(CN)_2]^- + 2e^- = Ag + 2CN^-$	−0.30
$Zn(OH)_2 + 2e^- = Zn + 2OH^-$	−1.249	$Cu(OH)_2 + 2e^- = Cu + 2OH^-$	−0.222
$ZnO_2^{2-} + 2H_2O + 2e^- = Zn + 4OH^-$	−1.215	$O_2 + 2H_2O + 2e^- = H_2O_2 + 2OH^-$	−0.146
$Zn(OH)_4^{2-} + 2e^- = Zn + 4OH^-$	−1.199	$CrO_4^{2-} + 4H_2O + 3e^- = Cr(OH)_3 + 5OH^-$	−0.13
$PO_4^{3-} + 2H_2O + 2e^- = PO_3^{2-} + 3OH^-$	−1.05	$[Cu(NH_3)_2]^+ + e^- = Cu + 2NH_3(aq)$	−0.11
$Sn(OH)_6^{2-} + 2e^- = H_2SnO_2 + 4OH^-$	−0.93	$2Cu(OH)_2 + 2e^- = Cu_2O + 2OH^- + H_2O$	−0.080
$SO_4^{2-} + H_2O + 2e^- = SO_3^{2-} + 2OH^-$	−0.93	$O_2 + H_2O + 2e^- = HO_2^- + OH^-$	−0.076

续 表

电极反应	$\varphi^{\ominus}$(V)	电极反应	$\varphi^{\ominus}$(V)
$P+3H_2O+3e^- = pH_3+3OH^-$	−0.87	$NO_3^- + H_2O + 2e^- = NO_2^- + 2OH^-$	+0.01
$2NO_3^- + 2H_2O + 2e^- = N_2O_4 + 4OH^-$	−0.85	$SeO_4^{2-} + H_2O + 2e^- = SeO_3^{2-} + 2OH^-$	+0.05
$[Co(CN)_6]^{3-} + e^- = [Co(CN)_6]^{4-}$	−0.83	$Pd(OH)_2 + 2e^- = Pd + 2OH^-$	+0.07
$2H_2O+2e^- = H_2+2OH^-$	−0.827	$[Co(NH_3)_6]^{3+} + e^- = [Co(NH_3)_6]^{2+}$	+0.108
$CdO+H_2O+2e^- = Cd+2OH^-$	−0.783	$Hg_2O + H_2O + 2e^- = 2Hg + 2OH^-$	+0.123
$Co(OH)_2+2e^- = Co+2OH^-$	−0.73	$Pt(OH)_2+2e^- = Pt+2OH^-$	+0.14
$Ni(OH)_2+2e^- = Ni+2OH^-$	−0.72	$2NO_2^- + 3H_2O + 4e^- = N_2O + 6OH^-$	+0.15
$AsO_4^{3-} + 2H_2O+2e^- = AsO_2^- + 4OH^-$	−0.71	$Mn(OH)_3 + e^- = Mn(OH)_2 + OH^-$	+0.15
$Ag_2S+2e^- = Ag+S^{2-}$	−0.691	$IO_3^- + 2H_2O + 4e^- = IO^- + 4OH^-$	+0.15
$AsO_2^- + 2H_2O + 3e^- = As + 4OH^-$	−0.68	$Co(OH)_3 + e^- = Co(OH)_2 + OH^-$	+0.17
$Cd(OH)_4^{2-} + 2e^- = Cd+4OH^-$	−0.658	$IO_3^- + 3H_2O+6e^- = I^- + 6OH^-$	+0.26
$[Au(CN)_2]^- + e^- = Au+2CN^-$	−0.60	$ClO_3^- + H_2O + 2e^- = ClO_2^- + 2OH^-$	+0.33
$PbO+H_2O+2e^- = Pb+2OH^-$	−0.580	$Ag_2O + H_2O + 2e^- = 2Ag + 2OH^-$	+0.342
$ClO_4^- + H_2O + 2e^- = ClO_3^- + 2OH^-$	+0.36	$BrO_3^- + 3H_2O + 6e^- = Br^- + 6OH^-$	+0.61
$[Ag(NH_3)_2]^+ + e^- = Ag+2NH_3(aq)$	+0.373	$ClO_3^- + 3H_2O + 6e^- = Cl^- + 6OH^-$	+0.62
$O_2+2H_2O+4e^- = 4OH^-$	+0.401	$ClO_2^- + H_2O + 2e^- = ClO^- + 2OH^-$	+0.66
$IO^- + H_2O+2e^- = I^- + 2OH^-$	+0.485	$ClO_2^- + 2H_2O + 4e^- = Cl^- + 4OH^-$	+0.76
$NiO_2+2H_2O+2e^- = Ni(OH)_2 + 2OH^-$	+0.490	$BrO^- + H_2O + 2e^- = Br^- + 2OH^-$	+0.761
$MnO_4^- + 2H_2O+3e^- = MnO_2 + 4OH^-$	+0.595	$ClO^- + H_2O + 2e^- = Cl^- + 2OH^-$	+0.841

续 表

电极反应	$\varphi^{\ominus}$(V)	电极反应	$\varphi^{\ominus}$(V)
$MnO_4^{2-}+2H_2O+2e^-=MnO_2+4OH^-$	+0.60	$HO_2^-+H_2O+2e^-=3OH^-$	+0.878
$2AgO+H_2O+2e^-=Ag_2O+2OH^-$	+0.607	$O_3+H_2O+2e^-=O_2+2OH^-$	+1.24

附录 14 常见水合离子和化合物的颜色

离子或化合物	颜色	离子或化合物	颜色	离子或化合物	颜色
Ac^-	无色	CaC_2O_4	白色	$[Cr(H_2O)_6]^{2+}$	蓝色
Ag^+	无色	$CaCrO_4$	黄色	$[Cr(H_2O)_6]^{3+}$	紫色
$AgBr$	淡黄	CaF_2	白色	$[Cr(H_2O)_5Cl]^{2+}$	浅绿
$AgCl$	白色	CaO	白色	$[Cr(H_2O)_4Cl_2]^+$	暗绿
AgI	黄色	$Ca(OH)_2$	白色	$[Cr(NH_3)_2(H_2O)_4]^{3+}$	紫红
$AgBrO_3$	白色	$Ca_3(PO_4)_2$	白色	$[Cr(NH_3)_3(H_2O)_3]^{3+}$	浅红
$AgCN$	白色	$CaHPO_4$	白色	$[Cr(NH_3)_4(H_2O)_2]^{3+}$	橙红
Ag_2CO_3	白色	$CaSO_3$	白色	$[Cr(NH_3)_5H_2O]^{3+}$	橙黄
$Ag_2C_2O_4$	白色	$CaSO_4$	白色	$[Cr(NH_3)_6]^{3+}$	黄色
Ag_2CrO_4	砖红	Cd^{2+}	无色	CrO_2^-	绿色
$Ag_3[Fe(CN)_6]$	橙色	$CdCO_3$	白色	CrO_4^{2-}	黄色
$Ag_4[Fe(CN)_6]$	白色	$Cd(OH)_2$	白色	$Cr_2O_7^{2-}$	橙色
$AgIO_3$	白色	CdS	黄色	Cr_2O_3	绿色
$AgNO_2$	白色	Cl^-	无色	CrO_3	红色
Ag_2O	暗棕	ClO_3^-	无色	$Cr(OH)_3$	灰绿
Ag_3PO_4	黄色	CO_3^{2-}	无色	$Cr_2(SO_4)_3$	紫或红色
Ag_2S	灰黑	$C_2O_4^{2-}$	无色	$Cr_2(SO_4)_3 \cdot 6H_2O$	绿色
$AgSCN$	白色	Co^{2+}	粉红	$Cr_2(SO_4)_3 \cdot 18H_2O$	蓝紫
Ag_2SO_3	白色	$CoCl_2$	蓝色	Cu^{2+}	蓝色
Ag_2SO_4	白色	$CoCl_2 \cdot H_2O$	蓝紫	$CuBr$	白色
$Ag_2S_2O_3$	白色	$CoCl_2 \cdot 2H_2O$	紫红	$CuBr_2$	黑紫
Al^{3+}	无色	$CoCl_2 \cdot 6H_2O$	粉红	$CuCl$	白色
$Al(OH)_3$	白色	$[Co(CN)_6]^{3-}$	紫色	$CuCl_2$	棕色
As_2S_3	黄色	$Co_2[Fe(CN)_6]$	绿色	CuI	白色
Ba^{2+}	无色	CoO	灰绿	$CuCN$	白色
$BaCO_3$	白色	Co_2O_3	黑色	$Cu(CN)_2$	浅棕黄

续　表

离子或化合物	颜色	离子或化合物	颜色	离子或化合物	颜色
BaC_2O_4	白色	$Co(OH)_2$	粉红	$CuCl_2 \cdot 2H_2O$	蓝色
$BaCrO_4$	黄色	$Co(OH)_3$	褐棕	$[CuCl_2]^-$	无色
$Ba(IO_3)_2$	白色	$Co(OH)Cl$	蓝色	$[CuCl_4]^{2-}$	黄色
$Ba_3(PO_4)_2$	白色	$[Co(H_2O)_6]^{2+}$	粉红	$Cu_2[Fe(CN)_6]$	棕红
$BaSiO_3$	白色	$[Co(NH_3)_6]^{2+}$	黄色	$[Cu(H_2O)_4]^{2+}$	浅蓝
$BaSO_3$	白色	$[Co(NH_3)_6]^{3+}$	橙黄	$[Cu(NH_3)_4]^{2+}$	深蓝
$BaSO_4$	白色	$[CoCl(NH_3)_5]^{2+}$	红紫	CuO	黑色
Bi^{3+}	无色	$[Co(NH_3)_5(H_2O)]^{3+}$	粉红	Cu_2O	暗红
$BO_2{}^-$	无色	$[Co(NH_3)_4CO_3]^+$	紫红	$Cu(OH)_2$	浅蓝
$Bi(OH)_3$	白色	$Co_3(PO_4)_2$	紫色	$CuOH$	黄色
$BiO(OH)$	灰黄	CoS	黑色	$Cu(OH)_2SO_4$	浅蓝
Br^-	无色	$[Co(SCN)_4]^{2-}$	蓝色	$CuSO_4 \cdot 5H_2O$	蓝色
BrO_3^-	无色	$CoSiO_3$	紫色	$CuSiO_3$	蓝色
Ca^{2+}	无色	$CoSO_4 \cdot 7H_2O$	红色	CuS	黑色
$CaCO_3$	白色	$CrCl_3 \cdot 6H_2O$	绿色	Cu_2S	黑色
$Cu(SCN)_2$	黑绿	K^+	无色	PbO_2	棕褐
F^-	无色	$KClO_4$	白色	PbS	黑色
$FeCO_3$	白色	$K_3[Co(NO_2)]_6$	黄色	$PbSO_4$	白色
$FeC_2O_4 \cdot 2H_2O$	黄色	$K_2Na[Co(NO_2)]_6$	黄色	PO_4^{3-}	无色
$FeF_6{}^{3-}$	无色	$K_3[Fe(C_2O_4)_3] \cdot 3H_2O$	翠绿	$Sb(OH)_3$	白色
$FeCl_6{}^{3-}$	黄色	$K_2[PtCl_6]$	黄色	Sb_2S_3	橙色
$FeCl_3 \cdot 6H_2O$	黄棕	Mg^{2+}	无色	Sb_2S_5	橙红
$[Fe(CN)_6]^{4-}$	黄色	$Mg(OH)_2$	白色	SCN^-	无色
$[Fe(CN)_63^{4-}$	浅橘黄	$MgNH_4PO_4$	白色	SiO_3^{2-}	无色
$[Fe(C_2O_4)_3]^{3-}$	黄色	$MnCO_3$	白色	S^{2-}	无色
$[Fe(H_2O)_6]^{2+}$	浅绿	$[Mn(H_2O)_6]^{2+}$	肉色	Sn^{2+}	无色
$[Fe(H_2O)_6]^{3+}$	浅紫	MnO_4^{2-}	绿色	Sn^{4+}	无色
$FeCrO_4 \cdot 2H_2O$	黄色	MnO_4^-	紫红	$Sn(OH)_2$	白色
$[Fe(NO)]SO_4$	深棕	MnO_2	棕褐	$Sn(OH)_4$	白色

续 表

离子或化合物	颜色	离子或化合物	颜色	离子或化合物	颜色
FeO	黑色	$Mn(OH)_2$	白或茶绿	SnS	灰黑
Fe_2O_3	砖红	MnS	肉色	SnS_2	金黄
$Fe(OH)_2$	白色	$MnSiO_3$	肉色	SO_3^{2-}	无色
$Fe(OH)_3$	红棕	MoO_4^{2-}	无色	SO_4^{2-}	无色
$Fe_2(OH)_2CO_3$	暗绿	Na^+	无色	$S_2O_3^{2-}$	无色
$FePO_4$	浅黄	NH_4^+	无色	TiO^{2+}	无色
$Fe_4^{III}[Fe^{II}(CN)_6]_3 \cdot xH_2O$	蓝绿	$(NH_4)_2Na[Co(NO_2)]_6$	黄色	$[Ti(H_2O)_6]^{3+}$	紫色
FeS	棕黑	$Ni(CN)_2$	浅绿	$[TiO(H_2O)_2]^{2+}$	橙色
Fe_2S_3	黑色	$[Ni(H_2O)_6]^{2+}$	亮绿	TiO_2	白或橙红
$[Fe(SCN)_n]^{3-n}$	血红	$[Ni(NH_3)_6]^{2+}$	蓝色	$[V(H_2O)_6]^{2+}$	蓝紫
$Fe_2(SiO_3)_3$	棕红	$[Ni(NH_3)_6]^{3+}$	蓝紫	$[V(H_2O)_6]^{3+}$	绿色
Hg_2^{2+}	无色	NiO	暗绿	VO^{2+}	蓝色
Hg^{2+}	无色	Ni_2O_3	黑色	VO_2^+	黄色
Hg_2Cl_2	白色	$Ni(OH)_2$	浅绿	V_2O_3	黑色
Hg_2I_2	黄褐	$Ni(OH)_3$	黑色	VO_2	深蓝
HgI_2	红色	$Ni_2(OH)_2CO_3$	浅绿	V_2O_5	红棕
$Hg(NH_3)Cl$	白色	$NiSiO_3$	翠绿	Zn^{2+}	无色
Hg_2O	黑褐	Pb^{2+}	无色	$Zn_3[Fe(CN)_6]_2$	黄褐
HgO	红或黄色	$PbBr_3$	白色	$Zn_2[Fe(CN)_6]$	白色
HgS	红或黑色	$PbCl_2$	白色	ZnO	白色
Hg_2SO_4	白色	PbI_2	黄色	$Zn(OH)_2$	白色
I^-	无色	$PbCrO_4$	黄色	$Zn_2(OH)_2CO_3$	白色
I_3^-	浅棕黄	PbO	黄色	ZnS	白色
I_2	紫色	Pb_3O_4	红色	$ZnSiO_3$	白色

附录 15　一些常见有机化合物的物理常数

名称	摩尔质量 ($g\cdot mol^{-1}$)	颜色状态	熔点 (℃)	沸点 (℃)	相对密度 (d_4^{20})	溶解(20 ℃) $g\cdot(100\ g\ H_2O)^{-1}$
甲烷	14.06	无色气体	−183	−162	0.424	—
乙烯	28.05	无色气体	−170	−104	0.569(沸点)	—
乙炔	26.04	无色气体	−81.8	−83.4	0.821(沸点)	—
苯	78.11	无色液体	5.5	80.1	0.8787	—
萘	128.17	白色晶体	80.2	218	1.1534	—
氯甲烷	50.49	无色气体	−97.7	−24.2	0.920	—
溴甲烷	94.94	无色气体	−93.7	3.5	1.732	—
氯乙烷	64.51	无色液体	−138	12.3	0.898	—
溴乙烷	108.97	无色液体	−118.9	38.4	1.4604	—
三氯甲烷(氯仿)	119.38	无色香甜味液体	−63.5	61.2	1.489	—
碘仿	393.73	黄色晶体	123	218	4.008	—
四氯化碳	153.82	无色挥发液体	−23	76.8	1.594	—
溴苯	157.01	无色液体	−30.8	156	1.495 0	—
甲醇	32.04	无色酒味液体	−97	64.7	0.791 4	∞
乙醇	46.07	无色酒味液体	−115	78.5	0.789 3	∞
丙醇	60.10	无色酒味液体	−126	97.2	0.804	∞
正丁醇	74.12	无色酒味液体	−90	117.8	0.809 8	7.9
苯甲醇	108.14	无色甜味液体	−15	205	1.046	4
乙二醇	62.07	无色粘稠液体	−16	197	1.113	∞
丙三醇	92.09	无色粘稠液体	20	290	1.261 3	∞
苯酚	94.11	无色针状结晶	41	182	1.057 6	8.2
乙醚	74.12	无色液体	−116	34.5	0.713 8	微溶
甲醛	30.03	无色刺激性气体	−92	−21	0.815	55
乙醛	44.05	无色刺激性液体	−125	20.8	0.783	易溶
苯甲醛	106.12	苦杏仁味无色液体	−26	178.6	1.041(d_4^{10})	0.33

续 表

名称	摩尔质量 (g・mol^{-1})	颜色状态	熔点 (℃)	沸点 (℃)	相对密度 (d_4^{20})	溶解(20 ℃) g・(100 g H_2O)$^{-1}$
丙酮	58.08	无色液体	−95.4	56.2	0.789 9	易溶
苯乙酮	120.15	无色液体	20.5	202.6	1.032 9	5.5
甲酸(蚁酸)	46.03	无色刺激性液体	8.4	100.7	1.220	∞
乙酸(冰醋酸)	60.05	无色刺激性液体	16.6	118	1.049 2	∞
乙二酸(草酸)	90.04	无色刺激性液体	189.5	157(升华)	1.900	8.6
丁二酸(琥珀酸)	118.09	无色晶体	188	235(分解)	1.572	6.8
顺丁烯二酸(马来酸)	116.07	无色单斜晶体	130.5	139～140	1.590	78.8
苯甲酸(安息香酸)	122.1	无色单斜晶体	122.4	249	1.265 9	0.34
乙酰氯	78.50	无色液体	−112	20.5	1.105 1	∞
乙酸酐	102.09	无色刺激性液体	−73	139.6	1.082	∞
乙酸乙酯	88.11	无色液体	−84	77	0.901	8.9
乙酰苯胺	135.17	白色片状	114	305	1.21(4 ℃)	0.56
水杨酸	138.12	白色针状晶体	159	211	1.443	0.2
乙酰水杨酸	180.16	白色晶体	135～138		1.35	微溶
苯胺	93.13	无色油状液体	−0.6	184.4	1.021 7	3.7
硝基苯	123.11	浅黄色液体	5.7	210.8	1.203 7	难溶
呋喃	68.08	无色液体	−85.6	31.4	0.951 4	难溶
四氢呋喃	72.11	无色液体	−108	67	0.889 2	∞
吡啶	79.10	无色液体	−42	115.5	0.981 5	∞

附录 16　常用有机溶剂的处理

化合物	处理方法
无水乙醇	第一步，取市售的95%的乙醇100 mL置于250 mL的干燥圆底烧瓶中，加入45 g生石灰，装上带有无水$CaCl_2$干燥管的回流冷凝管，水浴回流2～3 h，然后进行水浴蒸馏，收集得70～80 mL 99.5%产品。 第二步，在250 mL干燥圆底烧瓶中，加0.80 g干燥纯净的镁条、7～8 mL的99.5%乙醇，装上带有无水$CaCl_2$干燥管的回流冷凝管，小火在沸水浴上加热至微沸，移去热源，立即加几粒碘片，注意不要振荡，在碘片附近慢慢反应至剧烈进行，待镁条全部反应后，加入100 mL 99.5%乙醇和几粒沸石，先回流1 h后再蒸馏，得99.99%乙醇，产品保存在干燥的玻璃瓶中，用橡皮塞塞紧。
丙酮	取100 mL丙酮置于250 mL干燥圆底烧瓶中，加入0.5 g $KMnO_4$进行回流，若$KMnO_4$紫红色很快褪去，需继续加少量$KMnO_4$，直到紫色不褪去，停止回流，将丙酮蒸出。将蒸出的丙酮用无水碳酸钠干燥1 h后，再次蒸馏，收集55～56.5 ℃的馏出液。
石油醚	将石油醚与浓硫酸以10∶1体积比洗涤2～3次，再用10% H_2SO_4配成的$KMnO_4$饱和溶液洗涤至紫色不再褪去为止，然后用水洗，再用无水$CaCl_2$干燥后蒸馏。
乙酸乙酯	将市售的乙酸乙酯与饱和的碳酸钠溶液1∶1体积比洗涤2～3次后，用无水碳酸钠干燥，过滤，蒸馏。
氯仿	将氯仿与水以2∶1体积比洗涤5～6次后，用无水$CaCl_2$干燥24h，蒸馏。
四氢呋喃(THF)	将KOH加入THF中干燥，放置2天。在250 mL干燥圆底烧瓶中，加入100 mL干燥过的THF和0.5 g $AlLiH_4$，装上带有无水$CaCl_2$干燥管的回流冷凝管，回流至在THF中加入钠丝和丙酮，出现深蓝色化合物，且加热回流至蓝色不褪去为止。最后在氮气保护下蒸馏，收集收集66～67 ℃的馏出液。
无水乙醚	第一步，过氧化物的检验和去除。取1 mL乙醚置于洁净试管中，加入0.5 mL 2% KI溶液和5滴2 mol·L^{-1} HCl，振荡，滴3～4滴0.5%淀粉指示剂，若溶液呈蓝色或紫色，说明有过氧化物存在。将含有过氧化物的乙醚和新配制的硫酸亚铁溶液(110 mL水中加入6 mL，再加入60 g硫酸亚铁)以4∶1体积比加入分液漏斗中，振荡，分去水层，得不含过氧化物的乙醚。 第二步，在250 mL干燥圆底烧瓶中，加入100 mL除去过氧化物的乙醚和几粒沸石，组装回流装置，在冷凝管上口慢慢滴加10 mL浓硫酸(不要堵塞冷凝管)，待乙醚停止沸腾后，改装成蒸馏装置，在接收受乙醚的接引管上连接一个装有无水$CaCl_2$的干燥管，并有橡皮管将乙醚引入水槽，加几粒沸石，水浴蒸馏，收集70～80 mL产品。烧瓶内残液倒入回收瓶。 第三步，将蒸馏收集的乙醚倒入干燥的锥形瓶中，加入少量纳片，然后用一带干燥管的软木塞塞住，放置48h(放置后应剩余少量钠没有反应)，若钠全部反应或钠表面被NaOH覆盖，需再加少量钠，直到无气泡产生，然后滤入一干燥的玻璃瓶中，加少许钠片，用带有锡纸的软木塞塞紧。

附录 17 有机化学文献和手册中常用的英文缩写

缩写	英文名称	中文名称	缩写	英文名称	中文名称
a	acid	酸	org	organic	有机的
ace	acetone	丙酮	ph	phenyl	苯基
alc	alcohol	醇(通指乙醇)	s	solid	固体
al	alkali	碱	solv	solvent	溶剂
anh	anhydrous	无水的	sulf	Sulfuric acid	硫酸
aqu	aqueous	水的,含水的	THF	tetrahydrofuran	四氢呋喃
atm	atmosphere	大气,大气压	vac	vacuum	真空
B	boiling	沸腾	Var	varable	蒸气
bz	Benzene	苯	n-	normal	正
et	ethyl	乙基	iso-		异
g	gas	气体,气态的	neo-		新
l	liquid	液体,液态的	o-		邻位
m	melting	熔化	m-		间位
Me	methyl	甲基	p-		对位

附录 18 物质的相对分子质量表

化合物	摩尔质量 (g·mol^{-1})	化合物	摩尔质量 (g·mol^{-1})	化合物	摩尔质量 (g·mol^{-1})
Ag_3AsO_4	462.524	AlF_3	83.977	$BaCl_2$	208.232
AgBr	187.772	AlI_3	407.695	$BaCrO_4$	253.321
AgCl	143.321	Al_2O_3	101.961	$Ba(OH)_2$	171.342
AgCN	133.886	$Al(OH)_3$	78.004	$BaSO_4$	233.391
Ag_2CrO_4	331.730	$Al_2(SO_4)_3$	342.154	BaO	153.326
AgI	234.772	$Al(NO_3)_3$	212.997	$Ba(NO_3)_2$	261.336
$AgNO_3$	169.873	$AlPO_4$	121.953	B_2H_6	27.670
AgSCN	165.952	As_2O_3	197.841	$CaHPO_4$	136.057
Ag_2O	231.735	As_2O_5	229.84	CaF_2	78.075
Ag_2S	247.802	As_2S_3	246.041	$CaCrO_4$	156.069
AgF	126.866	AsH_3	77.946	CaC_2	64.099
$Ag_2S_2O_3$	327.866	$AsCl_3$	181.280	$CdCO_3$	172.420
Ag_2CO_3	275.745	$AsBr_3$	314.634	CdC_2O_4	200.430
$AlCl_3$	133.340	$BaCO_3$	197.336	$CdCl_2$	183.316
$AlBr_3$	266.694	BaC_2O_4	225.346	CdS	144.477
$CdSO_4$	208.475	KCN	65.116	PbO	223.2
$Cd(NO_3)_2$	236.420	K_2CrO_4	194.191	PbS	239.3
$CdCrO_4$	228.405	$K_2Cr_2O_7$	294.185	$SbCl_2$	228.11
$Cd_3(PO_4)_2$	527.176	KI	166.003	$SbCl_5$	299.02
$Cd(OH)_2$	146.426	$KHC_8H_4O_4$	204.22	SO_2	64.065
$CoCl_2$	129.838	$KMnO_4$	158.034	SO_3	80.064
$Co(NO_3)_3$	244.948	KNO_3	101.103	SiF_4	104.080
$CoSO_4$	154.997	KOH	56.105	SiO_2	60.085
$Co(OH)_2$	92.948	K_2SO_4	174.261	$SnCl_2$	189.615
$Co(OH)_3$	109.955	$KAl(SO_4)_2 \cdot 12H_2O$	474.391	$SnCl_2 \cdot 2H_2O$	225.646
CoS	90.999	$KClO_3$	122.549	$SnCl_4$	260.521
Cr_2O_3	151.990	KCN	65.116	$Sn(OH)_2$	152.725

续 表

化合物	摩尔质量 (g·mol^{-1})	化合物	摩尔质量 (g·mol^{-1})	化合物	摩尔质量 (g·mol^{-1})
CrO_3	99.994	KSCN	97.182	$TiCl_2$	118.772
$CuCl_2$	134.451	$MgCO_3$	84.314	TiO_2	79.866
CuI	190.450	$MgCl_2 \cdot 6H_2O$	203.301	$SrCO_3$	147.63
CuO	79.545	$Mg(NO_3)_2 \cdot 6H_2O$	256.406	$Sr(NO_3)_2$	211.63
Cu_2O	143.091	$Mg(OH)_2$	58.320	$Sr(OH)_2$	121.64
CuS	95.612	$MgSO_4 \cdot 7H_2O$	246.475	$SrSO_4$	183.69
$CuSO_4$	159.610	MnO_2	86.937	$Zn(Ac)_2$	183.47
$CuSO_4 \cdot 5H_2O$	249.686	MnS	87.004	$ZnCO_3$	125.40
$Cu(OH)_2$	97.561	$MnSO_4 \cdot 4H_2O$	223.063	$ZnCl_2$	136.29
$Cu(NO_3)_2$	187.555	Na_2CO_3	105.989	$ZnSO_4 \cdot 7H_2O$	287.56
CO	28.010	$Na_2C_2O_4$	133.999	ZnS	97.46
CO_2	44.010	NaAc	82.034	ZnO	81.39
$FeCl_3$	162.203	NaCl	58.443	$Zn(OH)_2$	99.41
FeS	87.911	NaBr	102.894	$Zn(NO_3)_2$	189.40
FeO	71.844	$NaHCO_3$	84.007	$Zn(NO_3)_2 \cdot 6H_2O$	297.49
Fe_2O_3	159.688	$Na_3PO_4 \cdot 12H_2O$	380.124	HCHO	30.03
$Fe(OH)_3$	106.867	$Na_2H_2Y \cdot 2H_2O$	372.24	CH_3CHO	44.05
$Fe_2(C_2O_4)_3$	375.747	$NaNO_3$	84.995	$CH_3CONHC_6H_5$	135.17
$FeSO_4 \cdot 7H_2O$	278.015	Na_2SO_4	142.044	HCOOH	46.03
H_3AsO_3	125.944	NaOH	39.997	CH_3COOH	60.05
H_3AsO_4	141.944	$Na_2S_2O_3$	158.110	$(CH_3CO)_2O$	102.09
H_3BO_3	61.833	$Na_2B_4O_7 \cdot 10H_2O$	381.373	CH_3COCH_3	58.08
HCl	36.461	Na_2O_2	77.979	CH_3COCl	78.50
H_2CrO_4	118.010	NaClO	74.442	$CH\equiv CH$	26.04
$H_2Cr_2O_7$	218.001	NaCN	49.008	$C_6H_5NH_2$	93.13
H_2CO_3	62.03	NaF	41.988	C_6H_5CHO	106.12
$H_2C_2O_4$	90.036	NaI	149.894	C_6H_6	78.11
HNO_3	63.013	NO	30.006	$C_{10}H_8$	128.17

续　表

化合物	摩尔质量 (g·mol⁻¹)	化合物	摩尔质量 (g·mol⁻¹)	化合物	摩尔质量 (g·mol⁻¹)
HNO_2	47.014	NO_2	46.006	$C_6H_5NO_2$	123.11
H_2O	18.02	N_2O_3	76.011	C_6H_5OH	94.11
H_2O_2	34.015	N_2O_5	108.010	$C_6H_5SO_3Na \cdot H_2O$	198.17
H_3PO_4	97.995	NH_3	17.031	C_6H_5COOH	122.12
H_2S	34.082	NH_4Cl	53.492	CH_3CH_2OH	46.07
H_2SiO_3	78.100	$(NH_4)_2CO_3$	96.086	$C_2H_5OC_2H_5$	74.12
H_2SiO_4	96.116	NH_4HCO_3	79.056	CCl_4	153.82
H_2SO_3	82.080	$NiCl_2$	129.598	$CHCl_3$	119.38
H_2SO_4	98.080	$Ni(CO)_4$	170.734	CHI_3	393.73
$HgCl_2$	271.50	$Ni(OH)_2$	92.708	$CH_3COOC_2H_5$	88.11
Hg_2Cl_2	472.09	P_2O_5	141.945	CH_3CH_2Br	108.97
HgI_2	454.40	PCl_3	137.332	$CH_3CH(OH)CO_2H$	98.08
Hg_2I_2	654.99	PCl_5	208.238	$(COOH)_2$	90.04
$HgSO_4$	296.65	$PbCl_2$	278.10	$COCl_2$	98.92
KBr	119.002	$Pb(Ac)_2$	325.30	C_5H_5N	79.10
$KBrO_3$	167.000	$PbCrO_4$	323.2	H_2NCONH_2	60.06
KCl	74.551	$Pb(OH)_2$	241.2	FTH	72.11
K_2CO_3	138.206	$Pb(NO_3)_2$	331.2		

附录 19　常用元素的相对原子质量表

原子序数	元素名称	元素符号	相对原子质量	原子序数	元素名称	元素符号	相对原子质量
1	氢	H	1.007 94(7)	29	铜	Cu	63.546(3)
2	氦	He	4.002 602(2)	30	锌	Zn	65.409(4)
3	锂	Li	6.941(2)	31	镓	Ga	69.723(1)
4	铍	Be	9.012 182(3)	32	锗	Ge	72.64(1)
5	硼	B	10.811(7)	33	砷	As	74.921 60(2)
6	碳	C	12.010 7(8)	34	硒	Se	78.96(3)
7	氮	N	14.006 7(2)	35	溴	Br	79.904(1)
8	氧	O	15.999 4(3)	36	氪	Kr	83.798(2)
9	氟	F	18.998 403 2(5)	37	铷	Rb	85.467 8(3)
10	氖	Ne	20.179 7(6)	38	锶	Sr	87.62(1)
11	钠	Na	22.989 770(2)	39	钇	Y	88.905 85(2)
12	镁	Mg	24.305 0(6)	40	锆	Zr	91.224(2)
13	铝	Al	26.981 538 6(8)	41	铌	Nb	92.906 38(2)
14	硅	Si	28.085 5(3)	42	钼	Mo	95.94(2)
15	磷	P	30.973 761(2)	43	锝	Tc	[97.907 2]
16	硫	S	32.065(5)	44	钌	Ru	101.07(2)
17	氯	Cl	35.453(2)	45	铑	Rh	102.905 50(2)
18	氩	Ar	39.948(1)	46	钯	Pd	106.42(1)
19	钾	K	39.098 3(1)	47	银	Ag	107.868 2(2)
20	钙	Ca	40.078(4)	48	镉	Cd	112.411(8)
21	钪	Sc	44.955 910(8)	49	铟	In	114.818(3)
22	钛	Ti	47.867(1)	50	锡	Sn	118.710(7)
23	钒	V	50.941 5(1)	51	锑	Sb	121.760(1)
24	铬	Cr	51.996 1(6)	52	碲	Te	127.60(3)
25	锰	Mn	54.938 049(9)	53	碘	I	126.904 47(3)
26	铁	Fe	55.845(2)	54	氙	Xe	131.293(6)
27	钴	Co	58.933 195(5)	55	铯	Cs	132.905 451 9
28	镍	Ni	58.693 4(2)	56	钡	Ba	137.327(7)

续　表

原子序数	元素名称	元素符号	相对原子质量	原子序数	元素名称	元素符号	相对原子质量
57	镧	La	138.905 47(7)	81	铊	Tl	204.383 3(2)
58	铈	Ce	140.116(1)	82	铅	Pb	207.2(1)
59	镨	Pr	140.907 65(2)	83	铋	Bi	208.980 40(1)
60	钕	Nd	144.242(3)	84	钋	Po	[208.982 4]
61	钷	Pm	[145]	85	砹	At	[209.987 1]
62	钐	Sm	150.36(2)	86	氡	Rn	[222.017 6]
63	铕	Eu	151.964(1)	87	钫	Fr	[223]
64	钆	Gd	157.25(3)	88	镭	Re	[226]
65	铽	Tb	158.925 35(2)	89	锕	Ac	[227]
66	镝	Dy	162.500(1)	90	钍	Th	232.038 06(2)
67	钬	Ho	164.930 32(2)	91	镤	Pa	231.035 88(2)
68	铒	Er	167.259(3)	92	铀	U	238.028 91(3)
69	铥	Tm	168.934 21(2)	93	镎	Np	[237]
70	镱	Yb	173.04(3)	94	钚	Pu	[244]
71	镥	Lu	174.967(1)	95	镅	Am	[243]
72	铪	Hf	178.49(2)	96	锔	Cm	[247]
73	钽	Ta	180.947 88(2)	97	锫	Bk	[247]
74	钨	W	183.84(1)	98	锎	Cf	[251]
75	铼	Re	186.207(1)	99	锿	Es	[252]
76	锇	Os	190.23(3)	100	镄	Fm	[257]
77	铱	Ir	192.217(3)	101	钔	Md	[258]
78	铂	Pt	195.084(9)	102	锘	No	[259]
79	金	Au	196.966 569(4)	103	铹	Lr	[262]
80	汞	Hg	200.59(2)				

附录 20 一些常用的计量单位

单位	名称	符号	等数	单位	名称	符号	等数
长度	米(SI)	m	10 dm	面积	平方米	m^2	100 dm^2
	分米	dm	10 cm		平方分米	dm^2	100 cm^2
	厘米	cm	10 mm		平方厘米	cm^2	100 mm^2
	毫米	mm	1 000 um		平方毫米	mm^2	1 000
	微米	um	1 000 nm	体积	立方米	m^3	1 000 dm^3
	纳米	nm			立方分米	dm^3	1 000 cm^3
容积	升	L	1 000 mL (1 dm^3)		立方厘米	cm^3	1 000 mm^3
	毫升	mL	1 cm^3		立方毫米	mm^3	
质量	吨	*t*	1 000 kg	时间	小时	h	60 min
	千克(SI)[公斤]	kg	1 000 g		分钟	min	60 s
	克	g			秒(SI)	s	
电流强度	安(培)(SI)	A		光强度	坎(德拉)(SI)	cd	
热力学温度	开(尔文)(SI)	K	$T/K=t/℃+273.15$	物质的量	摩尔(SI)	mol	

主要参考文献

1. 王兴涌，尹文萱，高宏峰编著.有机化学实验.北京：科学出版社，2004.
2. 马全红，邱凤仙主编.分析化学实验.南京：南京大学出版社，2009.
3. 方富禄主编.有机化学实验.北京：高等教育出版社，1995.
4. 马春花主编.无机及分析化学实验.北京：高等教育出版社，1999.
5. 周锦兰，张开诚编著.实验化学.武汉：华中科技大学出版社，2005.
6. 王玲，刘勇健主编.普通化学实验.南京：南京大学出版社，2009.
7. 兰叶青主编.无机及分析化学.北京：中国农业出版社，2009.
8. 黄尚勋主编.无机及分析化学.北京：农业出版社，1994.
9. 杨红主编.有机化学.北京：中国农业出版社，2007.
10. 赵士铎主编.定量分析.北京：中国农业出版社，1996.
11. 李巧云，庄虹主编.无机及分析化学实验.南京：南京大学出版社，2010.
12. [美]J. A. 迪安主编.分析化学手册.北京：科学出版社，2003.
13. 周公度主编.化学词典.北京：化学工业出版社，2003.
14. http://en.wikipedia.org/wiki/
15. www.ccchemistry.us
16. http://ccri.edu/chemistry/courses/
17. http://www.chm.uri.edu
18. http://www.grossmont.edu/
19. www.chymist.com
20. http://www.flinnsci.com/
21. http://www.macalester.edu/
22. http://psbehrend.psu.edu/
23. http://www.lahc.edu/
24. http://www.ucdsb.on.ca
25. http://icn2.umeche.maine.edu/
26. www.ulm.edu
27. www.qu.edu.qa/
28. http://science.csustan.edu/
29. http://www.polaris.nova.edu/
30. http://www.rhsroughriders.org/
31. www.lahc.edu/

32. www.csun.edu/
33. http://www.csun.edu/
34. http://www.laney.edu/
35. http://www.greenriver.edu/
36. http://water.me.vccs.edu/
37. http://onsager.bd.psu.edu
38. http://www.austincc.edu/
39. http://www.chemistry.mtu.edu/
40. http://www.creative-chemistry.org.uk/